U0247393

非共沸有机工质

赵 力 邓 帅 著

科 学 出 版 社

北 京

内 容 简 介

本书是根据作者近 20 年来在非共沸有机工质方面的研究成果编著而成,从工质热物性、传热传质特性及循环构建与应用等方面,系统总结了当前的研究成果。全书主要分为 5 部分:基于基团的工质物性预测及设计、基于非共沸有机工质的热力循环构建、非共沸有机工质的传热传质、非共沸有机工质的两相流动及组分分离和非共沸有机工质的应用,这些成果为非共沸有机工质的推广应用奠定了较好的理论基础。另外,附录中提供了第一届非共沸工质研究高端论坛的总结报告,对主要研究机构、当前研究成果、难点热点问题和未来研究展望进行了介绍。

本书可作为能源动力类相关专业的参考书,也可为中低温热能发电、分布式能源和制冷、热泵系统开发提供参考。

图书在版编目(CIP)数据

非共沸有机工质 / 赵力,邓帅著. —北京:科学出版社,2020.7
ISBN 978-7-03-065085-6

Ⅰ. ①非⋯ Ⅱ. ①赵⋯ ②邓⋯ Ⅲ. ①工质热力性质-研究
Ⅳ. ①TK121

中国版本图书馆CIP数据核字(2020)第081282号

责任编辑:范运年 陈 琼 / 责任校对:王萌萌
责任印制:师艳茹 / 封面设计:蓝正设计

科学出版社 出版
北京东黄城根北街 16 号
邮政编码:100717
http://www.sciencep.com
中国科学院印刷厂 印刷
科学出版社发行 各地新华书店经销
*
2020 年 7 月第 一 版 开本:720 × 1000 1/16
2020 年 7 月第一次印刷 印张:21
字数:420 000

定价:158.00 元
(如有印装质量问题,我社负责调换)

前　言

与 0K 或绝对真空类似，绝对纯净的物质也不能得到，所以对混合物的研究更接近真实世界，也更有现实意义，但难度也更大。

混合物的种类很多，鉴于作者的知识体系和科研背景，本书只对非共沸有机混合物进行讨论。非共沸有机混合物的研究历史较长，应用也较广，尤其在制冷、空调和余热回收领域。近年来，非共沸有机工质的研究和应用范围迅速扩大，我国在非共沸工质研究领域具有较强的研究基础，多家研究机构及多名专家学者有关非共沸工质的研究成果处于世界领先水平。天津大学于 2017 年 11 月 18~19 日举办了第一届非共沸工质研究高端论坛，来自 37 家单位的超过 130 位专家学者就非共沸工质研究进展进行了深入的交流讨论，会议总结见附录。目前，国内专门介绍非共沸有机工质特性规律和应用的书籍很少，主要有公茂琼、吴剑峰和罗二仓著的《深冷混合工质节流制冷原理及应用》（于 2014 年由中国科学技术出版社出版）、王浚等编著的《混合工质制冷技术》（于 1970 年由中国铁道出版社出版）。作者希望通过本书将最新的成果和观点与读者共享。

在前人的研究基础上，作者从 1998 年开始涉及非共沸有机工质的研究，20 多年来不曾间断，对其研究角度也日趋全面，包括其热物性计算、热力循环分析及构建、相变过程的传热传质、气液两相流的流动特性以及其在实际工程中的具体应用实例等。1998~2001 年主要针对高温水源热泵做循环分析和工质优选；2001~2003 年主要做高温热泵的系统辨识和仿真；2003~2009 年主要做高温热泵的应用推广，先后商品化了 ZHR 系列的 5 种非共沸有机工质；2009~2015 年主要做相变传热窄点的预测和规律总结，有机兰金循环（organic Rankine cycle，ORC）系统的循环分析以及工质优化和系统匹配，先后研发了太阳能驱动的非共沸有机工质直膨式发电系统和世界首套工程化的分布式四联供系统[热（500kW）、电（200kW）、冷（120kW）和海水淡化（1t/h）]；2015 年至今主要进行非共沸有机工质先进热力循环分析及构建、非共沸有机工质相变过程的传热传质，以及其在管内的两相流流动问题研究。

历经 20 余年的研究取得了丰富的研究成果。在工质热物性方面：基于基团及拓扑指数，建立了预测工质沸点及临界温度的遗传神经网络模型和 ORC 热力学基团贡献仿真模型，对适用工质尝试进行了分子设计；基于基团及混合工质组分对饱和温熵曲线斜率的影响，分析对比了混合工质与纯工质对 ORC 热力循环的影响。在先进热力循环分析及构建方面：阐明了典型热力循环在不同热力过程中的工质优选原则；提出了非共沸有机工质热力循环三维分析及构建方法。在工质相变传热窄点和组分迁移方面：发现了非共沸有机工质在冷凝和蒸发过程的相变传热窄点处发生传热恶化的现象，阐明了传热窄点随换热流体温度和流量比的变化而移动的规律；建立了非共沸有机工质蒸发过程的非平衡模型，分析了热力学参数对蒸发过程组分迁移的影响规律。在工质的流动及分离特性方面：首先针对撞击式和顺流式 T 形管内的非共沸有机工质组分分离特性进行了实验和模拟研究，揭示了入口流型、干度、管型等参数对工质分离效果的影响；得到了混合工质和纯工质两相流的压降特性曲线，探讨了在负斜率区流量漂移的现象。在实际应用方面：提出了多种非共沸有机工质配比，开发了冷凝温度为 70～120℃的高温水源热泵；研发了太阳能驱动的分布式多联供系统，使太阳能利用率超过了 50%；在柔性分布式能源系统(distributed energy system，DES)领域，则开创性地提出了基于非共沸有机工质组分"分离-混合"机制，以及分离与混合部件几何结构可调下的柔性系统，并进行了较全面的动态工况仿真和实验研究。

感谢王晓东、鲍军江、郑楠、杨兴洋、张建元、苏文、许伟聪、卢培、高攀、朱禹、王建立、吴伟、赵学政、刘兆永、宋卫东、汪大海和卢雅妮等卓有成效的研究工作！特别感谢苏文、许伟聪、卢培、张月和张莹等在本书整理和撰写过程中的辛勤付出！

本书的工作得到国家自然科学基金项目(50876071、51276123、51476110、51776138)、国家高技术研究发展计划(简称国家 863 计划)(2006AA05Z420、2012AA051103)和江苏省重点研发计划(BE2019009-4)的支持。

鉴于作者水平所限，书中难免存在疏漏和不妥之处，有些结论还有待工程的进一步检验，恳请读者批评指正！

作者于北洋园

2019 年 11 月

目　录

第1章　基于基团的工质物性预测及设计

1.1　引　　言

工质作为热力循环能量转换的载体，其物性直接决定着热力系统的效率，系统部件的设计，系统的稳定性、安全性及经济性。因此，工质物性的测量及计算、工质的选择是研发高效热力循环所需解决的基础问题之一[1]。目前，在已有物性的实验测量上，国内外学者已提出多种模型来估算工质的各物性值。这些模型可以分为三类，即计算化学法(computational chemistry methods，CCMs)、状态方程法(equations of state，EOSs)和基团贡献法(group contribution methods，GCMs)。计算化学法基于量子化学，可以对大量分子在原子尺度上计算分子性质，其计算时间可达几小时或几天[2]。状态方程法来源于分子统计热力学，可以计算工质在任意状态下的热物性，但其所需参数由分子物性常数和实验数据拟合得到，故只适用于少量常用工质[3]。与前两种方法相比，基团贡献法计算速度快，对工质物性的估算具有更好的普适性，大量有机工质可以通过特定数量的基团生成，如图 1-1 所示。基团贡献法的基本思想是"一种分子体系的某宏观性质取决于组成分子的各基团的贡献之和"，其由基团划分、基团估算式及基团贡献值三部分构成。所划分基团可以是单独的一个原子，也可以是分子键或官能团。然后基于分子结构理论，建立基团与相应性质的估算式，并采用拟合计算，由实验数据确定相应基团的贡献值[4,5]。由于拟合得到的基团贡献值与分子结构无关，基团贡献法可以为大量工质快速建立结构与性质之间的构效关系，适用于热力循环中工质物性的快速估算。然而，目前的基团贡献法大部分针对的是全体有机物，鲜有对热力循环中所用工质展开有针对性的研究。此外，有机物中存在大量的同分异构体，同

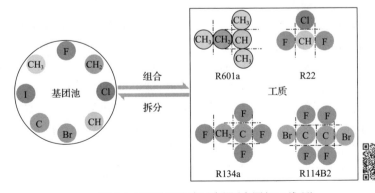

图 1-1　基团贡献法示意图(彩图扫二维码)

分异构体可能具有相同的基团，而已有方法不能完全区分同分异构体，且基团划分复杂。因此，在基团贡献法中，如何有效区分并准确预测同分异构体的物性还有待解决。

为解决纯工质数量少、适用工况有限的问题，可采用两种及以上纯工质组合而成的混合工质来拓展循环工质的数量及应用维度。然而，混合工质的工程应用必须以掌握工质的各种热物性参数和热力学性质为前提。可靠的气液相平衡数据是设计高性能和高效率的热力系统及相关设备的基础。考虑到混合工质数目巨大且相平衡实验昂贵、耗时，国内外学者已提出大量基于状态方程的相平衡模型。目前，状态方程法在计算混合工质相平衡时，需要应用混合法则以纯工质参数计算混合工质参数。混合法则是指由纯组分参数和混合物的组成来表示虚拟的混合物参数的关联式。针对立方型状态方程的混合法则主要有经典的范德瓦耳斯(van der Waals，VDW)型混合法则及超额吉布斯自由能(excess Gibbs free energy，G^E)型混合法则。然而，以上大部分模型的预测均需以相应的实验数据为基础来拟合模型中的可调参数[6]。因此，针对大量混合工质，急需可完全预测的相平衡模型。

根据工质的饱和温熵气相斜率，可以将工质分为三类：斜率为负的湿工质($dT/ds < 0$)、斜率为正的干工质($dT/ds > 0$)及斜率趋近无穷大的等熵工质($dT/ds \to \infty$)，如图 1-2 所示。与湿工质相比，干工质与等熵工质更适用于 ORC。这是因为湿工质在膨胀过程中会出现冷凝现象，使膨胀机出口工质处于气液两相状态，造成膨胀机内发生液击，从而降低膨胀效率及损坏膨胀流道[7]。需要指出的是，由于饱和气相斜率是温度的函数，同一种工质可能在不同的温度下表现出不同的温熵特性。严格意义上，等熵点只对应某一温度，但部分纯工质(如 R245fa 和 R123)可在一定温度范围内认为是等熵工质。然而这些特定温度范围并不一定能与实际工况相匹配。目前，虽有相关的数学模型用于估算工质饱和温熵气相斜率，但都含有工质的多种物性常数，并在计算斜率时还必须已知工质的 Helmholtz 状态方程系数[8]。因此，对于由基团组合生成的新型工质，已有模型并不能预测其气相斜率。为了预测任意工质的干湿性，有必要基于基团贡献法提出相应的气相斜率预测模型。

基于上述基团贡献法建立的工质构效关系，通过计算机辅助的分子设计(computer-aided molecular design，CAMD)，高效率地寻找具有特定性质的分子已成为一种重要的循环工质优选技术。相比于传统的工质优选枚举法，CAMD 不需要预先确定候选工质库。在 CAMD 中，只需提前确定少量的基团，并以此来生成大量的传统及新型分子结构，然后依据分子构效关系，确定最佳工质的分子结构，从而大幅度地降低相关设计成本[9]。然而，对于热力循环工质选择，虽然已有学者从基团的角度来设计具有相应性质的工质结构，但由于在工质设计过程中并未涉及循环工况及热力过程，设计出的工质可能在实际循环中无法表现出优良的性能[10]。

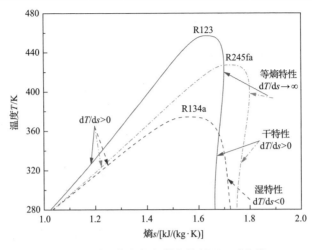

图 1-2　基于饱和气相斜率的循环工质分类

　　基于现有研究的不足,本章将结合基团及拓扑指数对工质的基础物性进行预测,并采用立方型状态方程与混合法则构成的三种完全可预测相平衡模型,计算混合工质在不同温度下的相平衡特性,与相应的实验数据进行分析比较。此外,本章基于高精度的 Helmholtz 状态方程,将导出工质饱和温熵曲线斜率的表达式,计算工质的饱和气相斜率,以分析饱和液相和气相斜率随基团、对比温度及组分的变化规律,从而建立预测饱和气相斜率的基团贡献模型。基于上述的工质物性基团模型,依据热力学的一般关系式,采用基团贡献法计算 ORC 蒸发、冷凝、膨胀及压缩的四个热力过程,建立循环仿真模型,并对一定冷热源条件下的 ORC 进行工质设计和循环工况的优化,首次发现以往未被考虑的新型工质。

1.2　基于基团的工质沸点及临界温度预测

　　为预测工质沸点及临界温度,按照已有工质的构型,划分 16 个基团。同时,为了区分工质中存在的大量同分异构体,引入拓扑指数 EATII。将基团与拓扑指数作为网络的输入,工质物性作为网络的输出,在通过遗传算法(genetic algorithm, GA)获得网络的结构及初始参数后,训练已有实验物性数据,得到网络的最优参数,建立基团与工质物性的关联式。

1.2.1　基于基团拓扑的遗传神经网络

　　1. 基团划分

　　工质研究最早始于 19 世纪 30 年代,在综合考虑工质热物性、毒性、稳定性等条件下,认为工质应由 C、H、N、O、F、Cl、Br、I 8 种元素构成[11]。从那时起,

CFCs 和 HCFCs①由于具有较高的系统循环性能被广泛应用于各种热力循环。但近

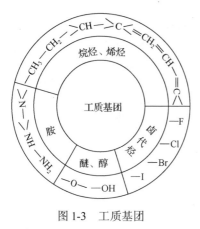

年来，随着环境的恶化，工质正向具有低消耗臭氧潜能(ozone depression potential，ODP)、低全球变暖潜能(global warming potential，GWP)的环保型工质发展，CFCs 和 HCFCs 等氟氯工质正逐渐被淘汰。因此，基于基团的工质构效关系，采用分子设计逆向思维研发符合应用需求的高效工质已引起各国学者的广泛关注。根据已有工质构型及分子设计结果[12]，可以得出热力循环中有机工质主要由烷烃、烯烃、卤代烃、醚、醇、胺六类有机物构成，同时考虑基团划分的简易性，将工质按照官能团划分，得 16 个基团，如图 1-3 所示。

图 1-3　工质基团

2. 拓扑指数

由于已有基团贡献法均不能完全区分工质中存在的大量同分异构体，所以本章在基团的基础上，进一步考虑工质结构，引入拓扑指数 EATII 辨别工质同分异构体。EATII 是从分子结构图中衍生出来的一种数学量，依据分子拓扑结构及分子组成计算得到[13]。EATII 不仅与物性具有较好的相关性，也对不同的分子结构具有唯一性，能唯一地区分 22 个碳原子以内形成的所有同分异构体[14]。图 1-4 表示拓扑指数 EATII 计算流程，所需的基团共价半径 Radii 和连接度 δ 如表 1-1 所示。

3. 遗传神经网络

神经网络是由具有适应性的简单单元组成的并行互连网络，已被广泛应用于物理及化学性质的估算。由于 3 层反向传播(back propagation，BP)网络能以任意精度逼近任意有理函数[15]，本章采用包括输入层、隐层和输出层的 BP 网络建立基团、结构与工质物性之间的非线性关系。输入层由 17 个节点构成，分别代表 16 个基团和 1 个拓扑指数，其中基团输入值为该基团在分子中出现的次数。输出层只有 1 个节点，表示工质物性。

对于 3 层 BP 网络隐层节点数，尚无具体的方法对其确定。同时，由于 BP 网络的训练算法基于梯度下降法，以任意生成的初始参数进行训练容易导致网络陷入局部最优解。因此，本章在对神经网络进行训练之前，利用 GA 优化得到网络的隐层节点数和初始参数值。作为一种模拟自然进化的随机优化算法，GA 能够进行全局搜索以避免 BP 网络的训练算法陷入局部最优解。

① CFCs 指氟氯烃(chlorofluorocarbons)；HCFCs 指氢氟氯烃(hydrochlorofluorocarbons)。

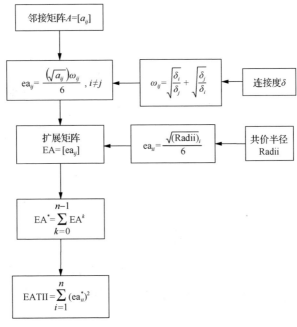

图 1-4　拓扑指数计算流程

表 1-1　基团共价半径 Radii 和连接度 δ

基团	共价半径 Radii/Å	连接度 δ	基团	共价半径 Radii/Å	连接度 δ
—CH$_3$	0.74	1	—Cl	0.994	7
—CH$_2$—	0.74	2	—Br	1.142	7
>CH—	0.74	3	—I	1.334	7
>C<	0.74	4	—OH	0.74	5
=CH$_2$	0.74	2	—O—	0.74	6
=CH—	0.74	3	—NH$_2$	0.74	3
=C<	0.74	4	>NH	0.74	4
—F	0.72	7	>N—	0.74	5

　　GA 最早由 Holland[16]于 1975 年首次提出，采用全体进化的方式，将优化问题的解以某种形式编码，产生个体，由适应度函数指导搜索方向，再通过选择、交叉、变异操作产生新一代个体，如此反复进行，直到搜索到最优解。为使 GA 能同时优化 BP 网络的初始参数值和隐层节点数，本章采用梯阶编码机制，每个个体的染色体由控制基因和参数基因构成。控制基因决定每个隐层神经元是否被激活，采用二进制编码；参数基因用来表示每个神经元的权值和阈值，采用实数编码[17]。由于 GA 优化的目标是采用最少的隐层节点数获得最优的预测结果，故适应度函数由网络的误差函数和复杂度函数构成。网络的均方误差 MSE 可由式(1-1)算得

$$MSE = \frac{1}{N}\sum_{i=1}^{N}\left(y_{\exp,i} - y_{\mathrm{cal},i}\right)^2 \tag{1-1}$$

其中，N 为工质总数；$y_{\exp,i}$ 为工质物性实验值；$y_{\mathrm{cal},i}$ 为工质物性计算值。

复杂度函数由隐层节点数决定，假设隐层节点数为 m，则复杂度函数 NC 如式 (1-2) 所示[18]：

$$NC = \exp\frac{m}{2} \tag{1-2}$$

由于 GA 总是朝着适应度函数增大的方向迭代，个体适应度函数 f 定义为

$$f = \frac{1}{0.2MSE + 0.8NC} \tag{1-3}$$

对于遗传算子，本章采用正常几何分布的选择算法、线性组合的算术交叉算法和所有基因随机扰动的非均匀变异算法。GA 流程如图 1-5 所示。

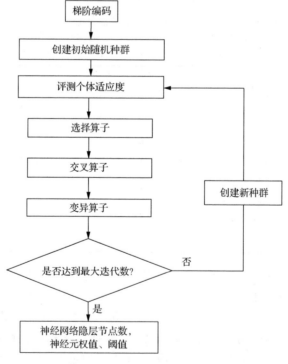

图 1-5 GA 流程

基于误差反向传播的 BP 网络主要由正向传播和反向传播两部分组成。在正向传播中，输入参数从输入层经隐层神经元处理后，传至输出层，如果输出层得

到的不是期望输出，就转为反向传播，依据网络的实际输出和期望输出之间误差的负梯度方向，从后往前逐层迭代修正各层神经元之间的连接权值和阈值。基于 GA 得到的网络初始参数及隐层节点数，本章采用收敛快且精度高的 Levenberg-Marquardt(LM) 算法对 3 层 BP 网络进行训练。网络神经元的传递函数主要有三类，分别为 logsig、tansig、purelin，定义如下：

$$\text{logsig}(x) = 1 / [1 + \exp(-x)] \tag{1-4}$$

$$\text{tansig}(x) = 2 / [1 + \exp(-2x)] - 1 \tag{1-5}$$

$$\text{purelin}(x) = x \tag{1-6}$$

其中，x 为函数参数。传递函数 tansig 已在 Wang 等[19]提出的定位分布贡献法中用来预测有机物的各种物性。因此，本章隐层和输出层分别采用传递函数 tansig 和 purelin。

为提高 BP 网络预测工质物性的泛化能力，防止网络出现数据过拟合，将工质实验物性数据分为三类，分别为训练集、验证集、测试集，比例依次为 70%、15%、15%。LM 算法采用训练集训练网络，在每一个训练步骤中，利用验证集检查当前网络的性能，如果网络满足输出条件，则停止训练，并对测试集进行预测，BP 网络算法流程如图 1-6 所示。此外，为了保证网络的预测精度，每个数据集必须含有所有基团，因此将实验数据人为地划分到三类数据集。

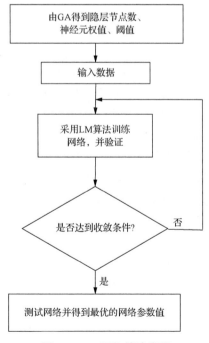

图 1-6　BP 网络算法流程

基于实验数据训练所得的 BP 网络预测性能可由以下统计参数评价：

$$\text{AARD} = \frac{1}{N}\sum_{i=1}^{N}\left|\frac{T_{\exp,i}-T_{\text{cal},i}}{T_{\exp,i}}\right|\times100\% \tag{1-7}$$

$$\text{bias} = \frac{1}{N}\sum_{i=1}^{N}\frac{T_{\exp,i}-T_{\text{cal},i}}{T_{\exp,i}}\times100\% \tag{1-8}$$

$$\text{RMS} = \sqrt{\frac{1}{N}\sum_{i=1}^{N}(T_{\exp,i}-T_{\text{cal},i})^2} \tag{1-9}$$

其中，N 为实验数据点数；下标 exp、cal 分别表示实验值及网络计算值；AARD 为绝对平均相对误差，用来表示网络计算值偏离实验值的程度；bias 为平均偏差，用以描述计算值在实验值两侧的平均分布；RMS 为计算值与实验值之间的绝对平均差。

对于任意工质，BP 网络预测的平均相对误差 ARD 定义为

$$\text{ARD} = \left|\frac{T_{\exp}-T_{\text{cal}}}{T_{\exp}}\right|\times100\% \tag{1-10}$$

1.2.2　工质沸点预测

为了建立基团、结构及沸点之间的非线性关系，从美国化学文摘服务社（Chemical Abstract Service，CAS）、SCIFinder 及 Molbase 数据库选择了 334 种工质的沸点实验值，工质含有的最大 C 原子数为 8 个。所有数据在输入神经网络之前都进行归一化处理。在 GA 中，考虑到工质总数为 334 个，设最大隐层节点数为 15 个，种群大小为 100 个，最大迭代次数为 500 次。

通过 GA 得到的最优隐层节点数为 8 个，因此建立的神经网络结构为 17-8-1。根据 GA 得到的网络初始参数，利用 LM 算法对网络进行训练，得到列于表 1-2 和表 1-3 的最优参数值。由训练所得的网络，可导出预测工质沸点的如下关联式：

$$T_{\text{b}} = 199.425\sum_{i=1}^{8}W_i\left[\frac{2}{1+\exp\left(-4\sum_{k=1}^{16}W_{ik}\frac{N_k}{C_k}-W_{ie}\frac{\text{EATII}}{98.584}+b_i\right)}\right]+479.835 \tag{1-11}$$

其中，W_i 为隐层神经元 i 的权重；W_{ik} 为基团 k 对神经元 i 的输入权重；W_{ie} 为拓

扑指数 EATII 对神经元 i 的输入权重；b 为隐层神经元常数；C_k 为基团 k 常数；N_k 为工质所含基团 k 的个数。b 和 C_k 列于表 1-2 和表 1-3。

表 1-2 预测 T_b 的网络优化值及参数

神经元	输入权重								
	—CH$_3$	>CH$_2$	>CH—	>C<	=CH$_2$	=CH—	=C<	—F	—Cl
#1	1.313165	1.105612	0.077465	−1.84765	−0.48523	1.113577	−1.33013	−1.18656	−0.7690508
#2	0.882196	1.183552	0.355309	−0.43498	−0.45308	−0.26232	−0.39164	−0.06757	0.02386378
#3	−0.30721	−0.1823	0.054883	−0.0486	1.073259	−1.00097	−0.18022	0.095247	−0.5844337
#4	0.421235	1.638341	−0.15313	0.652791	0.27422	1.014686	0.046052	0.40631	−0.4156549
#5	−0.11973	0.204814	0.101498	0.120177	0.000387	0.285444	0.641196	−0.72872	−0.0999581
#6	0.673056	0.233421	0.07574	−0.3255	0.875699	−0.66643	−0.18891	1.618995	0.21304996
#7	−0.87203	−1.72809	−0.41614	−0.36581	0.484721	−0.29099	1.012673	0.265256	−0.2134749
#8	−0.16659	0.12003	0.207326	0.34916	−0.11782	−0.06181	0.680111	−0.46417	−0.6309602
C_k	6	9	3	7	2	2	2	16	7

神经元	输入权重								神经元阈值
	—Br	—I	—OH	—O—	—NH$_2$	>NH	>N—	EATII	
#1	0.025328	−0.11794	−1.41562	0.08835	0.907394	0.064013	1.318353	−0.2631	−2.368998
#2	0.478583	−0.26319	−1.24968	−0.11314	−0.25374	−0.00872	0.471982	0.522457	−0.844616
#3	1.177965	0.001554	−0.35855	1.382861	0.006429	−0.17655	0.739882	−0.26976	−1.149955
#4	0.399882	−0.2678	−0.34669	−0.03765	−0.36282	0.080339	0.970657	0.189357	−0.413717
#5	0.071816	0.420533	0.339073	−0.17837	0.33182	−0.16069	0.053843	0.311559	1.116473
#6	0.076489	−0.47908	−0.4287	−1.63907	−0.53313	1.046122	0.762879	0.55722	0.922517
#7	0.87549	−0.01972	−1.04737	−0.18919	2.366202	−0.01475	−0.22375	−0.54468	−1.056839
#8	−0.63791	1.232873	0.233008	−0.67541	−0.62497	−0.01348	0.957658	0.095074	1.138925
C_k	2	1	2	2	1	1	1	—	

表 1-3 预测 T_b 的隐含层到输出层的网络优化值及参数

神经元	#1	#2	#3	#4	#5	#6	#7	#8	输出层阈值
权重	−0.50368	0.494604	−0.4488	−0.8948	1.799541	0.528011	−0.7816	−1.32001	−0.449485
b	1.926976	2.54282	5.139729	9.852669	0.964682	1.913417	0.255975	−1.31111	—

图 1-7 对训练集、验证集、测试集中沸点计算值与实验值进行了比较，给出了各数据集的相关系数 R 分别为 0.9893、0.9958 和 0.9928，说明计算值与实验值具有很好的一致性。表 1-4 给出了各数据集的统计参数。对于 334 种工质，AARD、bias、RMS 分别为 1.87%、0.18%、9.3263。平均相对误差 ARD 的分布由图 1-8 给出，可知 ARD≤2% 的工质占比 76%。

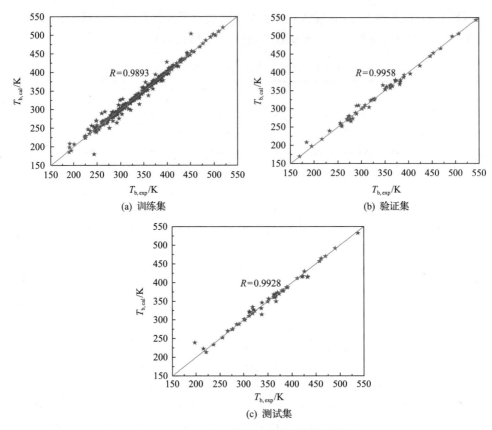

图 1-7 工质 T_b 的实验值与计算值比较

表 1-4 BP 网络预测各数据集 T_b 的统计参数

参数	训练集	验证集	测试集	总集
数据点数/个	234	50	50	334
AARD/%	1.83	1.77	2.13	1.87
bias/%	−0.10	−0.33	−0.41	0.18
RMS	9.6098	7.4254	9.6798	9.3263

　　为了将建立的基团模型与现有沸点预测方法相比，分别采用训练得到的 BP 网络模型、Constantinou 和 Gani[20]发展的通用拟化学基团活度系数(universal quasichemical functional group activity coefficient，UNIFAC)模型、Abooali 和 Sobati[21]提出的结构性质定量关系(quantitative structure property relationship，QSPR)模型对 30 种有机物的沸点进行预测，结果如图 1-9 所示。对于 BP 网络模型、UNIFAC 模型、QSPR 模型，绝对平均相对误差 AARD 分别为 2.53%、6.17%、3.06%。由此可知,本章提出的神经网络模型预测精度要高于已有的两种常用模型。

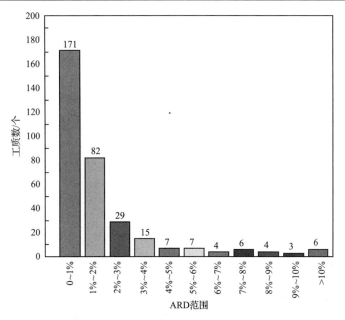

图 1-8　工质 T_b 的 ARD 分布

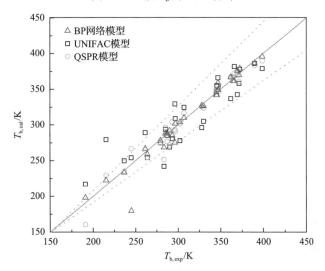

图 1-9　BP 网络模型与 QSPR 模型、UNIFAC 模型在 T_b 预测中的比较
实线表示计算值和实验值完全一致，虚线表示±10%的误差

拓扑指数 EATII 能够完全区分 22 个 C 原子以内的同分异构体。对于工质同分异构体，其沸点预测值如表 1-5 所示。由表可知，所有工质同分异构体均能被 BP 网络模型精确预测。然而，当工质同分异构体具有不同基团时，其物性可以被基团和拓扑指数同时区分。为了单独分析拓扑指数在预测工质物性中的作用，表 1-6 给出了具有相同基团的工质同分异构体沸点预测。可以看出，对于低碳同分异构

体，拓扑指数 EATII 的差异可以忽略，同分异构体间的沸点差异较小。然而，随着 C 原子数的增加，同分异构体间 EATII 差异逐渐增大，对同分异构体的区分能力逐渐增强。因此，基于基团及拓扑指数所建立的 BP 网络模型对工质中大量同分异构体的沸点具有很好的预测能力。

表 1-5　BP 网络对工质同分异构体的 T_b 预测

工质分子结构简式	工质	拓扑指数 EATII	$T_{b,exp}$/K	$T_{b,cal}$/K
CHF$_2$CHCl$_2$	R132a	17.3066	334.15	329.8653
CF$_2$ClCH$_2$Cl	R132b	17.9581	319.50	319.1824
CFCl$_2$CH$_2$F	R132c	17.9491	321.15	319.1742
CH$_2$ClCF$_2$CHF$_2$	R244ca	29.9679	323.65	325.8847
CH$_3$CF$_2$CF$_2$Cl	R244cc	32.7047	293.08	295.6397
CHF$_2$CHClCHF$_2$	R244da	27.7242	338.15	346.1448
CH$_2$FCHClCF$_3$	R244db	28.8308	323.15	324.8334

表 1-6　BP 网络对具有相同基团的工质同分异构体的 T_b 预测

工质分子结构简式	工质	拓扑指数 EATII	$T_{b,exp}$/K	$T_{b,cal}$/K
CF$_3$CHCl$_2$	R123	23.3096	300.75	299.9362
CF$_2$ClCHFCl	R123a	23.3154	301.00	299.9417
CHF$_2$CFCl$_2$	R123b	23.3224	303.35	299.9483
CF$_3$CFClCHFCl	R225ba	46.5893	325.10	325.6253
CHF$_2$CFClCF$_2$Cl	R225bb	46.6378	329.15	325.6669
CHCl$_2$CF$_2$CF$_3$	R225ca	46.5213	324.25	325.5669
CHFClCF$_2$CF$_2$Cl	R225cb	46.5672	325.20	325.6063
CF$_2$ClCHClCF$_3$	R225da	45.1204	324.00	324.3649

1.2.3　工质临界温度预测

为了建立预测临界温度的神经网络，选用 200 种工质，C 原子数最多为 8 个，临界温度值来源于 CAS，并且所有的数据在使用前都作归一化处理。同时考虑到工质总数为 200 个，设最大隐层节点数为 15 个，GA 的种群大小为 100 个，最大迭代次数为 500 次。

通过 GA 得网络最优隐层节点数为 6 个，因此，BP 网络的拓扑结构为 17-6-1。利用 LM 算法从 GA 得到的初始参数开始对该网络进行训练，得到如表 1-7 和表 1-8 所示的网络优化值。同时，根据 BP 网络传递函数，建立基团、结构与临界温度之间的关系式：

$$T_c = 262.745 \sum_{i=1}^{6} W_i \left[\frac{2}{1 + \exp\left(-4 \sum_{k=1}^{16} W_{ik} \dfrac{N_k}{C_k} - W_{ie} \dfrac{\text{EATII}}{98.584} + b_i \right)} \right] + 511.3205 \quad (1\text{-}12)$$

b 和 C_k 列于表 1-7 和表 1-8 中。

表 1-7　预测 T_c 的网络优化值及参数

	输入权重								
	—CH$_3$	>CH$_2$	>CH—	>C<	=CH$_2$	=CH—	=C<	—F	—Cl
神经元# 1	0.287709	−0.10389	−0.11524	−0.16348	0.193651	0.140044	0.0206275	1.787999	−0.0394075
神经元# 2	0.378051	0.284825	0.371951	0.546613	−0.01303	−0.22838	−0.494087	0.994849	−0.1448287
神经元# 3	−0.55598	−0.30217	−0.07313	−0.81463	−0.10786	−0.56133	−0.020352	−0.9598	−0.632627
神经元# 4	−2.00258	−1.70621	0.173639	1.660527	−0.17583	−0.34162	0.655784	1.048361	1.06715355
神经元# 5	−2.40674	−1.66886	−0.43714	0.719858	0.392877	−0.76147	0.19874	0.933841	0.18066986
神经元# 6	0.385355	0.921797	0.486095	0.078652	0.021087	0.06337	0.3123255	0.153982	0.33958442
C_k	5	7	3	7	2	2	2	16	4

	输入权重								神经元阈值
	—Br	—I	—OH	—O—	—NH$_2$	>NH	>N—	EATII	
神经元# 1	−0.20843	−1.23913	−0.42884	−0.04153	−0.05146	−0.16829	0.544328	0.066391	1.03895348
神经元# 2	−0.49325	0.076965	0.533135	1.147835	−0.39391	−0.26404	0.521666	0.544438	−0.8768804
神经元# 3	−0.39346	2.422521	0.313667	0.145749	−0.11889	0.193188	−0.70491	−0.43111	−1.6296647
神经元# 4	0.741119	−0.12014	−0.82773	−0.29531	−0.16037	0.431272	0.188162	−0.76962	−1.0664064
神经元# 5	−0.12689	−0.22303	−0.42313	1.252756	−0.25818	−0.51317	0.954504	−0.69275	−1.4490524
神经元# 6	0.225885	−0.37853	0.545349	0.019373	0.135826	0.498882	−0.1713	0.091656	3.82156294
C_k	2	1	2	2	1	1	1	—	

表 1-8　预测 T_c 的隐含层到输出层的网络优化值及参数

神经元	神经元#1	神经元#2	神经元#3	神经元#4	神经元#5	神经元#6	输出层阈值
权重	−1.02158	−0.00334	−0.55618	−0.28251	0.274184	1.184245	−0.325006
b	−1.11405	8.505792	−1.95433	1.245646	−2.87648	−0.18192	—

图 1-10 分别给出了训练集、验证集、测试集的临界温度计算值与实验值之间的比较。对于训练集、验证集、测试集，相关系数 R 分别为 0.9951、0.9926、0.9976，说明临界温度计算值和实验值之间具有很好的一致性。每个集合的统计参数列于表 1-9，对于 200 种工质，AARD、bias、RMS 分别为 1.27%、0.09%、9.0877。图 1-11 给出了 200 种工质的平均相对误差 ARD 分布情况，其中 ARD＞5% 的工质只有 6 种，最大误差为 12.4%，而 ARD≤2% 的工质有 157 种，占比 78.5%。

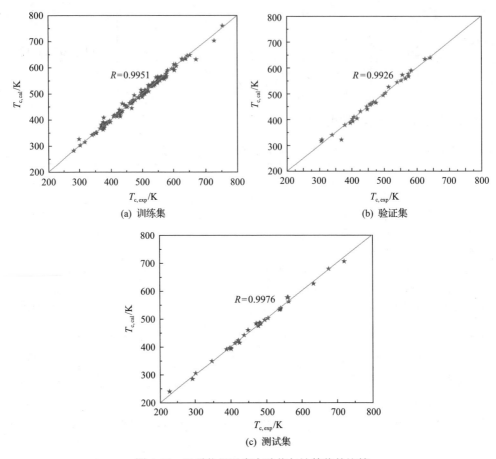

图 1-10　工质临界温度实验值与计算值的比较

表 1-9　BP 网络预测各数据集 T_c 的统计参数

	训练集	验证集	测试集	总集
数据点数/个	140	30	30	200
AARD/%	1.18	1.69	1.28	1.27
bias/%	−0.09	0.21	−0.39	0.09
RMS	8.8924	11.1841	7.5228	9.0877

对于工质中存在的大量同分异构体，表 1-10 给出了预测示例。当基团和工质结构都不一样时，同分异构体的性质差异可通过基团个数和拓扑指数进行区分。对于基团相同、结构不同的同分异构体，在低碳分子中，由于临界温度相差很小，忽略 EATII 之间的差别。但随着 C 原子数的增多，EATII 之间的差别逐渐增大，对同分异构体的区分能力增强。因此，对于具有大量同分异构体的有机工质，所建立的 BP 网络能有效区分同分异构体间的临界温度差异。

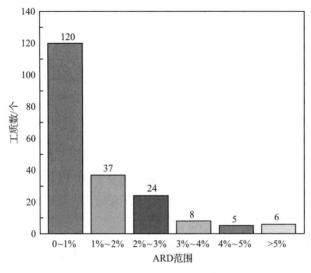

图 1-11　工质 T_c 的 ARD 分布

表 1-10　工质同分异构体的 T_c 预测

工质分子结构简式	工质	拓扑指数 EATII	$T_{c,exp}$/K	$T_{c,cal}$/K
$CClF_2CClF_2$	R114	30.2301	418.85	417.8466
CF_3CFCl_2	R114a	30.2311	418.65	417.8469
CF_3CHCl_2	R123	23.3096	456.94	460.3637
$CF_2ClCHFCl$	R123a	23.3154	461.70	460.3659
$CH_2FCF_2CHF_2$	R245ca	29.7150	447.57	439.5419
$CH_3CF_2CF_3$	R245cb	32.4337	380.10	385.3013
$CF_3CH_2CHF_2$	R245fa	28.2336	427.20	438.6331
$CH_3CH_2CH_2CH_3$	R600	8.1488	425.16	426.7932
$CH(CH_3)_2CH_3$	R600a	8.9517	407.85	414.5399
$CH_3(CH_2)_3CH_3$	R601	11.5307	469.71	471.4382
$(CH_3)_2CHCH_2CH_3$	R601a	12.3908	460.93	463.7419

1.3　工质气液相平衡及饱和温熵曲线的预测

　　基于立方型状态方程，采用三种完全可预测模型计算 13 种混合工质在不同温度下的气液相平衡，并与相应的实验数据进行分析比较，得到各模型在不同种类混合工质相平衡预测中的精度。在此基础上，采用高精度的 Helmholtz 状态方程计算多种工质的饱和温熵曲线斜率，分析饱和液相和气相斜率随基团、对比温度及组分的变化，建立饱和气相斜率基团贡献预测模型。

1.3.1　气液相平衡计算流程

当混合工质处于气液相平衡时，温度 T、压力 P 及逸度 f 在气液两相中分别相等，即

$$T_i^{L} = T_i^{G} = T \tag{1-13}$$

$$P_i^{L} = P_i^{G} = P \tag{1-14}$$

$$f_i^{L}(T,P,z_i) = f_i^{G}(T,P,y_i) \tag{1-15}$$

其中，L 和 G 分别为液相、气相；z_i、y_i 依次为液相和气相中组分 i 的摩尔分数。从式(1-13)～式(1-15)可知，混合工质相平衡计算的关键在于逸度。逸度是温度、压力和组分的函数。对于气体逸度，可采用立方型状态方程计算，其表达式为

$$\ln\left[\frac{f_i^{G}(T,P,y_i)}{y_iP}\right] = \frac{1}{RT}\int_V^\infty\left(\left\{\frac{\partial[PV/(RT)]}{\partial N_i}\right\}_{T,V,N_{j\neq i}} - 1\right)\frac{\mathrm{d}V}{V} - \ln Z^{G} \tag{1-16}$$

其中，V 为总体积；Z^{G} 为由立方型状态方程计算的气体压缩因子。然而，对于液相逸度，既可以采用与气体相同的状态方程计算，也可使用活度系数模型计算。

液相组分 i 的逸度可通过式(1-17)由活度系数确定：

$$f_i^{L}(T,P,z_i) = z_i\gamma_i f_i^{PL}(T,P) \tag{1-17}$$

其中，$f_i^{PL}(T,P)$ 为相同温度及压力下纯工质 i 的逸度，由状态方程计算得到。在低温低压下，$f_i^{PL}(T,P)$ 近似等于纯工质的饱和压力。γ_i 为逸度系数。目前，很多模型[如 UNIFAC 模型、非随机两液(non-random-two-liquid，NRTL)模型和 Wilson 模型]已被提出用来关联液体摩尔分数 z_i 与逸度系数 $\gamma_i^{[3]}$。然而，这些模型只在液体相对不可压缩的低温低压范围内有效。与之相反的状态方程模型可应用于较宽温度压力范围的液相。采用与气体相同的状态方程，可得液体混合物组分 i 的逸度：

$$\ln\left[\frac{f_i^{L}(T,P,z_i)}{z_iP}\right] = \frac{1}{RT}\int_V^\infty\left(\left\{\frac{\partial[PV/(RT)]}{\partial N_i}\right\}_{T,V,N_{j\neq i}} - 1\right)\frac{\mathrm{d}V}{V} - \ln Z^{L} \tag{1-18}$$

其中，液体压缩因子 Z^{L} 由状态方程导出。与式(1-16)不同，式(1-18)所用 V 为状态方程导出的最小体积。由于式(1-18)可在较宽温度压力范围内计算液体逸度，立方型状态方程已被广泛应用于预测混合工质的气液相平衡中。

目前，已提出大量状态方程用来建立压力-温度-体积的关系。通常，这些方程可分为解析式和非解析式两类[22]。解析式方程意味着当给定 T 和 P 时，体积 V 可以理论求解。该类方程主要是立方型状态方程，如 Soave-Redlich-Kwong(SRK) 和 Peng-Robinson(PR)方程。然而，对于非解析式状态方程[如 Benedict-Webb-

Rubin(BWR)方程和 Wagner 方程],为了描述物质复杂的性质,引入了很多拟合参数,体积 V 只能通过数值方法求解。考虑立方型状态方程使用的广泛性及简洁性,本章采用立方型状态方程建立混合工质相平衡计算模型,如图 1-12 所示。可以看出,当给定相平衡温度 T 及液体摩尔分数 z_i 时,相平衡压力 P 及气体摩尔分数 y_i 可基于气液逸度比例进行迭代求解。对于混合工质,为了提高相平衡的预测精度,状态方程系数基于混合法则由纯组分参数及摩尔分数求得。在此基础上,分别计算气液相各自的逸度。目前,混合法则主要由 VDW 型混合法则和 G^E 型混合法则两类构成,已被广泛应用于混合工质相平衡的预测中。

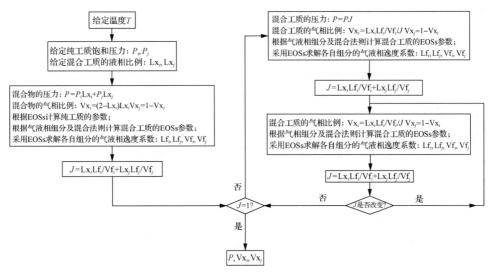

图 1-12　混合工质相平衡计算流程

1.3.2　混合工质及完全可预测相平衡模型

近年来,大量的混合工质相平衡数据已被实验测定。在这些相关的文献中,主要考虑了四种混合物类型,即 HC/HC 混合工质、HC/HFC 混合工质、HFC/HFC 混合工质、R13I1/HC(HFC)混合工质[①]。主要原因是这些混合物可作为热力循环的替代工质,相平衡数据可用来发展热力学性质计算模型。此外,从这些文献中也可知,结合状态方程(如 PR 方程和 SRK 方程)、混合法则(如 VDW 型混合法则和 MHV1[②]型混合法则)的各种相平衡模型已被广泛用来关联混合工质的实验数据。当在相平衡计算中使用 G^E 型混合法则时,活度系数模型(如 NRTL 模型)将计算混合工质的超额吉布斯自由能。为了提高相平衡预测的精度,通常 NRTL 模型中的系数由相平衡数据拟合得到。然而,这些拟合得到的交互系数只适用于对应

---

① HC 指碳氢化合物(hydrocarbon);HFC 指氢氟碳化合物(hydrofluorocarbon)。

② MHV1 指改进 HV(modified HV)。

的混合工质，不具备普适性。考虑到相平衡实验成本较高且比较费时，需要采用完全可预测的模型来计算大量混合工质的相平衡。

事实上，当 UNIFAC 模型被用于预测活度系数时，G^E 型混合法则不含实验拟合参数，模型可完全预测混合工质相平衡。此外，对于 VDW 型混合法则，目前也提出了一些可预测的模型，如 Chen 等[23]将立方型状态方程的能量交互系数 k_{ij} 假设为纯组分混合因子的差值，并给出了混合因子的理论表达式。为了比较不同相平衡模型的预测精度，本章考虑三种完全可预测模型，分别是 PR+VDW 模型、PR+MWS2+UNIFAC[①]模型和 PR+MHV1+UNIFAC 模型，如表 1-11 所示。此三种模型以下分别简称为 VDW 模型、MWS2 模型和 MHV1 模型。VDW 模型对 HFC/HC 混合工质的相平衡具有完全可预测性，而 MWS2 模型和 MHV1 模型虽然都是 G^E 型混合法则模型，但所用的参考压力不同。选择 MWS2 模型和 MHV1 模型主要是因为已有的 UNIFAC 基团参数可以直接在这两种模型中使用，基团交互系数可由文献[24]和[25]直接得到。所用模型的具体表达式见表 1-11。为了充分考察可完全预测模型在混合工质相平衡计算中的性能，本章采用此三种模型预测 13 种混合工质在不同温度下的相平衡特性，并与实验值进行比较。所用混合工质列于表 1-12 中，可划分为 HC/HC、HC/HFC、HFC/HFC、R13I1/HC（HFC）四类混合工质。对于某些混合工质，由于相平衡数据近年才测得，故还未被用于拟合 UNIFAC 基团参数。

表 1-11 计算混合工质相平衡的三种可预测模型

模型	立方型状态方程及混合法则
PR+VDW	$P = \dfrac{RT}{v-b} - \dfrac{a}{v(v+b)+b(v-b)}$ $a_m = \sum\limits_{i=1}^{N}\sum\limits_{j=1}^{N} x_i x_j a_{ij}; \ a_{ij} = \sqrt{a_1 a_2}(1-k_{ij})$ $k_{ij} = k_i - k_j; \ k_i = 0.30\omega_i + 0.031 n_F^{0.1}/\omega_i$ $b_m = \sum\limits_i x_i b_i$
PR+MWS2+UNIFAC	$P = \dfrac{RT}{v-b} - \dfrac{a}{v(v+b)+b(v-b)}$ $B_{ij} = \left(b - \dfrac{a}{RT}\right)_{ij} = \left[\left(b_i - \dfrac{a_i}{RT}\right) + \left(b_j - \dfrac{a_j}{RT}\right)\right](1-k_{ij})/2$ $k_{ij} = \dfrac{x_1 B_1 + x_2 B_2 + (\alpha-1)e^{\sum x_i \ln b_i}}{x_1 x_2 (B_1 + B_2)}; \ \alpha = \dfrac{G^E}{RTC^{WS}} + \sum\limits_i x_i \alpha_i$ $a_m = b_m\left(\sum\limits_i x_i \dfrac{a_i}{b_i} + \dfrac{G^E}{C^{WS}}\right)$ $b_m = \left[\sum\sum x_i x_j \left(b - \dfrac{a}{RT}\right)_{ij}\right]\Big/\left(1 + \dfrac{G^E}{RTC^{WS}} - \sum\limits_i x_i \dfrac{a_i}{RTb_i}\right)$

① MWS2 指改进 WS（modified WS）。

模型	立方型状态方程及混合法则
PR+MHV1+UNIFAC	$$P = \frac{RT}{v-b} - \frac{a}{v(v+b)+b(v-b)}$$ $$\frac{a_m}{RTb_m} = \sum x_i \frac{a_i}{RTb_i} + \frac{1}{C^{\mathrm{MHV1}}}\left(\frac{G^{\mathrm{E}}}{RT} + \sum x_i \ln \frac{b_m}{b_i}\right)$$ $$b_m = \sum x_i b_i$$

a 表示能量参数；

b 表示协体积；

x 表示混合工质组元分数；

k 表示交互系数；

C 表示混合规则对应的常数。

表 1-12　13 种混合工质的实验数据集

混合工质	年份	数据量/个	温度/K	文献
R290+R600	2005	16	270.00, 300.00	[26]
R290+R600a	2005	34	300.00, 320.00	[26]
R152a+R245fa	2015	36	323.15, 353.15	[27]
R134a+R245fa	2001	31	293.15, 313.15	[28]
R125+R245fa	2000	21	313.22	[29]
R134a+R290	2011	36	265.00, 285.00	[30]
R134a+R600a	1999	32	303.15, 323.15	[31]
R290+R245fa	2000	32	298.18	[29]
R600+R245fa	2016	51	373.15	[32]
R600a+ R245fa	2001	40	293.15, 313.15	[28]
R13I1+R290	2014	32	263.15, 283.15	[33]
R13I1+R600a	2013	36	273.15, 293.15	[34]
R13I1+R152a	2015	36	273.15, 283.15	[35]

1.3.3　相平衡模型预测与实验比较

　　三种可预测模型对 13 种混合工质相平衡预测结果见图 1-13～图 1-16。通常，三种模型的计算结果十分相似，特别对于 MWS2 模型和 MHV1 模型。由于这两种 G^{E} 型混合法则模型所用的 UNIFAC 基团参数一样，故对于一些混合工质，两种模型所得结果大部分重叠。从这些图中可以看出，一些混合工质具有明显的共沸行为，这意味着在共沸点处，压力对组分的一阶导数为零，即

$$\left(\frac{\mathrm{d}P}{\mathrm{d}y}\right)_T = 0 \tag{1-19}$$

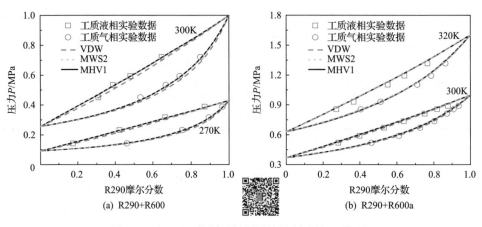

图 1-13　HC/HC 的相平衡预测结果(彩图扫二维码)

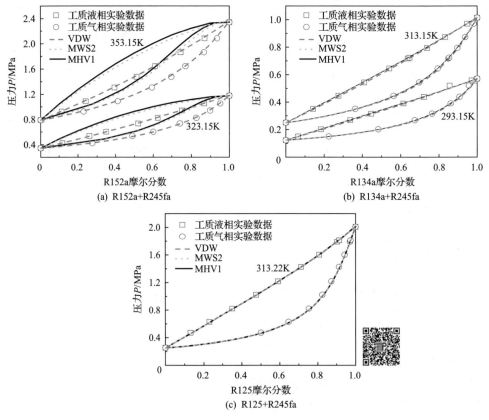

图 1-14　HFC/HFC 的相平衡预测结果(彩图扫二维码)

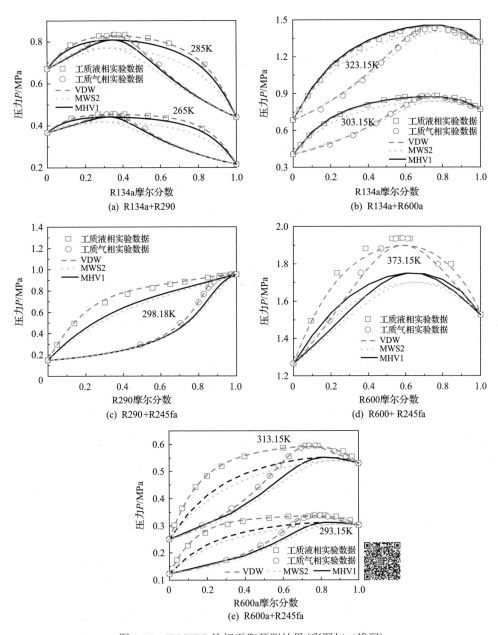

图 1-15　HC/HFC 的相平衡预测结果(彩图扫二维码)

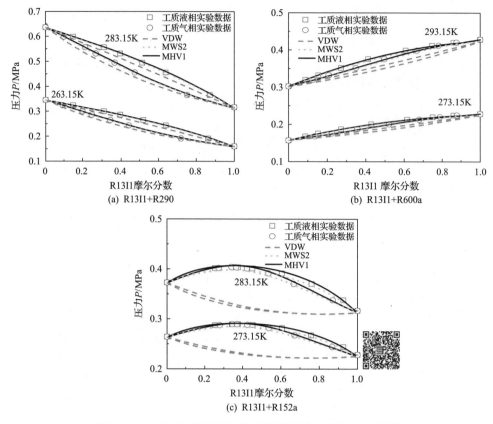

图 1-16 R13I1/HC（HFC）的相平衡预测结果（彩图扫二维码）

此外，表 1-13 给出了三种模型对各混合工质相平衡的预测精度，其中压力及组分偏差分别采用绝对平均相对误差和平均绝对误差，分别定义为

$$\text{AARD } P = \frac{1}{N} \sum_{i=1}^{N} \left| \frac{P_{\text{exp},i} - P_{\text{cal},i}}{P_{\text{exp},i}} \right| \times 100\% \tag{1-20}$$

$$\text{AAD } y = \frac{1}{N} \sum_{i=1}^{N} \left| y_{\text{exp},i} - y_{\text{cal},i} \right| \tag{1-21}$$

其中，P 为压力；y 为气体摩尔分数；N 为实验数据点数；下标 exp、cal 分别为实验值和计算值。

对于 HC/HC 混合工质相平衡的预测，不同温度下 R290+R600、R290+R600a 的相平衡结果分别如图 1-13 所示。在所考虑的混合工质中，这两种混合物属于最对称的流体。从图中可知，两个 G^{E} 型混合法则模型，即 MWS2 模型和 MHV1 模型在不同温度下对 HC/HC 混合物都具有相同的预测结果。与 G^{E} 型混合法则模型相比，VDW 模型低估了 R290+R600 混合物的平衡压力，精度较差。然而对于混

表 1-13 三种可预测模型对各混合工质的预测精度

混合工质	AARD P/%			AAD y		
	VDW	MWS2	MHV1	VDW	MWS2	MHV1
R290+R600	3.39	1.67	1.77	0.0099	0.0092	0.0089
R290+R600a	0.72	2.52	2.29	0.0091	0.0084	0.0083
R152a+R245fa	0.56	14.32	16.96	0.0033	0.0323	0.0365
R134a+R245fa	0.74	0.77	0.71	0.0022	0.0033	0.0031
R125+R245fa	0.83	0.80	0.83	0.0029	0.0032	0.0028
R134a+R290	0.91	6.67	2.54	0.0077	0.0167	0.0062
R134a+R600a	0.78	2.70	1.17	0.0054	0.0139	0.0044
R290+R245fa	0.93	8.83	7.25	0.0025	0.0304	0.0245
R600+R245fa	1.76	10.95	8.62	0.0056	0.0308	0.0242
R600a+R245fa	0.71	11.47	8.78	0.0048	0.0470	0.0348
R13I1+R290	2.52	0.40	0.47	0.0077	0.0022	0.0029
R13I1+R600a	4.17	0.77	0.29	0.0129	0.0029	0.0043
R13I1+R152a	3.67	1.18	0.53	0.0434	0.0024	0.0037

合工质 R290+R600a，VDW 模型预测结果要好于两种 G^E 型混合法则模型。这主要是因为所用 VDW 模型的交互系数是由纯工质的混合因子相减得到的。然而，这种假设却没有理论依据，且混合因子的表达式由 HC/HFC 混合工质的实验数据推导而成。因此，VDW 模型的精度依赖于发展该模型所用的实验数据量。

对于混合工质 R152a+R245fa、R134a+R245fa 和 R125+R245fa，不同温度下的相平衡预测结果见图 1-14。从图中可知，VDW 模型的预测结果与 HFC/HFC 混合物的实验数据吻合得最好，而 MWS2 模型、MHV1 模型只对混合工质 R134a+R245fa 和 R125+R245fa 具有较好的预测结果。虽然这三种混合物都属于同类工质，但 G^E 型混合法则模型对 R152a+R245fa 的预测结果却和实验数据相差甚远，严重低估了平衡压力，并且随着温度的上升，预测误差也明显增加。混合物之间的预测差异主要是因为 R134a+R245fa 和 R125+R245fa 早期的实验数据已被用于拟合 UNIFAC 基团的交互系数[24]，而 R152a+R245fa 的实验数据于 2015 年测得，还未被用于参数拟合。

对于非对称混合物体系 HC/HFC（R134a+R290、R134a+R600a、R290+R245fa、R600+R245fa 和 R600a+R245fa）的预测结果在图 1-15 中给出。在所考虑的三种模型中，VDW 模型与实验结果关联最好，而在某些混合物及温度下，MHV1 模型的预测精度与 VDW 模型相当。然而，对于大部分混合物，MHV1 模型低估了平衡压力。至于 MWS2 模型，其预测精度最差。这或许是因为拟合 UNIFAC 基团参数基于的是一种 G^E 型混合法则模型及相平衡数据，而不是活度系数的实验数据。因此，对于有些混合法则，如 MWS2 模型和 MHV1 模型，拟合的 UNIFAC 基团参数不一定适用。另外，从图中也可知，大部分 HC/HFC 类混合工质，如

R134a+R290、R134a+R600a,都具有共沸行为。三种相平衡模型都能对共沸点进行准确的预测。这也是从文献[24]拟合得到的 UNIFAC 基团参数即使在相平衡预测中具有较大误差也能广泛应用的原因。

图 1-16 给出了不同温度下 R13I1/HC(HFC)混合工质体系的相平衡结果。对于所选择的三种混合物 R13I1+R290、R13I1+R600a 和 R13I1+R152a,MHV1 模型的精度最高,而 MWS2 模型关于 R13I1+R290 和 R13I1+R600a 的相平衡预测精度与 MHV1 模型相当。然而,对于 R13I1+R152a,MWS2 模型稍微低估了其相平衡压力。MHV1 模型与 MWS2 模型预测差异的原因在于 MHV1 模型已被用于关联 R13I1/HC(HFC)混合体系,以获得相应的 UNIFAC 基团参数。因此,三种模型中,MHV1 模型的预测结果最好。虽然相同的 UNIFAC 基团参数也用于 MWS2 模型,但是却不能保证其预测结果精确。对于 VDW 模型,预测结果与实验数据间存在较大误差。主要原因是 VDW 模型只是基于 HC/HFC 混合工质的实验数据提出的,不适宜用于 R13I1/HC(HFC)混合工质体系的预测。

从以上比较结果可以看出,相平衡模型的预测精度依赖于所用的状态方程、所选的混合法则及所研究的混合物。目前最准确的相平衡预测模型总是基于混合工质实验数据发展而来的。然而,考虑到混合工质的数目巨大,基于完全可预测模型来计算工质的热物性是十分必要的。通常,两个参数的立方型状态方程已有足够的精度预测纯工质的相行为。因此,对于混合工质相平衡的预测,关键在于求取状态方程参数的混合法则。对于 VDW 模型,目前已提出很多交互系数 k_{ij} 的表达式。但是,大部分关联式只对特定类型的混合工质有效,并且由实验数据导出的经验式并不能保证任意混合工质相平衡预测的精度。同时,协体积参数可在理论上与分子直径相关联。但相比于能量参数,协体积参数对相平衡预测结果几乎没有影响。因此,普适性的 VDW 模型可基于分子理论或基团贡献法导出。相应的基团贡献值可从相平衡大数据中拟合。对于 G^E 型混合法则,能量参数由 G^E 型混合法则模型获得,而协体积参数通常采用线性加和。当活度系数由 UNIFAC 模型获得时,G^E 型混合法则模型则可完全预测混合工质的相平衡。然而,由特定的 G^E 型混合法则模型基于相平衡拟合得到的 UNIFAC 基团参数却不一定适用于其他 G^E 型混合法则模型,其原因主要是基团交互参数不是由活度系数实验数据得到的。因此,考虑到大部分混合工质的活度系数不可获得,可集中发展一种由状态方程、G^E 型混合法则模型及相应的 UNIFAC 构成的可预测模型。

1.3.4 饱和温熵曲线斜率预测模型

基于一般热力学关系,可导出工质的各种热力学性质,并且这些性质可由实验测量直接求得。因此,本节通过热力学勒让德变换建立饱和温熵曲线斜率的理论表达式。首先,热力学最基本的能量守恒微分方程为

$$\mathrm{d}u = T\mathrm{d}s - P\mathrm{d}v \tag{1-22}$$

其中，u 为物质的内能；s 为熵；T、P、v 分别为温度、压力及体积。考虑到 Helmholtz 能量方程已被广泛应用于工质热力学性质的精确计算，故本节基于 Helmholtz 能导出工质的饱和温熵曲线斜率。在热力学中，Helmholtz 能定义为

$$a = u - Ts \tag{1-23}$$

其中，a 为 Helmholtz 能。将式 (1-23) 的微分形式代入式 (1-22)，可得

$$\mathrm{d}a = a_T\mathrm{d}T + a_v\mathrm{d}v \tag{1-24}$$

其中，a_T、a_v 为以下一阶导数的缩写：

$$a_T = \left(\frac{\partial a}{\partial T}\right)_v = -s; \quad a_v = \left(\frac{\partial a}{\partial v}\right)_T = -P \tag{1-25}$$

其中，a_T、a_v 分别对应工质的熵和压力。此外，从式 (1-24) 中可以看出，a_T 与 $a(T, v)$ 具有同样的独立变量。因此，a_T 的一阶导数可表达成

$$\mathrm{d}a_T = a_{2T}\mathrm{d}T + a_{Tv}\mathrm{d}v = -\mathrm{d}s \tag{1-26}$$

其中，缩写式 $a_{mTnv} = \partial^{m+n}a / (\partial T^m \partial v^n)$。依据式 (1-26)，熵对温度的全导数可表达为

$$\frac{\mathrm{d}s}{\mathrm{d}T} = -a_{2T} - a_{Tv}\frac{\mathrm{d}v}{\mathrm{d}T} \tag{1-27}$$

由于处于相平衡的工质气相和液相具有相同的温度及压力，故式 (1-27) 可转化为温度和压力的函数。根据工质的 PTv 关系式，体积对温度的全导数可表示成

$$\frac{\mathrm{d}v}{\mathrm{d}T} = \frac{\partial v}{\partial T} + \frac{\partial v}{\partial P}\frac{\mathrm{d}P}{\mathrm{d}T} \tag{1-28}$$

式 (1-28) 中体积对温度的偏导数可通过以下变换得到

$$\frac{\partial v}{\partial T} = \frac{\partial a_v}{\partial T} \bigg/ \frac{\partial a_v}{\partial v} = \frac{a_{Tv}}{a_{2v}} \tag{1-29}$$

式 (1-28) 中体积对压力的偏导数可由式 (1-25) 得到

$$\frac{\partial v}{\partial P} = -\frac{\partial v}{\partial a_v} = -\frac{1}{a_{2v}} \tag{1-30}$$

将式 (1-29)、式 (1-30) 代入式 (1-28)，并结合式 (1-27)，可得沿工质饱和边界的熵对温度的导数为

$$\left(\frac{\mathrm{d}s}{\mathrm{d}T}\right)_{eq} = \frac{a_{Tv}}{a_{2v}}\left[-a_{Tv} + \left(\frac{\mathrm{d}s}{\mathrm{d}T}\right)_{eq}\right] - a_{2T} \tag{1-31}$$

因此，饱和温熵曲线的斜率可表达成

$$\left(\frac{\mathrm{d}T}{\mathrm{d}s}\right)_{eq} = \left\{\frac{a_{Tv}}{a_{2v}}\left[-a_{Tv} + \left(\frac{\mathrm{d}s}{\mathrm{d}T}\right)_{eq}\right] - a_{2T}\right\}^{-1} \tag{1-32}$$

至于式(1-32)涉及的 Helmholtz 函数，已有大量的文献基于工质的实验数据提出了相应的 Helmholtz 方程。因此，对 Helmholtz 方程感兴趣的读者可以参考 Span[36] 发表的关于多参数状态方程的综述文章。

1.3.5 纯工质斜率

基于上述建立的斜率理论表达式，分别计算表 1-14 所列的 11 种纯工质的饱和斜率。每种工质的分子结构、物性常数都列于表 1-14。由于在温熵循环分析中经常使用熵的单位为 kJ/(kg·K)，同时为了在图中更清楚地展示各工质的饱和斜率，定义如下的饱和曲线可视斜率 β_s：

$$\beta_s = M\left(\frac{\mathrm{d}T}{\mathrm{d}s}\right)_{eq}\Big/100 \tag{1-33}$$

为了分析各工质的分子结构对斜率的影响，斜率值统一在无量纲对比温度下比较。此外，考虑到工质在实际热力循环中的运行温度，本章分析的对比温度为 0.6～1。

表 1-14　斜率分析所用工质

工质	分子结构简式	$M/(\mathrm{g/mol})$	T_c/K
R123	CF_3CHCl_2	152.93	456.83
R124	CF_3CHFCl	136.48	395.43
R125	CHF_2CF_3	120.02	339.17
R134a	CF_3CH_2F	102.03	374.21
R142b	CH_3CClF_2	100.5	410.26
R152a	CH_3CHF_2	66.051	386.41
R290	$CH_3CH_2CH_3$	44.096	369.89
R600	$CH_3CH_2CH_2CH_3$	58.122	425.13
R600a	$CH(CH_3)_2CH_3$	58.122	407.81
R601	$CH_3CH_2CH_2CH_2CH_3$	72.149	469.7
R601a	$(CH_3)_2CHCH_2CH_3$	72.149	460.35

图 1-17 给出了各工质的饱和液相斜率随对比温度的变化。可以看出,工质的饱和液相斜率均为正,且随着对比温度的升高先缓慢增加再在临界温度附近快速降至零。这种液相斜率随对比温度变化的趋势可由式(1-34)定性地解释。该式由式(1-27)基于热力学关系变换得到。

$$\left(\frac{\mathrm{d}T}{\mathrm{d}s}\right)_{\mathrm{eq}}=\left[\frac{1}{T}c_v+\left(\frac{\partial P}{\partial T}\right)_v\left(\frac{\mathrm{d}v}{\mathrm{d}T}\right)_{\mathrm{eq}}\right]^{-1} \tag{1-34}$$

其中,c_v 为比定容热容。可以看出,式(1-34)的右边分母第一项总是正数,并且分母的第二项中 $(\partial P/\partial T)_v$ 对于任意工质也是正数。至于饱和体积对温度的全导数 $(\mathrm{d}v/\mathrm{d}T)_{\mathrm{eq}}$,其值可能是正数,也可能是负数,主要取决于饱和边界是液相还是气相。对于液相的饱和边界,$(\mathrm{d}v/\mathrm{d}T)_{\mathrm{eq}}$ 为正数。因此,任意工质的饱和液相斜率在温熵图中始终为正数。同时,当温度趋于临界温度时,c_v 和 $(\mathrm{d}v/\mathrm{d}T)_{\mathrm{eq}}$ 都趋于无穷大,故在临界温度附近,液相斜率由正数逐渐下降至零。

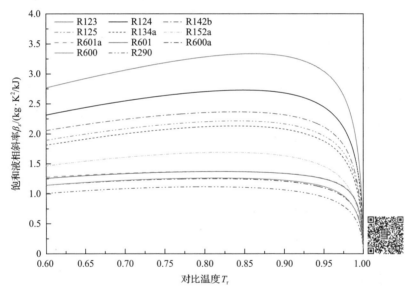

图 1-17　各工质的饱和液相斜率(彩图扫二维码)

为了比较不同工质间液相斜率,图 1-17 中的图例已按斜率降低的顺序排列。表 1-14 所考虑的工质可分为两类,分别是烷烃和卤代烃。对于选择的 5 种烷烃,可以观察到液相斜率满足以下排列顺序:R290<R600=R600a<R601=R601a。这意味着液相斜率随分子所含烷烃基团数的增加而增加。另外,在同样的对比温度下,同分异构体具有相等的液相斜率。至于卤代烃,当 C 原子数相等时,液相斜率随卤族原子数的增加而增加,如 R125>R134a>R152a 和 R227ea>R236fa>

R245fa＞R290。此外，依据液相斜率序列 R123＞R124＞R142b＞R125＞R134a＞R152a，也可以得出 Cl 原子较 F 原子对液相斜率具有更大的贡献。

　　与任意工质具有正液相斜率不同，工质的气相斜率可为正也可为负，如图 1-18 所示。对于液相斜率表达式(1-34)，比定容热容 c_v 在气相为正，而 $(\mathrm{d}v/\mathrm{d}T)_{\mathrm{eq}}$ 为负。因此，气相斜率的正负直接依赖于式(1-34)中分母两项的相对大小。另外，图 1-18 也表明所有流体在对比温度较低或临界温度附近时皆具有较小且为负的气相斜率。在临界温度处，$(\mathrm{d}v/\mathrm{d}T)_{\mathrm{eq}}$ 为负无穷大。虽然 c_v 在临界温度处也无穷大，但其值仍然小于 $(\mathrm{d}v/\mathrm{d}T)_{\mathrm{eq}}$ 的绝对值。因此，气相斜率在临界温度处总是由负数趋于零。考虑到液相斜率在临界温度处由正数趋于零，温熵图中的相边界在临界温度处将由液体向气体平滑过渡。此外，在对比温度较低时，式(1-34)分母的第二项将减小至负无穷大，而 c_v 为一个有限值，故此时的饱和气相斜率将趋于零且为负数。

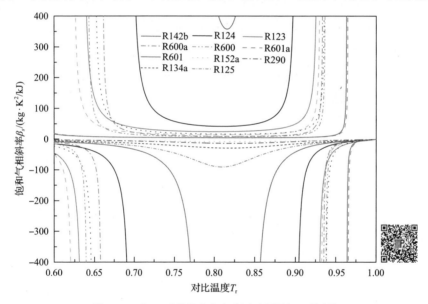

图 1-18　各工质的饱和气相斜率(彩图扫二维码)

　　在中间对比温度为 0.8 处，式(1-34)分母的第一项和第二项相对大小可能发生转变，以致于气相斜率可能在较小温度范围内为正数。这可以通过考虑式(1-34)分母两项的重要程度来定性地解释。在给定温度下，分母第二项对所有工质可以认为是相等的。然而，对于包含 c_v 的第一项，其值主要依赖于工质的分子结构。因为比定容热容 c_v 与分子的自由度成正比，所以随着分子复杂度的增加，分母中的第一项值将在较小的温度范围内大于第二项值，如图 1-18 所示。当工质含有较多的 C 原子及卤族原子时，气相斜率为正的对比温度范围也较大。此外，图 1-18 也表明大部分工质的气相斜率曲线在对比温度为 0.6～1 时近似呈对称分布。

1.3.6　混合工质斜率

混合工质作为纯工质的补充与替代，其热力循环性能已得到广泛研究，故有必要针对混合工质的饱和温熵曲线进行分析。根据纯工质的温熵特性，采用 R125/R134a、R600/R601 和 R290/R600 三种类型的混合工质，研究不同摩尔分数下的饱和曲线斜率。另外，在混合工质斜率分析中，采用热力学温度，其最低值设为 273.15K。

图 1-19 给出了三种混合工质的饱和液相斜率随摩尔分数的变化。对于任意给定组分下的混合工质，饱和液相斜率随温度的变化也可由式(1-34)定性地解释，与纯工质的变化规律一致。此外，所有二元混合工质的斜率曲线均位于相应纯工质曲线之间，并且随着摩尔分数的增加，逐步从其中一种纯工质曲线过渡到另一种纯工质曲线。同时，即使混合工质两组元在相同温度下具有相等的液相斜率，混合工质的液相斜率在相应温度下也可能与纯工质斜率不等，如图 1-19(a)所示的 R125/R134a。图 1-20 给出了不同温度下饱和液相斜率随摩尔分数的变化。可以看出，液相斜率并不随摩尔分数线性变化。此外，在固定温度下，混合工质液相斜率的最大值或最小值通常位于相应的纯工质处。

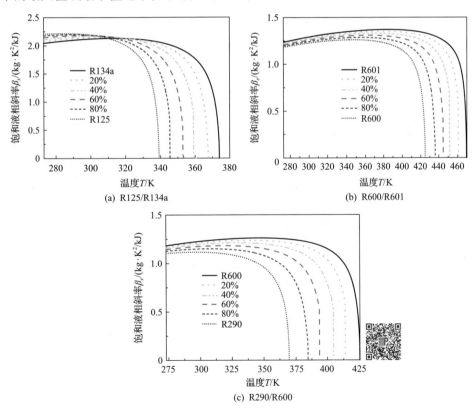

图 1-19　混合工质液相斜率(彩图扫二维码)

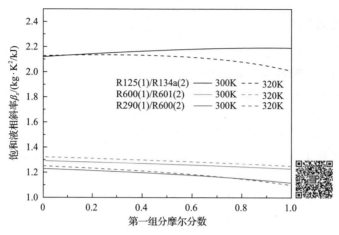

图 1-20 不同温度下混合工质液相斜率（彩图扫二维码）

三种混合工质各组元的气相斜率曲线如图 1-21 所示。R125/R134a 两组元的气相斜率在整个温度区间内都是负数，而 R600/R601 两组元的气相斜率在一定温

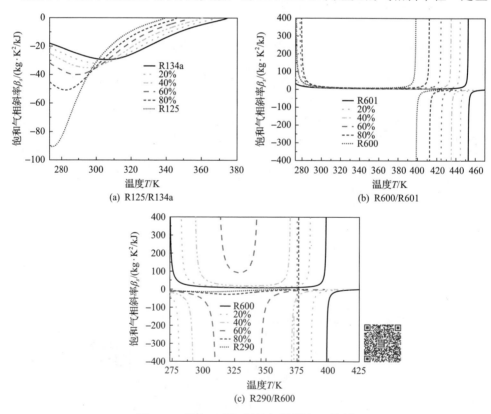

(a) R125/R134a

(b) R600/R601

(c) R290/R600

图 1-21 混合工质气相斜率（彩图扫二维码）

度范围内都为正。对于混合工质 R290/R600，R290 气相斜率为负，而 R600 气相斜率在一定温度区间内为正。图 1-21 给出了三种混合工质在不同摩尔分数下的饱和气相斜率。对于混合工质 R125/R134a，气相斜率总为负值，并且气相斜率的分布曲线与图 1-19(a) 中的液体斜率分布相似。对于混合工质 R600/R601，任意组分下，气相斜率均在中间温度范围内为正值。此外，在临界温度附近，随着摩尔分数增加，混合工质的气相斜率曲线逐步由 R601 曲线转变至 R600 曲线。对于混合工质 R290/R600，气相斜率为正对应的温度范围随着 R290 摩尔分数的增加而逐渐减小，以至于当 R290 摩尔分数较高时，气相斜率在整个温度范围内都为负。

在一定温度下，图 1-22 给出了饱和气相斜率随摩尔分数的变化。可以看出，所有气相斜率与摩尔分数都呈非线性的关系。对于组元具有相同正负斜率的 R125/R134a 和 R600/R601，混合工质气相斜率在某些组分下并不位于相应纯工质气相斜率之间。对于 R290/R600，由于在给定温度下，R290 属于湿工质，而 R600 属于干工质，所以随着 R290 摩尔分数的增加，混合工质的气相斜率先从 R600 处增加至正无穷，再由负无穷逐渐落到 R290 处。此外，从图 1-22 中也可以看出，在给定温度下，当组元的气相斜率正负不一致时，可在一定组分下配置出等熵工质，即斜率无穷大。

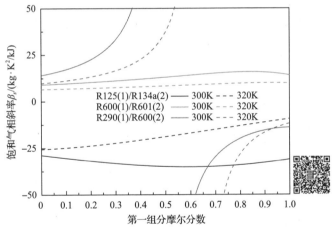

图 1-22　不同温度下混合工质气相斜率(彩图扫二维码)

1.3.7　纯工质气相斜率基团预测模型

工质的气相斜率直接影响其干湿特性，进而影响循环的热力学性质。为了建立气相斜率的预测模型，采用 BP 网络对基团与斜率进行关联。由于 3 层 BP 网络能够逼近任意的有理函数，故建立的斜率基团模型包含输入层、隐层和输出层。在输入层中，将每个基团在工质中出现的次数作为输入值。考虑到广泛使用工质

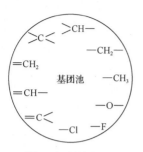

图 1-23　工质饱和气相斜率预测的基团划分

的分子结构，将工质基团按官能团进行划分，得如图 1-23 所示的 10 个基团。由 1.3.5 节对纯工质气相斜率的分析可知，斜率值是对比温度的函数，也与工质的摩尔质量有关，故将对比温度和摩尔质量也作为 BP 网络的输入参数。同时，为了区分工质中存在的大量同分异构体，在斜率预测中也引入拓扑指数 EATII，将其作为网络的输入参数。

网络的输出参数应为工质气相斜率值，但考虑到在数学上无法通过人工神经网络（artificial neural network，ANN）建立输入参数与无穷斜率之间的关系，本节采用斜率角作为网络的输出参数。气相斜率值与斜率角的关系如图 1-24 所示。可以看出，干工质、等熵工质及湿工质的斜率角分别小于 90°、等于 90° 及大于 90°。0°～180° 的斜率角可通过饱和气相斜率的反正切求得，表达式如下：

$$\theta = \begin{cases} \arctan\left(\dfrac{\mathrm{d}T}{\mathrm{d}s}\right) + 180°, & \dfrac{\mathrm{d}T}{\mathrm{d}s} \leqslant 0 \\ \arctan\left(\dfrac{\mathrm{d}T}{\mathrm{d}s}\right), & \dfrac{\mathrm{d}T}{\mathrm{d}s} > 0 \end{cases} \tag{1-35}$$

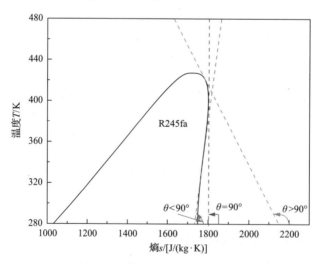

图 1-24　斜率值与斜率角关系图

为了从饱和斜率合理地计算出工质斜率角，熵的单位采用 J/(kg·K)。基于 1.3.5 节计算的工质斜率值，相应的斜率角随对比温度的变化如图 1-25 所示。从图中可以看出，在临界温度处，斜率角为 180°。在较低对比温度下，斜率角大于 90°

并趋于 180°。此外，在对比温度为 0.8 附近，一些工质的斜率角小于 90°。这意味着气相斜率为正，流体表现出干工质特性。当工质中含有的 C 原子和卤族原子较多时，干工质对应的对比温度范围更大。

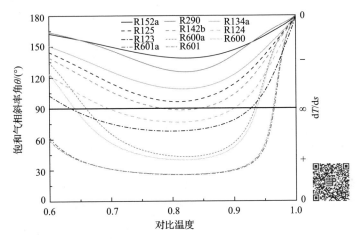

图 1-25　工质饱和气相斜率角(彩图扫二维码)

为了建立斜率预测神经网络模型，所用的气相斜率数据由高精度的 Helmholtz 状态方程计算。考虑到已有文献可用的 Helmholtz 状态方程系数，本节选择 54 种纯工质，如表 1-15 所示。每种工质的 CAS 号、分子结构简式、摩尔质量、临界温度均依次列于表 1-15 中。基于计算出的 54 种工质气相斜率，可以得到相应的气相斜率角。同时，考虑到工质在实际热力循环系统的运行温度，本节所用对比温度为 0.6~1，最终获得了 4338 个数据点用于建立神经网络基团贡献模型。为了防止网络训练中数据出现过拟合以提高模型的泛化能力，将数据集分为三个子集，分别是训练集、验证集及测试集，各子集的比例分别为 70%、15% 及 15%。

表 1-15　应用于斜率基团预测的 54 种工质

工质	CAS 号	分子结构简式	$M/(g/mol)$	T_c/K
R11	75-69-4	CCl_3F	137.37	471.11
R113	76-13-1	$CF_2ClCFCl_2$	187.38	487.21
R114	76-14-2	$CClF_2CClF_2$	170.92	418.83
R115	76-15-3	CF_3CF_2Cl	154.47	353.10
R116	76-16-4	CF_3CF_3	138.01	293.03
R12	75-71-8	CCl_2F_2	120.91	385.12
R123	306-83-2	CF_3CHCl_2	152.93	456.83
R124	2837-89-0	CF_3CHFCl	136.48	395.43
R125	354-33-6	CHF_2CF_3	120.02	339.17

工质	CAS 号	分子结构简式	$M/$(g/mol)	T_c/K
R13	75-72-9	$CClF_3$	104.46	302.00
R134a	811-97-2	CF_3CH_2F	102.03	374.21
R14	75-73-0	CF_4	88.01	227.51
R141b	1717-00-6	CH_3CFCl_2	116.95	477.50
R142b	75-68-3	CH_3CClF_2	100.50	410.26
R143a	420-46-2	CH_3CF_3	84.04	345.86
R152a	75-37-6	CH_3CHF_2	66.05	386.41
R161	353-36-6	CH_3CH_2F	48.06	375.25
R21	75-43-4	$CHFCl_2$	102.92	451.48
R218	76-19-7	$CF_3CF_2CF_3$	188.02	345.02
R22	75-45-6	$CHClF_2$	86.47	369.30
R227ea	431-89-0	CF_3CHFCF_3	170.03	374.90
R23	75-46-7	CHF_3	70.01	299.29
R236ea	431-63-0	$CF_3CHFCHF_2$	152.04	412.44
R236fa	690-39-1	$CF_3CH_2CF_3$	152.04	398.07
R245ca	679-86-7	$CH_2FCF_2CHF_2$	134.05	447.57
R245fa	460-73-1	$CF_3CH_2CHF_2$	134.05	427.16
R32	75-10-5	CH_2F_2	52.02	351.26
R365mfc	406-58-6	$CF_3CH_2CF_2CH_3$	148.07	460.00
R3110	355-25-9	$CF_3CF_2CF_2CF_3$	238.03	386.33
R40	74-87-3	CH_3Cl	50.49	416.30
R41	593-53-3	CH_3F	34.03	317.28
R4112	678-26-2	$CF_3CF_2CF_2CF_2CF_3$	288.03	420.56
R170	74-84-0	CH_3CH_3	30.07	305.32
R290	74-98-6	$CH_3CH_2CH_3$	44.10	369.89
R600	106-97-8	$CH_3CH_2CH_2CH_3$	58.12	425.13
R600a	75-28-5	$CH(CH_3)_2CH_3$	58.12	407.81
R601	109-66-0	$CH_3CH_2CH_2CH_2CH_3$	72.15	469.70
R601a	78-78-4	$(CH_3)_2CHCH_2CH_3$	72.15	460.35
Hexane	110-54-3	$CH_3(CH_2)_4CH_3$	86.18	507.82
Heptane	142-82-5	$CH_3(CH_2)_5CH_3$	100.20	540.13
Octane	111-65-9	$CH_3(CH_2)_6CH_3$	114.23	569.32
R1123	359-11-5	CF_2CHF	82.02	331.80
R1150	74-85-1	CH_2CH_2	28.05	282.35
R1216	116-15-4	CF_3CFCF_2	150.02	358.90

续表

工质	CAS 号	分子结构简式	$M/(\text{g/mol})$	T_c/K
R1233zd(e)	102687-65-0	$CHClCHCF_3$	130.50	438.75
R1234yf	754-12-1	CH_2CFCF_3	114.04	367.85
R1234ze(e)	29118-24-9	CF_3CHCHF	114.04	382.51
R1270	115-07-1	CH_3CHCH_2	42.08	364.21
R143m	421-14-7	CF_3OCH_3	100.04	377.92
RE170	115-10-6	CH_3OCH_3	46.07	400.38
R245mc	22410-44-2	$CF_3CF_2OCH_3$	150.05	406.81
R245mf	1885-48-9	$CHF_2OCH_2CF_3$	150.05	444.88
R347mcc	375-03-1	$CH_3OCF_2CF_2CF_3$	200.05	437.70
R610	60-29-7	$CH_3CH_2OCH_2CH_3$	74.12	466.70

针对网络输入参数和输出参数的拟合训练，主要有三种类型的传递函数，分别是 tansig、logsig 及 purelin 函数。在构建斜率预测的神经网络模型中，分别测试三种传递函数的 6 种组合，以确定输入层到输出层的最佳传递函数。

对于神经网络的隐层，目前还没有具体的方法用以确定其节点数。因此，本节采用试凑法来得到最优的节点数。考虑到网络的输入包括对比温度、摩尔质量、10 个基团及 1 个拓扑指数，共 13 个参数，故假设隐层节点数最大为 25 个。在此基础上，采用已有的斜率角训练 BP 网络。首先，所有节点的权值及阈值随机初始化。然后，根据网络的输出值与实际值之间的差异，采用优化算法不断调整节点的权值和阈值。当训练网络能够正确反映输入值与输出值之间的映射时，即可得到节点的最优权值及阈值。本节 BP 网络通过速度快且精度高的 LM 算法进行训练。同时采用均方误差 MSE 定量表达 BP 网络输出值与实际值之间的差距。MSE 定义为

$$\text{MSE} = \frac{1}{N}\sum_{i=1}^{N}\left(\theta_{\text{target},i} - \theta_{\text{prediction},i}\right)^2 \tag{1-36}$$

其中，N 为总的数据点数；下标 target 和 prediction 分别为斜率角的实际值和输出值。整个神经网络基团贡献模型的计算流程如图 1-26 所示。

1.3.8　气相斜率预测结果

本节 4338 个斜率角数据点被用于网络的训练、验证及测试。为了确定最优的网络结构，测试 6 种传递函数组合，并通过试凑法得到最优的隐层节点数。同样，训练所得的神经网络对斜率角的预测精度采用统计参数 AARD、bias、RMS 进行评估。

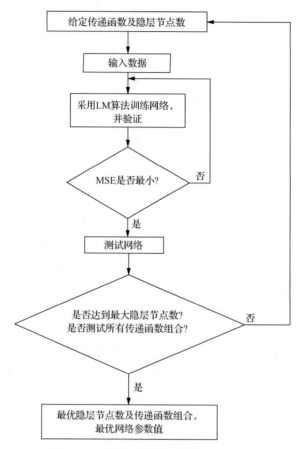

图 1-26　神经网络基团贡献模型流程图

针对 6 种传递函数的组合，图 1-27 给出了不同隐层节点数下网络的 AARD

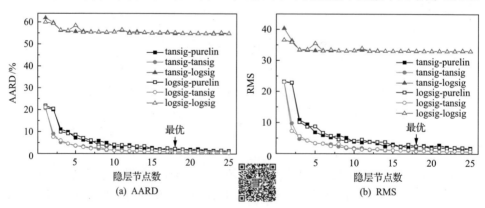

图 1-27　基于 6 种传递函数组合的 BP 网络(彩图扫二维码)

和 RMS。可以观察到，在工质气相斜率角预测中，logsig-tansig 是最优的传递函数组合。同时考虑到训练网络的偏差及网络结构的复杂度，隐层最优节点数为 18 个。因此，所得 BP 网络的结构为 13-18-1，最优网络权值及阈值见表 1-16 和表 1-17。

表 1-16　预测气相斜率角的网络优化值及参数

神经元	输入权重						
	T_r	M/(g/mol)	—CH₃	—CH₂—	>CH—	>C<	=CH₂
#1	2.1484	−2.1543	−2.3461	−3.7753	−0.8813	−3.0021	0.3593
#2	−0.5758	−3.9291	−0.4881	−1.5605	−0.5032	−0.4584	−2.1123
#3	−0.6637	1.4180	−0.7086	0.7898	0.0366	1.3359	−1.8928
#4	7.6438	−6.3016	−0.6322	−1.2337	−0.1523	0.2320	−0.6769
#5	4.4938	2.2341	−2.8942	11.0093	−1.9189	−4.9693	3.7854
#6	−4.8825	0.4285	−9.1533	13.0119	−3.2831	−4.7071	−0.0748
#7	8.2804	−2.7415	0.8397	1.4188	0.4593	1.1230	−0.0386
#8	0.2860	−2.8168	−1.2466	−1.8141	−0.7491	0.2073	0.1132
#9	1.2186	2.3428	1.1589	−4.3598	−3.8371	3.3684	−2.6809
#10	−55.7081	20.4073	−1.9771	−7.4327	−3.5310	−11.5808	−1.8888
#11	−1.0791	5.0214	−0.7925	4.7860	−0.6859	−1.0055	−1.8067
#12	−0.1576	1.2366	−0.0450	0.7774	−1.0835	−0.5383	0.2589
#13	2.3264	−0.4239	−2.5891	4.1266	−1.2295	−3.4304	−0.6345
#14	−0.5563	−1.5809	−1.6248	−0.5164	−0.2017	1.1934	−1.8701
#15	−2.8897	2.4834	5.9260	14.5393	−9.4550	3.0977	0.6013
#16	−0.7073	−4.8469	−0.2504	−1.0551	−0.2467	−0.2343	−2.8949
#17	0.8078	−1.9091	−0.5301	−0.9486	−0.8026	−0.9990	−0.9533
#18	−0.0066	2.4799	1.1214	−2.4346	6.0857	0.7917	0.5511

神经元	输入权重						神经元阈值
	=CH—	=C<	—F	—Cl	—O—	EATII	
#1	−0.8502	−1.6796	−1.8430	−0.0541	5.7605	4.5126	−1.8810
#2	0.7564	3.4798	−0.1898	0.0193	−1.4972	3.6562	−0.1263
#3	5.3327	−1.7119	3.2455	0.0741	−0.5837	−3.1185	−2.7188
#4	0.0370	−0.1978	2.2640	0.2691	0.2331	0.0527	−8.4268
#5	1.9320	0.4575	−4.7710	−2.7746	−6.4908	1.6315	1.3830
#6	1.0159	1.3125	−0.3545	−4.0289	5.5971	−15.7675	2.5071
#7	0.3769	0.2775	2.1713	0.9188	0.1581	−0.0447	−6.1480
#8	−2.7544	−0.4429	1.4628	0.2679	−1.2069	0.9983	−2.9754
#9	−2.4575	−4.4133	2.0906	−0.0729	3.6777	−2.0266	−0.4768
#10	−2.0512	−3.3163	−11.5795	−7.1708	−1.4119	0.5615	31.1922
#11	−0.8922	1.9157	1.4122	−2.5262	−1.1373	−6.2192	3.0288

续表

神经元	输入权重						神经元阀值
	=CH—	=C<	—F	—Cl	—O—	EATII	
#12	0.8239	−0.1808	−1.6853	−1.0351	0.5903	2.9154	−0.7487
#13	1.1155	−0.0767	−3.2616	−0.0722	2.4905	4.3445	4.0502
#14	−1.1398	−2.2503	0.5066	−0.8829	−1.0295	−0.0297	−4.0110
#15	−0.3662	0.5838	3.3053	−5.0688	−8.1467	10.8691	2.1049
#16	0.9131	−0.8801	2.0438	0.7420	−0.7997	−0.5452	−6.3575
#17	−0.5839	−1.5636	1.0216	0.4981	−0.2294	3.7399	1.1238
#18	−1.4643	1.1265	0.9551	1.8345	−2.0938	−8.0804	4.5014

表 1-17 预测 T_c 的隐含层到输出层的网络优化值及参数

神经元	#1	#2	#3	#4	#5	#6	#7	#8	#9	#10
权重	1.6125	−7.5931	4.9795	0.5793	0.4841	0.2555	10.4753	12.0114	5.9766	−13.073

神经元	#11	#12	#13	#14	#15	#16	#17	#18	阀值
权重	6.4565	16.2214	−0.9949	−10.9187	−0.4882	8.3757	−22.5634	7.6764	13.3228

工质斜率角的输出值和实际值比较见图 1-28。图中也分别给出了训练集、验

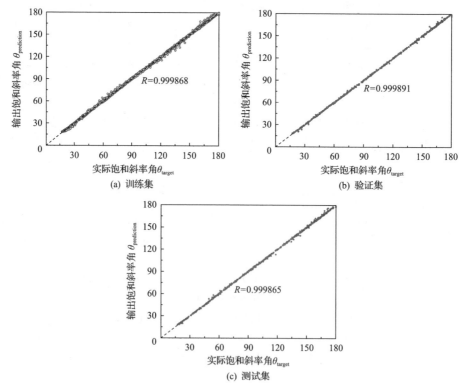

(a) 训练集 (b) 验证集 (c) 测试集

图 1-28 工质斜率角实际值与输出值的比较

证集及测试集的相关系数 R，用以反映网络输出值与实际值之间的相关性。三个数据集的 R 分别为 0.999868、0.999891 和 0.999865，三个子集的输出值与实际值之间都具有很好的一致性。此外，图 1-28 也表明 BP 网络在斜率角为 90° 时具有最好的预测性能。这意味着该网络在任意温度下都能够准确区分工质的干湿特性。表 1-18 给出了各子集的数据量及相关统计参数。对于训练集、验证集及测试集，AARD 分别为 0.68%、0.64% 和 0.68%，而整个数据集的 AARD、bias、RMS 依次为 0.67%、–0.004%、0.7983。同时，误差小于 1% 的数据点占总数的 83%。

表 1-18　BP 网络预测各数据集工质斜率角的统计参数

参数	训练集	验证集	测试集	总集
数据点数/个	3036	651	651	4338
AARD/%	0.68	0.64	0.68	0.67
bias/%	0.010	0.024	−0.044	−0.004
RMS	0.8036	0.7498	0.8203	0.7983
误差<1%的工质数/个	2529	546	526	3601
误差>5%的工质数/个	34	5	8	47

1.4　ORC 热力循环工质设计

1.4.1　基于基团贡献法的物性估算

为从工质结构中对 ORC 的热力过程及效率进行评估，工质的热物性必须先由分子结构精确得到。本节采用已有基团贡献法建立工质的构效关系。由于 ORC 模型所需的热物性（如饱和压力、潜热）可以根据热力学关联式从工质物性常数中计算得到，故本节只采用基团贡献法计算 5 个必需的热物性，分别为沸点、临界温度、临界压力、液体密度及比热容。

1. 沸点

工质沸点采用本章已经建立并训练得到的 BP 网络进行估算。输入参数包括工质的基团数和拓扑指数 EATII。该网络的绝对平均相对误差为 1.87%，预测关联式由式(1-11)给出。

2. 临界性质

本节采用 Marrero-Morejón 和 Pardillo-Fontdevila[37] 提出的基团贡献模型估算临界温度及临界压力。该模型不仅考虑了基团对临界性质的贡献，还考虑了基团之间的键贡献，其预测临界温度及临界压力的表达式如下：

$$T_c = T_b \left\{ 0.5851 - 0.9286 \left[\sum_k N_k \left(t_{ck} \right) \right] - \left[\sum_k N_k \left(t_{ck} \right) \right]^2 \right\}^{-1} \qquad (1\text{-}37)$$

$$P_c = \left[0.1285 - 0.0059 N_{atoms} - \sum_k N_k \left(p_{ck} \right) \right]^{-2} \qquad (1\text{-}38)$$

其中，N_k 为基团 k 的个数；t_{ck}、p_{ck} 分别为对基团 T_c、P_c 的贡献值；N_{atoms} 为工质中的原子总数。

3. 液体密度

对于 ORC 中的液体压缩过程，泵耗功的计算涉及液体密度。为了计算任意温度及压力下的液体密度，采用由 Moosavi 等[38,39]分别为烷烃和制冷剂发展的两类预测液体密度的基团神经网络。输入参数包括温度、压力、摩尔质量及基团数。相比于密度的实验数据，预测烷烃的网络绝对平均相对误差为 0.3177%，预测制冷剂的网络绝对平均相对误差为 0.2071%。对于其他类型的工质，如 HFOs 和 PFOs[①]，应用 Ihmels 和 Gmehling[40]提出的基团贡献法预测冷凝温度下的饱和液体密度：

$$\rho_l = M \bigg/ \left[\sum_k N_k \left(A_k + B_k T + C_k T^2 \right) \right] \qquad (1\text{-}39)$$

其中，M 为摩尔质量；A_k、B_k、C_k 分别为基团 k 对温度多项式系数的贡献值。

4. 比热容

根据物质的状态，比热容可以分为三类，分别为理想比热容（c_p^0）、气体比热容（c_p^g）及液体比热容（c_p^l）。理想比热容在许多热力学表达式中都有涉及，是热力学性质计算的基础。气体比热容和液体比热容则是计算工质吸放热的前提。因此，为了预测气液比热容，本章应用 Joback 和 Reid[41]发展的多项式基团贡献法得到理想比热容 c_p^0。

$$c_p^0 = \left(\sum_k N_k c_{pAk}^0 - 37.93 \right) + \left(\sum_k N_k c_{pBk}^0 + 0.21 \right) T + \left(\sum_k N_k c_{pCk}^0 - 0.000391 \right) T^2$$
$$+ \left(\sum_k N_k c_{pDk}^0 - 2.06 \times 10^{-7} \right) T^3 \qquad (1\text{-}40)$$

---

① HFOs 指氟烯烃（hydrofluoroolefins）；PFOs 指全氟化碳（perfluorocarbons）。

其中，N_k 为基团 k 的个数；c_{pAk}^0、c_{pBk}^0、c_{pCk}^0、c_{pDk}^0 分别为 k 基团对温度多项式系数的贡献值。

Poling 等[22]依据基团贡献法得到的理想比热容，采用修正的 Rowlinson-Bondi 方程导出了液体比热容。热力学方程为

$$\frac{c_p^l - c_p^0}{R} = 1.586 + \frac{0.49}{1 - T/T_c} + \omega \left[4.2775 + \frac{6.3(1 - T/T_c)^{1/3}}{T/T_c} + \frac{0.4355}{1 - T/T_c} \right] \quad (1\text{-}41)$$

其中，R 为理想气体常数，R=8.314J/(mol·K)；ω 为工质的偏心因子。

在相同的温度下，气体比热容与理想比热容有如下关系：

$$c_p^g = c_p^0 + \Delta c_p^r \quad (1\text{-}42)$$

其中，Δc_p^r 为剩余比热容，可由 Lee-Kesler 方法[42]计算得到

$$\Delta c_p^r = (\Delta c_p^r)^{(0)} + \omega (\Delta c_p^r)^{(1)} \quad (1\text{-}43)$$

其中，$(\Delta c_p^r)^{(0)}$ 为简单流体的剩余比热容；$(\Delta c_p^r)^{(1)}$ 为工质与简单流体的剩余比热容偏差。这两个变量均是对比温度 T_r 和对比压力 P_r 的函数。

对于计算气液比热容所需的偏心因子 ω，可应用基于 Antoine 饱和压力方程的经验关联式估算得到，其表达式为[43]

$$\omega = \frac{0.3\left(0.2803 + 0.4789 T_{br}\right) \ln P_c}{(1 - T_{br})(0.9803 - 0.5211 T_{br})} - 1 \quad (1\text{-}44)$$

$$T_{br} = T_b / T_c \quad (1\text{-}45)$$

5. 环境性质

由于臭氧空洞的破坏，循环工质应具有零 ODP。在工质选择中，直接排除—Cl、—Br、—I 基团[44]。对于另一个环境问题，即温室效应，采用 GWP 来定量地表示工质温室效应潜力[45]。考虑到 GWP 涉及工质与大气层的相互作用，其计算过程异常复杂，辐射效率(radiative efficiency，RE)作为 GWP 计算过程的中间量，可用来定量地表示工质的温室效应潜力。一般的，GWP 正比于 RE。因此，本节利用 Zhang 等[46]发展的基团贡献法来估算有机工质的 RE，并基于计算的 RE 比较工质温室效应潜力。RE 的计算式如下：

$$\text{RE} = \sum_k N_k r_k \quad (1\text{-}46)$$

其中，r_k 为基团 k 的贡献值。此外，当工质属于全氟化合物时，采用式(1-47)计算 RE：

$$RE = 0.06133 + 0.07057n_C, \quad 1 \leqslant n_C \leqslant 6 \tag{1-47}$$

其中，n_C 为 C 原子数。

6. 安全性质

有机工质的燃烧特性采用可燃特性进行表征。可燃性由 Kondo 等[47]提出的基团贡献法获得。对于工质的毒性，其表示对人体器官伤害的程度，可通过 Gao 等[48]发展的式(1-48)得到

$$\ln\left(LC_{50}\right) = -\sum_k N_k \alpha_k \tag{1-48}$$

其中，LC_{50} 为工质的毒性；α_k 为基团 k 对毒性的贡献。

1.4.2 ORC 热力学仿真模型

在工程应用中，根据热源特性，可配置不同的 ORC 构型，如回热式 ORC、自复叠式 ORC，以提高能源的转换效率。然而，无论 ORC 的构型如何变化，循环总是由热传递和能源转换两部分构成。因此，本节只对包含四个经典热力过程（压缩、蒸发、膨胀、冷凝）的 ORC 进行建模。为了方便模型的建立，图 1-29 给出了经典 ORC 的温熵图。根据从基团贡献法得到的热物性，可分别对四个典型热力过程进行模拟。

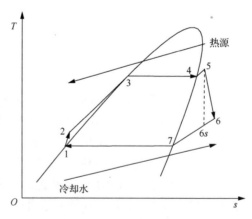

图 1-29 经典 ORC 的温熵图

1~7 为状态点；6s 为等熵过程点

1. 压缩过程

从冷凝器出来的饱和液体通过工质泵压缩成高压流体。工质泵耗功定义为泵进出口的焓差。由于液体的压缩过程是非等熵过程，在泵耗功的计算中设等熵效率为 0.65。当给定泵进出口压力时，可得泵耗功：

$$W_{\mathrm{p}} = m_{\mathrm{f}}\left(h_2 - h_1\right) = m_{\mathrm{f}}\frac{P_2 - P_1}{\rho_1 \eta_{\mathrm{p}}} \tag{1-49}$$

其中，m_{f} 为工质的质量流量；ρ_1 为饱和液体密度，由基团贡献法计算；η_{p} 为工质泵的等熵效率。当忽略换热器及管道中的压力损失时，压力 P_1、P_2 分别等于冷凝及蒸发温度下对应的饱和压力。工质饱和压力值可由如下饱和压力方程估算[22]：

$$\ln P_{\mathrm{r}} = A - \frac{B}{T_{\mathrm{r}}} + C\ln T_{\mathrm{r}} + DT_{\mathrm{r}}^6 \tag{1-50}$$

其中，P_{r} 和 T_{r} 分别为对比压力和对比温度；方程参数 A、B、C、D 可由以下理论关联式得到

$$\begin{cases} A = -35Q, \quad B = -36Q \\ C = 42Q + \alpha_{\mathrm{c}}, \quad D = -Q \\ Q = K\left(3.758 - \alpha_{\mathrm{c}}\right), \quad K = 0.0838 \\ \alpha_{\mathrm{c}} = \dfrac{3.758K\psi_{\mathrm{b}} + \ln(P_{\mathrm{c}}\,/\,101.325)}{K\psi_{\mathrm{b}} - \ln T_{\mathrm{br}}} \\ \psi_{\mathrm{b}} = 35 + \dfrac{36}{T_{\mathrm{br}}} + 42\ln T_{\mathrm{br}} - T_{\mathrm{br}}^6, \quad T_{\mathrm{br}} = \dfrac{T_{\mathrm{b}}}{T_{\mathrm{c}}} \end{cases} \tag{1-51}$$

2. 蒸发过程

当忽略蒸发器的压降时，工质蒸发为恒压热传递过程。在蒸发器中，工质被热源从泵出口的过冷液体加热到两相再到膨胀机入口的过热气体。因此，工质蒸发过程的热传递率由三部分组成：

$$Q_{\mathrm{eva}} = m_{\mathrm{f}}\left(h_5 - h_2\right) = m_{\mathrm{f}}\left(q_{23} + q_{34} + q_{45}\right) \tag{1-52}$$

其中，q_{23} 为过冷液体加热量($2\to3$)；q_{34} 为工质从饱和液到饱和气所需的蒸发热量($3\to4$)；q_{45} 为过热气体的吸热量($4\to5$)。上述三部分热量可分别由式(1-53)～式(1-55)得到

$$q_{23} = \int_{T_2}^{T_3} c_p^{\mathrm{l}}\,\mathrm{d}T \tag{1-53}$$

$$q_{34} = \Delta H_v(T_3) \tag{1-54}$$

$$q_{45} = \int_{T_4}^{T_5} c_p^g \mathrm{d}T \tag{1-55}$$

其中，定压比热容 c_p^l 和 c_p^g 从理想比定压热容 c_p^0 计算得到；ΔH_v 为工质的蒸发焓，即蒸发潜热。蒸发潜热值采用关联式(1-56)由对比温度得到[22]

$$\Delta H_v = \Delta H_{vb}\left(\frac{1-T_r}{1-T_{br}}\right)^{0.38} \tag{1-56}$$

其中，ΔH_{vb} 为在正常沸点下的蒸发潜热，可由式(1-57)估算：

$$\Delta H_{vb} = 1.093 R T_c T_{br} \frac{\ln P_c - 1.013}{0.93 - T_{br}} \tag{1-57}$$

对于给定热源，基于蒸发器中的能量守恒，可得工质质量流量：

$$m_f = \frac{c_p m_h (T_{h,in} - T_3 - \Delta T_e)}{q_{34} + q_{45}} \tag{1-58}$$

其中，c_p 为热源比热容；m_h 为热源流量；$T_{h,in}$ 为热源入口温度；ΔT_e 为蒸发器中的窄点温差。

3. 膨胀过程

在工质膨胀过程中，膨胀机将动能转化为电能。膨胀功为

$$W_t = m_f(h_5 - h_6) = m_f(h_5 - h_{6s})\eta_t \tag{1-59}$$

在理想工况下，工质进行等熵膨胀过程 5→6s，这意味着状态点 5 和 6s 之间没有熵差。而在实际工况下，等熵效率 η_t 表示膨胀过程的不可逆性，设 η_t 为 0.85。此外，为了获得等熵点 6s 的焓值，相应的温度通过状态点 5 与 6s 的等熵条件确定。

对于任意气体状态点间的熵差 Δs，可由一般热力学关系得出

$$\Delta s = s_{6s} - s_5 = s_{6s}^d + \Delta s^0 - s_5^d \tag{1-60}$$

其中，Δs^0 为理想气体的熵差，可通过理想气体状态方程由式(1-61)导出

$$\mathrm{d}s^0 = \frac{c_p^0}{T}\mathrm{d}T - \frac{R}{P}\mathrm{d}P \tag{1-61}$$

将式(1-61)进行积分,可得理想气体熵差为

$$\Delta s^0 = s_{6s}^0 - s_5^0 = \int_5^{6s} \mathrm{d}s^0 = \int_{T_5}^{T_{6s}} \frac{c_p^0}{T} \mathrm{d}T - R\ln\left(\frac{P_{6s}}{P_5}\right) \tag{1-62}$$

对于实际气体与理想气体的偏差熵,表达式为

$$s^{\mathrm{d}} = s(T,P) - s^0(T,P) \tag{1-63}$$

偏差熵可由 Lee-Kesler 方法[42]计算得到

$$s^{\mathrm{d}} = (s^{\mathrm{d}})^{(0)} + \omega(s^{\mathrm{d}})^{(1)} \tag{1-64}$$

其中,$(s^{\mathrm{d}})^{(0)}$ 为简单流体的偏差熵;而 $(s^{\mathrm{d}})^{(1)}$ 为偏差熵的一阶导函数。

4. 冷凝过程

为了完成整个热力循环,膨胀机出口的乏气将在冷凝器中被冷却为饱和液体。冷凝热的计算与蒸发热的计算相似,表达式为

$$Q_{\mathrm{con}} = m_{\mathrm{f}}(h_6 - h_1) = m_{\mathrm{f}}(q_{67} + q_{71}) \tag{1-65}$$

其中,q_{67} 为由乏气到饱和气所释放的热量;q_{71} 为从饱和气到饱和液所冷凝的热量。该两部分热量分别由式(1-66)和式(1-67)计算得到

$$q_{67} = \int_{T_6}^{T_7} c_p^{\mathrm{g}} \mathrm{d}T \tag{1-66}$$

$$q_{71} = \Delta H_{\mathrm{v}}(T_1) \tag{1-67}$$

其中,状态点 6 的温度依据等熵点 6s 的温度得到。冷凝温度对应的蒸发焓由式(1-56)计算。

基于上述 ORC 四个热力过程的模型,可得循环效率为

$$\eta_{\mathrm{th}} = \frac{W_{\mathrm{net}}}{Q_{\mathrm{eva}}} \times 100\% \tag{1-68}$$

其中,W_{net} 为循环净输出功,定义为

$$W_{\mathrm{net}} = W_{\mathrm{t}} - W_{\mathrm{p}} \tag{1-69}$$

采用以上热力方程对 ORC 进行仿真,输入参数包括工质结构、冷凝温度、蒸发温度及过热度。为了模拟上述热力过程,在 MATLAB2015b 上开发相应的计算

程序。由于整个模型中不涉及循环迭代，可以对循环工质进行分子设计，从大量候选物中快速筛选出最优工质。此外，上述模型也可对其他循环配置的 ORC 进行模拟。

1.4.3 基于基团的 ORC 性能计算

1. 循环工质及工况

表 1-19 列出了用于循环模拟的 21 种工质。除了给出每种工质的分子结构简式及摩尔质量，也列出了每种工质的三种环境特性，即大气寿命、ODP、GWP。从表中可以看出，大部分工质的 ODP=0。所列有机物均是环境友好型工质，可应用于不同的 ORC 工程项目。在循环仿真中，蒸发温度的最小值设为 $0.8T_c$。根据 Delgado-Torres 和 García-Rodríguez[49]的建议，蒸发温度的最大值设为 T_c–10K。蒸发温度依次从最小值以 5K 为间隔取到最大值。对于冷凝温度，设为常数 $0.7T_c$。为了避免工质膨胀过程中液滴的形成，设膨胀机入口工质的过热度为 5K。根据 REFPROP 在上述工况下得到的计算结果，可对每种工质定义基团模型的相对误差：

$$E = \frac{1}{N} \sum_{i=1}^{N} \frac{\zeta_{\text{model}.i} - \zeta_{\text{REF}.i}}{\zeta_{\text{REF}.i}} \times 100\% \tag{1-70}$$

其中，N 为变蒸发温度下计算的循环工况数；ζ 为计算值；下标 REF 和 model 分别为 REFPROP 和基团模型得到的结果。对于表 1-19 所列的 21 种工质，定义绝对平均相对误差 AARD 为

$$\text{AARD} = \frac{1}{\text{NF}} \sum_{i=1}^{\text{NF}} |E| \tag{1-71}$$

其中，NF 为所考虑的工质数。

2. 计算结果

ORC 中所有热力学性质的估算均需工质的物性常数，即 T_b、T_c、P_c、ω，因此物性常数的精确计算是发展基团模型的前提。本节将上述常数与 REFPROP 的值进行比较，图 1-30 给出了 21 种工质物性常数相对误差的分布。由图可知，对于工质沸点 T_b，基团神经网络的预测十分准确。由于临界温度 T_c 通过基团贡献法与 T_b 相关联，高精度的沸点预测保证了临界温度预测的准确性。T_b、T_c 的绝对平均相对误差 AARD 分别为 1.81%、1.79%，如表 1-20 所示。对于临界压力 P_c，有的工质具有较大的误差，绝对平均相对误差 AARD 为 5.26%。偏心因子 ω 是 T_b、T_c、P_c 的函数，从图 1-30 可以看出，ω 具有较大的误差。对于大部分工质，ω 相对误差的绝对值小于 10%，表 1-20 所列 ω 的绝对平均相对误差 AARD 为 9.80%。

表 1-19　循环模拟所用的 21 种工质

工质	CAS 号	分子结构简式	摩尔质量/(g/mol)	大气寿命/年	ODP	GWP
R123	306-83-2	$CHCl_2CF_3$	152.93	1.3	0.02	77
R125	354-33-6	CF_3CHF_2	120.02	28.2	0	3170
R134a	811-97-2	CF_3CH_2F	102.03	13.4	0	1300
R143a	420-46-2	CF_3CH_3	84.04	47.1	0	4800
R152a	75-37-6	CHF_2CH_3	66.05	1.5	0	138
R218	76-19-7	$CF_3CF_2CF_3$	188.02	2600	0	8830
R227ea	431-89-0	CF_3CHFCF_3	170.03	38.9	0	3350
R236ea	431-63-0	$CF_3CHFCHF_2$	152.04	11	0	1330
R236fa	690-39-1	$CF_3CH_2CF_3$	152.04	242	0	8060
R245ca	679-86-7	$CHF_2CF_2CH_2F$	134.05	6.5	0	716
R245fa	460-73-1	$CF_3CH_2CHF_2$	134.05	7.7	0	858
R290	74-98-6	$CH_3CH_2CH_3$	44.096	12±3	0	3.3
R600	106-97-8	$CH_3CH_2CH_2CH_3$	58.12	12±3	0	4
R600a	75-28-5	$CH(CH_3)_3$	58.12	12±3	0	3
R601	109-66-0	$CH_3CH_2CH_2CH_2CH_3$	72.149	12±3	0	4±2
R601a	78-78-4	$(CH_3)_2CHCH_2CH_3$	72.149	12±3	0	4±2
n-C6H14	110-54-3	$CH_3(CH_2)_4CH_3$	86.175	—	—	—
C5F12	678-26-2	$CF_3(CF_2)_3CF_3$	288.03	4100	0	8550
R1233zd	102687-65-0	$CF_3CHCHCl$	130.5	0.07	0	1
R1234yf	754-12-1	CF_3CFCH_2	114.04	0.03	0	4
R1234ze	29118-24-9	CF_3CHCHF	114.04	—	0	6

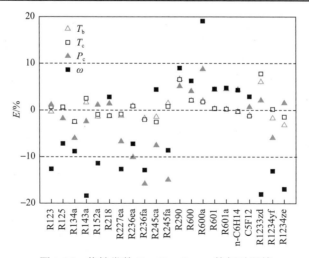

图 1-30　物性常数 T_b、T_c、P_c、ω 的相对误差

表 1-20　ORC 基团贡献热力模型的 AARD

物性	AARD/%	循环参数	AARD/%
T_b	1.81	Q_{evap}	5.05
T_c	1.79	Q_{con}	5.08
P_c	5.26	W_p	10.70
ω	9.80	W_t	7.25
P_{vp}	10.92	W_{net}	8.28
ρ	2.01	η_{th}	4.89
ΔH_v	8.77		
c_p^0	1.56		

图 1-31 给出了 21 种工质热力学性质 P_{vp}、ρ、ΔH_v、c_p^0 的相对误差分布。这些性质是温度的函数，在 ORC 基团模型中被用来计算热力过程涉及的功和热。从图 1-31 可以看出，理想比热容 c_p^0 具有最小的误差，AARD 为 1.56%。在此基础上，气液比热容可由理论关系式精确得到。至于液体密度 ρ 和蒸发焓 ΔH_v，大部分工质的相对误差为 –10%~10%。如表 1-20 所示，液体密度和蒸发焓的 AARD 分别为 2.01%、8.77%。由于饱和压力 P_{vp} 是基于 T_b、T_c 和 P_c 的计算值，通过经验关系式获得，故有较大误差，AARD 为 10.92%。

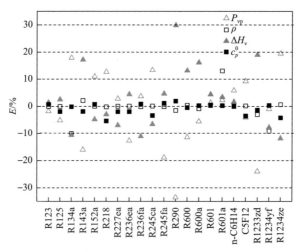

图 1-31　热力学性质 P_{vp}、ρ、ΔH_v、c_p^0 的相对误差

图 1-32 给出了工质蒸发冷凝过程中吸放热量的相对误差分布。可以看出，对于大部分工质，相对误差绝对值都在 10% 以内。蒸发吸热量和冷凝放热量的 AARD 分别为 5.05%、5.08%。热量的精确计算源于比热容和蒸发焓的准确估算。

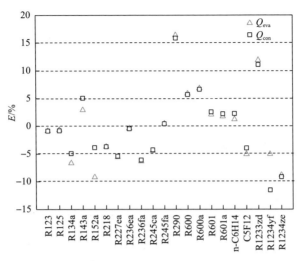

图 1-32　热量 Q_{eva}、Q_{con} 的相对误差

图 1-33 给出了循环中功的相对误差分布。泵耗功具有较大的相对误差,AARD 为 10.70%。这主要是由饱和压力平均相对误差为 10.92%造成的。相比于膨胀功, 泵耗功的占比比较小,因此净输出功的相对误差主要由膨胀功决定。由图 1-33 可 知,对于大部分工质,膨胀功和净输出功具有相同的相对误差,并且都小于 10%, AARD 分别为 7.25%、8.28%。

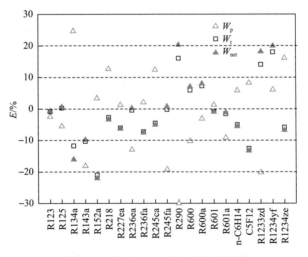

图 1-33　功 W_p、W_t、W_{net} 的相对误差

图 1-34 给出了循环效率的相对误差分布。由于蒸发吸热量和净输出功具有较 小误差,对于大部分工质,循环效率的相对误差均在 10%以内。由表 1-20 可知, 循环效率的 AARD 为 4.89%。

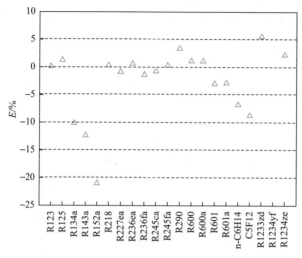

图 1-34　循环效率 η_{th} 的相对误差

基团贡献热力模型的误差来源于所用的基团贡献法和热力学关联式。由于基团贡献值基于已有实验数据通过拟合得到，并且与分子结构无关，基团贡献法并不能保证对每一种工质进行准确的物性预测。在基团贡献法获得的物性基础上，采用半经验半理论的关系式对热力过程进行分析。所用关联式的精度与工质种类有关。例如，Lee-Kesler 方法更适用于微极性物质。此外，在关联式中采用基团贡献估算的值作为输入参数，可能增大关联式的计算误差。

基于以上模型，当给定循环的蒸发温度、过热度及冷凝温度时，工质的所有循环参数均可得到。模型中所用热力学公式的精度依赖于循环温度，并且一些关联式(如饱和压力)在较高对比温度下具有很大的误差，因此，循环温度对于模型的精确度具有重要的影响。然而，根据模拟结果可以看出，对于大部分工质，所建模型在物性预测及循环参数计算中的相对误差均小于 10%。与 Barbieri 等[50]发展的方法相比，该基团贡献热力模型可以快速地分析不同工质的 ORC 性能，并对 ORC 参数提供合理的工程估算。

1.4.4　ORC 工质设计及工况优化

基于上述针对 ORC 建立的基团贡献热力模型，在给定热源的条件下，同时对循环工质及工况进行优化，其主要步骤如下。

(1)工质结构生成。由选定的基团，在化学结构的约束下，任意组合生成所有可能的工质。

(2)循环优化。对于给定热源，在工质选择中，一般以净输出功作为优化目标。因此，对于每种组合工质，首先采用基团贡献估算得到相应的热物性，然后在给定热源条件下，基于建立的 ORC 热力模型，优化循环蒸发温度，以获得最大净输出功。

（3）组合工质的评价。根据优化得到的循环性能，并同时考虑环境及安全性质，综合评价由基团组合产生的候选工质，筛选出最优工质。

基于上述 3 个步骤，工质设计及循环优化流程如图 1-35 所示。

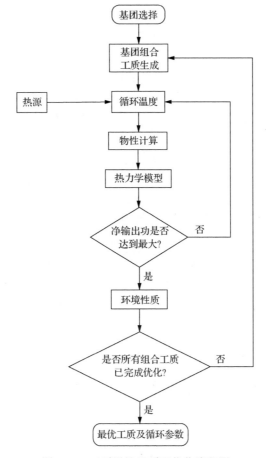

图 1-35　工质设计及循环优化流程图

为了测试上述建立的工质设计及循环优化模型，选用—CH₃、—CH₂—、—CH<、>C< 和—F 5 个基团组合生成所有可能的候选工质。为了简化计算，工质所含的烷烃基团最多为 3 个。此外，本节考虑到工质的可燃性，候选工质不包括烷烃。

基于选定的基团，表 1-21 按照 C、F 原子数增大的顺序依次列出了 42 种候选工质。其中一些物质是常用工质，如序号为 6、10、35、41 的工质分别是 R152a（CH₃CHF₂）、R134a（CH₂FCF₃）、R245fa（CHF₂CH₂CF₃）和 R227ea（CF₃CHFCF₃），这些工质在 ORC 的应用中均表现出良好的性能。

表 1-21　组合工质及其物性常数

序号	工质	M/(g/mol)	T_b/K	T_c/K	P_c/MPa	ω
1	CH$_3$F	34.04	189.45	306.51	5.61	0.20
2	CH$_2$F$_2$	52.03	213.08	338.30	5.81	0.27
3	CHF$_3$	70.02	198.01	310.75	4.88	0.26
4	CF$_4$	88.01	167.33	259.21	3.75	0.21
5	CH$_3$CH$_2$F	48.07	241.98	385.60	5.07	0.22
6	CH$_3$CHF$_2$	66.06	244.72	382.94	4.55	0.24
7	CH$_3$CF$_3$	84.05	229.22	354.54	3.67	0.21
8	CH$_2$FCH$_2$F	66.06	268.52	415.37	5.05	0.32
9	CH$_2$FCHF$_2$	84.05	265.40	406.97	4.52	0.32
10	CH$_2$FCF$_3$	102.04	240.53	364.91	3.82	0.30
11	CHF$_2$CHF$_2$	102.04	257.28	392.22	4.23	0.32
12	CHF$_2$CF$_3$	120.03	225.64	341.47	3.56	0.28
13	CF$_3$CF$_3$	138.02	197.35	296.36	3.17	0.27
14	CH$_3$CH$_2$CH$_2$F	62.1	279.86	434.39	4.45	0.27
15	CH$_3$CH$_2$CHF$_2$	80.09	294.38	452.91	4.01	0.26
16	CH$_3$CH$_2$CF$_3$	98.08	289.11	440.03	3.42	0.25
17	CH$_3$CHFCH$_3$	62.1	263.00	410.35	4.24	0.23
18	CH$_3$CHFCH$_2$F	80.09	295.17	451.39	4.22	0.30
19	CH$_3$CHFCHF$_2$	98.08	317.61	482.90	3.96	0.30
20	CH$_3$CHFCF$_3$	116.07	285.26	430.56	3.35	0.27
21	CH$_3$CF$_2$CH$_3$	80.09	274.70	424.21	3.60	0.21
22	CH$_3$CF$_2$CH$_2$F	98.08	291.08	440.94	3.74	0.30
23	CH$_3$CF$_2$CHF$_2$	116.07	285.08	430.79	3.50	0.28
24	CH$_3$CF$_2$CF$_3$	134.06	260.40	390.49	3.11	0.27
25	CH$_2$FCH$_2$CH$_2$F	80.09	309.99	468.10	4.43	0.37
26	CH$_2$FCH$_2$CHF$_2$	98.08	317.86	476.12	4.00	0.37
27	CH$_2$FCH$_2$CF$_3$	116.07	300.56	445.79	3.40	0.35
28	CH$_2$FCHFCH$_2$F	98.08	318.40	477.82	4.20	0.38
29	CH$_2$FCHFCHF$_2$	116.07	320.25	477.99	3.94	0.38
30	CH$_2$FCHFCF$_3$	134.06	292.83	434.09	3.34	0.34
31	CH$_2$FCF$_2$CH$_2$F	116.07	302.05	449.38	3.89	0.39
32	CH$_2$FCF$_2$CHF$_2$	134.06	293.89	436.21	3.63	0.37
33	CH$_2$FCF$_2$CF$_3$	152.05	268.82	396.14	3.22	0.35
34	CHF$_2$CH$_2$CHF$_2$	116.07	319.77	475.24	3.62	0.36
35	CHF$_2$CH$_2$CF$_3$	134.06	292.51	430.56	3.11	0.35
36	CHF$_2$CHFCHF$_2$	134.06	315.97	469.09	3.70	0.38
37	CHF$_2$CHFCF$_3$	152.05	282.13	416.05	3.15	0.34
38	CHF$_2$CF$_2$CHF$_2$	152.05	283.21	419.39	3.40	0.35
39	CHF$_2$CF$_2$CF$_3$	170.04	254.90	374.78	3.03	0.34
40	CF$_3$CH$_2$CF$_3$	152.05	267.39	389.97	2.70	0.33
41	CF$_3$CHFCF$_3$	170.04	253.67	371.65	2.72	0.31
42	CF$_3$CF$_2$CF$_3$	188.03	233.51	340.96	2.71	0.33

在选择基团及生成候选工质之后，对 ORC 工况进行优化。本节以质量流量为 10kg/s 的废气作为 ORC 的驱动热源，入口温度为 453.15K，如表 1-22 所示。虽然每种工质对应的膨胀机、泵及换热器有所不同，但由于这些部件的形式及特点难以预测，只考虑影响这些部件性能的主要参数。此外，为了避免工质在膨胀机中做湿膨胀，设工质在蒸发器中过热，同时假设工质在冷凝器出口处于饱和液体状态。具体部件参数及过热度如表 1-22 所示。根据这些参数，对每种组合工质进行蒸发温度的优化，以求得最大净输出功。在亚临界 ORC 中，蒸发温度最大值取 Delgado-Torres 和 García-Rodríguez 所建议的 T_c–10K。此后，综合考察各工质的循环参数、环境及安全性质，以确定最优工质。

表 1-22　ORC 工况参数

系统稳态参数	值
废气入口温度/K	453.15
废气入口质量流量/(kg/s)	10
过热度/K	5
冷凝温度/K	303.15
冷却水入口温度/K	288.15
蒸发器窄点温差/K	15
冷凝器窄点温差/K	10
泵的等熵效率/%	65
膨胀机的等熵效率/%	85

基于建立的基团贡献模型，依据分子结构简式，首先估算工质物性常数 T_b、T_c、P_c、ω，相应的数据列于表 1-21。从表中可以看出，随着烷烃基团及 F 原子数目的增加，T_b、T_c、ω 增加，而 P_c 减少。此外，考虑到表 1-22 给定的亚临界 ORC 参数，当最大蒸发温度(T_c–10K)小于冷凝温度时，应当直接排除表 1-21 中符合条件的工质，分别为 1 号、3 号、4 号、13 号。

表 1-23 给出了净输出功优化结果。从表中可知，对于临界温度较低的工质，如 2 号、7 号、10 号，最优蒸发温度就是最大允许温度(T_c–10K)。然而，在表 1-22 给定的循环参数下，大部分组合分子的最优蒸发温度都小于最大允许温度(T_c–10K)。通常，在给定热源下，随着蒸发温度的升高，单位质量输出功增加，但同时会使工质质量流量减少，如 37 号工质。这种蒸发温度上升导致的复合效应使得净输出功呈抛物线变化，如图 1-36(b)所示。可以看出，随着蒸发温度升高，净输出功先增加后减少。这意味着存在一个蒸发温度使得净输出功最大。对于 37 号工质，对应的最优蒸发温度为 381.92K。

表 1-23　循环优化结果

序号	工质	T_c/K	$T_{\text{eavp,opt}}$/K	$W_{\text{net,max}}$/kW	η_{th}/%
41	CF_3CHFCF_3	371.65	361.65	537.08	20.71
39	$CHF_2CF_2CF_3$	374.78	364.78	513.94	20.32
40	$CF_3CH_2CF_3$	389.97	379.97	472.49	21.52
24	$CH_3CF_2CF_3$	390.49	380.49	462.54	21.45
42	$CF_3CF_2CF_3$	340.96	330.96	452.01	16.53
33	$CH_2FCF_2CF_3$	396.14	386.14	423.03	21.03
37	CHF_2CHFCF_3	416.05	381.92	374.94	22.21
38	$CHF_2CF_2CHF_2$	419.39	380.62	361.64	21.75
20	CH_3CHFCF_3	430.56	379.48	324.99	20.70
35	$CHF_2CH_2CF_3$	430.56	378.56	322.66	20.42
30	$CH_2FCHFCF_3$	434.09	377.97	317.16	20.25
23	$CH_3CF_2CHF_2$	430.79	378.38	312.37	19.90
32	$CH_2FCF_2CHF_2$	436.21	377.59	307.24	19.79
16	$CH_3CH_2CF_3$	440.03	377.76	288.73	19.07
27	$CH_2FCH_2CF_3$	445.79	376.44	278.05	18.50
31	$CH_2FCF_2CH_2F$	449.38	376.45	269.55	18.17
34	$CHF_2CH_2CHF_2$	475.24	374.82	250.05	17.50
12	CHF_2CF_3	341.47	331.10	249.69	0.10
29	$CH_2FCHFCHF_2$	477.99	374.71	245.98	17.30
21	$CH_3CF_2CH_3$	424.21	373.62	245.86	15.51
15	$CH_3CH_2CHF_2$	452.91	375.89	242.71	16.73
17	CH_3CHFCH_3	410.35	376.13	242.67	14.75
36	CHF_2CHFCH_2F	469.09	370.48	241.63	16.20
19	$CH_3CHFCHF_2$	482.90	374.81	237.55	16.93
18	CH_3CHFCH_2F	451.39	375.85	236.59	16.33
10	CH_2FCF_3	364.91	354.13	232.06	0.10
26	$CH_2FCH_2CHF_2$	476.12	374.46	228.59	16.22
11	CHF_2CHF_2	392.22	369.88	223.93	11.94
7	CH_3CF_3	354.54	344.64	217.51	0.09
25	$CH_2FCH_2CH_2F$	468.10	374.54	213.15	15.17
22	$CH_3CF_2CH_2F$	440.94	367.41	212.15	13.58
28	$CH_2FCHFCH_2F$	477.82	368.85	197.71	13.62
9	CH_2FCHF_2	406.97	369.31	185.24	11.07
6	CH_3CHF_2	382.94	359.31	160.69	8.26
8	CH_2FCH_2F	415.37	367.86	156.96	0.10
14	$CH_3CH_2CH_2F$	434.39	358.89	147.91	9.18
5	CH_3CH_2F	385.60	356.06	128.55	6.84
2	CH_2F_2	338.30	328.27	35.76	0.02

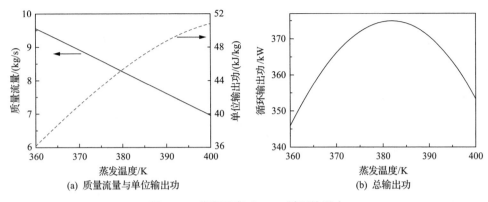

图 1-36   蒸发温度对 ORC 循环的影响

表 1-23 中的工质按照净输出功降低的顺序排列。最大净输出功(537.08kW)由 41 号工质 R227ea 获得，相应的循环效率为 20.71%。虽然 41 号工质的效率不是最高的，但整体上循环效率随着净输出功的降低而降低。此外，考虑到所建立的基团贡献热力模型误差为 10% 左右，故最优工质可通过比较质量流量、循环压力及环境安全等性质，从净输出功前 15 种物质中选择。

表 1-24 列出了前 15 种候选工质的性质。由于候选工质中没有烷烃及 Cl 元素，故在确定最优工质中不考虑候选物的 ODP 及可燃性。从表 1-24 中可以看出，前 6 种工质(即 41 号、39 号、40 号、24 号、42 号和 33 号工质)不仅具有超过 2MPa 的循环压力，也有超过 10kg/s 的工质质量流量。因此，考虑到 ORC 系统的经济性能，这些候选物质不能作为最优工质。对于剩余的候选物质，比较与 GWP 直接相关的辐射效率(RE)和毒性的对数 $\ln(LC_{50})$。如表 1-24 所示，20 号、23 号工质具有相对较低的 RE 值。对于 35 号传统工质 R245fa，虽然其循环性能与 20 号、23 号工质性能相当，但其温室效应潜力更大。此外，对于 20 号、23 号工质，其毒性 $\ln(LC_{50})$ 也比大部分的候选工质低。因此，在表 1-22 给定的循环条件下，最优工质为 20 号、23 号物质。根据相应的分子结构简式，可从 SciFinder 和 CAS 等数据库中得到这两种工质的已有实验物性，如表 1-24 所示。

由表 1-25 可知，20 号、23 号工质属于同分异构体。目前，只有沸点数据已由实验确定。相比于实验数据，由基团贡献法得到的沸点计算值偏大，相对误差分别为 4.82%、4.67%。另外，对于这两种工质，目前还未见相关文献报告其循环性能。因此，针对这两种工质的热物性及循环性能还应进行相应的实验研究。

表 1-24　工质性能比较

序号	工质	m_f/(kg/s)	P_{evap}/MPa	P_{con}/MPa	RE	$\ln(LC_{50})$
41	CF$_3$CHFCF$_3$	19.17	2.22	0.56	0.26	3.28
39	CHF$_2$CF$_2$CF$_3$	17.86	2.47	0.56	0.24	3.28
40	CF$_3$CH$_2$CF$_3$	12.49	2.22	0.35	0.28	2.84
24	CH$_3$CF$_2$CF$_3$	11.49	2.58	0.44	0.16	2.82
42	CF$_3$CF$_2$CF$_3$	31.00	2.17	1.11	0.27	3.41
33	CH$_2$FCF$_2$CF$_3$	10.81	2.65	0.35	0.29	2.84
37	CHF$_2$CHFCF$_3$	8.14	1.65	0.22	0.24	3.14
38	CHF$_2$CF$_2$CHF$_2$	7.85	1.62	0.21	0.22	3.14
20	CH$_3$CHFCF$_3$	5.98	1.33	0.19	0.16	2.69
35	CHF$_2$CH$_2$CF$_3$	6.45	1.15	0.15	0.26	2.70
30	CH$_2$FCHFCF$_3$	6.33	1.15	0.15	0.29	2.70
23	CH$_3$CF$_2$CHF$_2$	5.97	1.34	0.19	0.14	2.69
32	CH$_2$FCF$_2$CHF$_2$	6.09	1.17	0.14	0.27	2.70
16	CH$_3$CH$_2$CF$_3$	4.93	1.13	0.17	0.18	2.24
27	CH$_2$FCH$_2$CF$_3$	5.11	0.91	0.11	0.31	2.26

表 1-25　最优工质已有物性

序号	分子结构简式	化学名	CAS 号	工质	沸点/K
20	CH$_3$CHFCF$_3$	1,1,1,2-Tetrafluoropropane	421-48-7	R254eb	272.15
23	CH$_3$CF$_2$CHF$_2$	1,1,2,2-Tetrafluoropropane	40723-63-5	R254cb	272.37

1.5　本 章 小 结

本章针对热力循环中工质的热物性,基于基团贡献法建立了相应的预测模型。对于物性常数,即工质沸点和临界温度,所建立的 BP 网络模型的绝对平均相对误差 AARD 分别为 1.87%、1.27%。同时,所选拓扑指数与工质具有良好的相关性,能够区分所有的工质同分异构体,使得网络能够有效地预测同分异构体。此外,所建模型能仅根据分子结构预测新型工质的沸点及临界温度,有利于在工质设计中对物性的快速估算。

对于混合工质相平衡,本章采用三种完全可预测的模型,计算了混合工质的相平衡特性,并与对应的相平衡实验数据进行了比较,分析了完全可预测模型在不同类型的混合工质相平衡计算中的精度。结果表明,对于各类混合工质的相平衡预测,目前还未有普适高精度的完全可预测模型。相应的普适模型应从分子理论或基于相平衡大数据拟合的基团贡献法中得到。

对于工质的饱和温熵曲线特性,其液相斜率始终为正,而气相斜率则可能为正、为负或无穷。正的气相斜率一般出现在对比温度为 0.8 附近。工质含有的 C 原子与卤族原子数越多，则正气相斜率对应的温度区间就越大。至于混合工质，液相斜率一般位于两种纯工质液相斜率之间，而气相斜率则可通过干工质与湿工质的恰当配比为无穷大。在此分析基础上，所建立的基团贡献神经网络模型能对工质温熵的饱和气相斜率准确预测，绝对平均相对误差 AARD 为 0.68%。该模型能够仅基于工质的分子结构辨别出基团组合生成的任意工质的干湿特性。

　　基于以上基团估算的基础物性，本章通过热力学关系式分析了 ORC 中的四个典型热力过程，能直接对工质的循环性能进行分析。相比于 REFPROP 的计算结果，所建模型的仿真结果对大多数工质都具有小于 10% 的相对误差绝对值。之后，采用此模型对 ORC 工况及工质进行了优化设计。候选工质 R245eb、R245cb 首次应用于 ORC。与已有的工质优选方法相比，所建模型能够在分子层面筛选工质并优化循环参数。同时，该模型能够为实验研发提供新工质的选择方向，从而降低实验研发的成本。

参　考　文　献

[1] Su W, Zhao L, Deng S. Group contribution methods in thermodynamic cycles: Physical properties estimation of pure working fluids[J]. Renewable and Sustainable Energy Reviews, 2017, 79: 984-1001.

[2] Ramachandran K, Deepa G, Namboori K. Computational Chemistry and Molecular Modeling: Principles and Applications[M]. Berlin Heidelberg: Springer Science and Business Media, 2008.

[3] Orbey H, Sandler S I. Modeling Vapor-liquid Equilibria: Cubic Equations of State and their Mixing Rules[M]. Oxford: Cambridge University Press, 1998.

[4] Deng S, Su W, Zhao L. A neural network for predicting normal boiling point of pure refrigerants using molecular groups and a topological index[J]. International Journal of Refrigeration, 2016, 63: 63-71.

[5] 苏文，赵力，邓帅. 基于基团拓扑的遗传神经网络工质临界温度预测[J]. 化工学报, 2016, 67(11): 4689-4695.

[6] Su W, Zhao L, Deng S. Recent advances in modeling the vapor-liquid equilibrium of mixed working fluids[J]. Fluid Phase Equilibria, 2017, 432: 28-44.

[7] Su W, Zhao L, Deng S. New knowledge on the temperature-entropy saturation boundary slope of working fluids[J]. Energy, 2017, 119: 211-217.

[8] Su W, Zhao L, Deng S, et al. How to predict the vapor slope of temperature-entropy saturation boundary of working fluids from molecular groups?[J]. Energy, 2017, 135: 14-22.

[9] Su W, Zhao L, Deng S. Developing a performance evaluation model of organic Rankine cycle for working fluids based on the group contribution method[J]. Energy Conversion and Management, 2017, 132: 307-315.

[10] Su W, Zhao L, Deng S. Simultaneous working fluids design and cycle optimization for organic Rankine cycle using group contribution model[J]. Applied Energy, 2017, 202: 618-627.

[11] Sahinidis N V, Tawarmalani M, Yu M. Design of alternative refrigerants via global optimization[J]. AIChE Journal, 2003, 49(7): 1761-1775.

[12] Papadopoulos A I, Stijepovic M, Linke P. On the systematic design and selection of optimal working fluids for organic Rankine cycles [J]. Applied Thermal Engineering, 2010, 30: 760-769.

[13] Guo M, Xu L, Hu C Y, et al. Study on structure-activity relationship of organic compounds-applications of a new highly discriminating topological index[J]. Match-communications in Mathematical and in Computer Chemistry, 1997, 35: 185-197.

[14] 许禄, 胡昌玉, 许志宏. 应用化学图论[M]. 北京: 科学出版社, 2000.

[15] Hecht-Nielsen R. Theory of the Backpropagation Neural Network, in Neural Networks for Perception[M]. Amsterdam: Elsevier, 1992.

[16] Holland J H. Adaptation in Natural and Artificial Systems: An Introductory Analysis with Applications to Biology, Control, and Artificial Intelligence [M]. Ann Arbor: University of Michigan Press, 1975.

[17] 孙娓娓. BP 神经网络的算法改进及应用研究[D]. 重庆: 重庆大学, 2009.

[18] 赵寿玲. BP 神经网络结构优化方法的研究及应用[D]. 苏州: 苏州大学, 2010.

[19] Wang Q, Ma P, Jia Q, et al. Position group contribution method for the prediction of critical temperatures of organic compounds[J]. Journal of Chemical and Engineering Data, 2008, 53 (5) : 1103-1109.

[20] Constantinou L, Gani R. New group contribution method for estimating properties of pure compounds[J]. AIChE Journal, 1994, 40 (10) : 1697-1709.

[21] Abooali D, Sobati M A. Novel method for prediction of normal boiling point and enthalpy of vaporization at normal boiling point of pure refrigerants: A QSPR approach[J]. International Journal of Refrigeration, 2014, 40: 282-293.

[22] Poling B E, Prausnitz J M, O'connell J P. The Properties of Gases and Liquids[M]. New York: McGraw-Hill, 2004.

[23] Chen J X, Hu P, Chen Z S. Study on the interaction coefficients in PR equation with VDW mixing rules for HFC and HC binary mixtures[J]. International Journal of Thermophysics, 2008, 29 (6) : 1945-1953.

[24] Hou S X, Duan Y Y, Wang X D. Vapor-liquid equilibria predictions for new refrigerant mixtures based on group contribution theory[J]. Industrial and Engineering Chemistry Research, 2007, 46 (26) : 9274-9284.

[25] 赵延兴, 郭浩, 董学强, 等. 基团贡献法在 R13I1+HC/HFC 体系汽液相平衡研究中的应用[C]//2014 年中国工程热物理学会, 西安, 2014.

[26] Kayukawa Y, Fujii K, Higashi Y. Vapor-liquid equilibrium (VLE) properties for the binary systems propane (1) + n-butane (2) and propane (1) +isobutane (3) [J]. Journal of Chemical and Engineering Data, 2005, 50 (2) : 579-582.

[27] Yang L, Gong M, Guo H, et al. (Vapour+liquid) equilibrium data for the 1,1-difluoroethane (R152a) +1,1,1,3,3-pentafluoropropane (R245fa) system at temperatures from (323.150 to 353.150) K[J]. Journal of Chemical Thermodynamics, 2015, 91: 414-419.

[28] Bobbo S, Fedele L, Scattolini M, et al. Isothermal VLE measurements for the binary mixtures HFC-134a+ HFC-245fa and HC-600a+HFC-245fa[J]. Fluid Phase Equilibria, 2001, 185: 255-264.

[29] Bobbo S, Camporese R, Scalabrin G. Isothermal vapour - liquid equilibrium measurements for the binary mixtures HFC125+HFC245fa and HC290+HFC245fa[J]. High Temperatures-High Pressures, 2000, 32 (4) : 441-447.

[30] Dong X, Gong M, Liu J, et al. Experimental measurement of vapor pressures and (vapor+liquid) equilibrium for 1,1,1,2-tetrafluoroethane (R134a) +propane (R290) by a recirculation apparatus with view windows[J]. The Journal of Chemical Thermodynamics, 2011, 43 (3) : 505-510.

[31] Lim J S, Park J Y, Lee B G, et al. Phase equilibria of CFC alternative refrigerant mixtures: Binary systems of isobutane+1,1,1,2-tetrafluoroethane,+1,1-difluoroethane, and+difluoromethane[J]. Journal of Chemical and Engineering Data, 1999, 44 (6) : 1226-1230.

[32] Yang L, Gong M, Guo H, et al. Isothermal (vapour+liquid) equilibrium measurements and correlation for the n-butane (R600) +1,1,1,3,3-pentafluoro propane (R245fa) system at temperatures from (303.150 to 373.150) K[J]. Journal of Chemical Thermodynamics, 2016, 95: 49-53.

[33] Gong M, Guo H, Dong X, et al. (Vapor+liquid) phase equilibrium measurements for trifluoroiodomethane (R13I1) + propane (R290) from T= (258.150 to 283.150) K[J]. Journal of Chemical Thermodynamics, 2014, 79: 167-170.

[34] Guo H, Gong M, Dong X, et al. Measurements of (vapour+liquid) equilibrium data for trifluoroiodomethane (R13I1) + isobutane (R600a) at temperatures between (263.150 and 293.150) K[J]. Journal of Chemical Thermodynamics, 2013, 58: 428-431.

[35] Gong M, Cheng K, Dong X, et al. Measurements of isothermal (vapor+liquid) phase equilibrium for trifluoroiodomethane (R13I1) +1,1-difluoroethane (R152a) from T= (258.150 to 283.150) K[J]. The Journal of Chemical Thermodynamics, 2015, 88: 90-95.

[36] Span R. Multiparameter Equations of State: An Accurate Source of Thermodynamic Property Data[M]. Berlin Heidelberg: Springer Science and Business Media, 2013.

[37] Marrero-Morejón J, Pardillo-Fontdevila E. Estimation of pure compound properties using group-interaction contributions[J]. AIChE Journal, 1999, 45 (3): 615-621.

[38] Moosavi M, Sedghamiz E, Abareshi M. Liquid density prediction of five different classes of refrigerant systems (HCFCs, HFCs, HFEs, PFAs and PFAAs) using the artificial neural network-group contribution method[J]. International Journal of Refrigeration, 2014, 48: 188-200.

[39] Moosavi M, Soltani N. Prediction of hydrocarbon densities using an artificial neural network-group contribution method up to high temperatures and pressures[J]. Thermochimica Acta, 2013, 556: 89-96.

[40] Ihmels E C, Gmehling J. Extension and revision of the group contribution method GCVOL for the prediction of pure compound liquid densities[J]. Industrial and Engineering Chemistry Research, 2003, 42 (2): 408-412.

[41] Joback K G, Reid R C. Estimation of pure-component properties from group-contributions[J]. Chemical Engineering Communications, 1987, 57: 233-243.

[42] Lee B I, Kesler M G. A generalized thermodynamic correlation based on three-parameter corresponding states[J]. AIChE Journal, 1975, 21 (3): 510-527.

[43] Chen D H, Dinivahi M V, Jeng C Y. New acentric factor correlation based on the Antoine equation[J]. Industrial & Engineering Chemistry Research, 1993, 32 (1): 241-244.

[44] Edition E. Handbook for the montreal protocol on substances that deplete the ozone layer[J]. CAPA DE OZONO, 1991.

[45] Makhnatch P, Khodabandeh R. The role of environmental Metrics (GWP, TEWI, LCCP) in the selection of low GWP refrigerant[J]. Energy Procedia, 2014, 61: 2460-2463.

[46] Zhang X, Kobayashi, He M, et al. An organic group contribution approach to radiative efficiency estimation of organic working fluid[J]. Applied Energy, 2016, 162: 1205-1210.

[47] Kondo S, Urano Y, Tokuhashi K, et al. Prediction of flammability of gases by using F-number analysis[J]. Journal of Hazardous Materials, 2001, 82 (2): 113-128.

[48] Gao C, Govind R, Tabak H H. Application of the group contribution method for predicting the toxicity of organic chemicals[J]. Environmental Toxicology and Chemistry, 1992, 11 (5): 631-636.

[49] Delgado-Torres A M, García-Rodríguez L. Preliminary assessment of solar organic Rankine cycles for driving a desalination system[J]. Desalination, 2007, 216 (1): 252-275.

[50] Barbieri E S, Morini M, Pinelli M. Development of a model for the simulation of organic Rankine cycles based on group contribution techniques[C]//Turbine Technical Conference and Exposition, Vancouver, 2011.

第2章 基于非共沸有机工质的热力循环构建

2.1 引 言

面对环境和能源协同发展的艰巨挑战，全球能源结构的调整主要体现在：一方面需要提高现有能源技术的利用效率，另一方面要重视加快开发可再生能源利用技术。2017年《BP世界能源展望》中指出，可再生能源占发电量增长超过1/3，使得其到2035年在全球发电中占比增加至16%[1]。中国在《能源发展"十三五"规划》中明确指出，到2020年，实现非化石能源消耗占总能源消耗的15%[2]。热力循环是实现太阳能、地热能、工业余热能等低品位能源高效利用的基础，其中，以兰金循环(含ORC)、蒸气压缩制冷循环或热泵循环为代表的亚临界热力循环的应用最为广泛。

工质作为能量转换的载体，是亚临界热力循环的"血液"，工质的热物性是工质选择、热力系统设计和控制策略制定的重要基础，直接决定着热力循环的安全性、稳定性、经济性和高效性[3]。目前，亚临界热力循环中绝大多数采用纯工质，而以ORC为例，通过统计现有实验数据发现实际热力循环系统的热力学完善度普遍低于50%[4]，存在巨大的优化空间。除了对热力学性能的要求，新型能源系统同样注重工质的安全性及环保性[5,6]，在现有的纯工质中，极难寻找一种能兼顾热力学性能、环保性和安全性的工质[7-9]，而新型工质的设计与研发又存在设计模型的准确性低、商业开发的经济性差等瓶颈问题[10,11]。相比之下，利用既有纯工质简单混合而成的非共沸有机工质更容易满足热力系统对循环工质热物性、环保性和安全性的要求，因此，非共沸有机工质将是未来亚临界热力循环的主要载体之一。

非共沸有机工质是指由两种或两种以上沸点不同的纯工质组成的混合物[12]，在气液相平衡时，气相和液相具有不同的组分配比，因此非共沸有机工质具有温度滑移和组分迁移的典型特性，如何合理利用非共沸有机工质的特点实现热力循环性能的提升已经成为国内外的研究热点。利用非共沸有机工质温度滑移的特点，可以实现在换热过程中换热流体与工质之间完美的温度匹配，从而使热力循环逼近洛伦兹(Lorenz)循环，减少换热过程中的不可逆损失，提高能源利用效率[12,13]。在逆向热力循环中，利用非共沸有机工质温度滑移的特点可以使系统性能提高11.2%~25%[14,15]；在正向热力循环中，系统性能可以提升4.38%~14.9%[16,17]。

组分迁移是非共沸有机工质应用中存在的另一个重要问题。初始向系统中充注的非共沸有机工质组分(充注组分)与系统实际循环过程中的非共沸有机工质组分(循环组分)之间的差距即组分迁移[18]。导致非共沸有机工质组分迁移的主要原因可以归结为：非共沸有机工质相变过程中气相和液相的组分比例不断变化，两相之间的速度差异导致了组分迁移[19]；不同组元在润滑油中的溶解度不同导致了组分迁移[20]；实际循环系统中储液罐的存在与否、蒸发器与冷凝器之间的体积差异和运行过程中的泄漏情况导致了组分迁移[21]。非共沸有机工质的组分迁移不仅导致热力循环性能的降低，组分迁移中的传质过程还造成工质相变过程中传热系数的降低[22,23]。既有研究中，较多集中于非共沸有机工质组分迁移的预测模型开发[24,25]和组分迁移对系统性能的热力学分析[26,27]，对于如何利用组分迁移的特点实现热力循环性能提升的研究有限。

综上，对非共沸有机工质沿用了纯工质研究思路和分析方法，对其本质特征(组分迁移)认识不足，进而造成了非共沸有机工质应用中的诸多问题。事实上，非共沸有机工质与纯工质最大的差异是循环中工质组分的变化，而传统纯工质的研究思路恰恰将非共沸有机工质限制在单一的循环组分下，不允许其组分发生变化，这抑制了非共沸有机工质热力循环性能潜力的发挥。因此，现阶段非共沸有机工质热力循环亟待解决的关键问题是"突破单一循环组分对热力循环的限制，从工质组分迁移的角度探索提高热力循环效率的途径"。要想解决此问题，就要合理利用非共沸有机工质组分迁移的特性，在传统的二维温熵分析方法的基础上，通过增加工质组分浓度的维度，将传统的二维热力循环进行升维，构建三维热力循环。

2.2　非共沸有机工质 ORC 热力学分析

在中低温能源利用中，ORC 是一种可行的技术手段。对于中低温热源，ORC 的热效率普遍偏低是限制这项技术进一步推广的约束条件。相对于蒸气兰金循环，ORC 的热效率普遍偏低主要是由于膨胀比限制下的较低膨胀机效率、较低工质泵效率下对应的较高工质泵耗功，以及变温冷热源与恒温相变换热过程间的不匹配等。

为了改善变温冷热源与恒温相变换热过程间的不匹配，提出了跨临界 ORC 和非共沸 ORC。然而，跨临界 ORC 的系统操作压力过高。非共沸 ORC 主要利用非共沸有机工质在相变过程中温度滑移的特性，从而使相变换热过程与变温冷热源有更好的温度匹配，因而系统不可逆性更低，系统性能更佳。

现阶段，非共沸有机工质的研究持续开展，然而仍十分局限(如指定的热源和冷源温度、缺少统一的性能预测模型)，因此本节将开展非共沸有机工质 ORC 的热力学分析，推荐一种基于 Jacob 数和蒸发冷凝温度之比来预测系统热效率、净输出功和可用能效率的理论公式，同时考察热源温度、冷源温度、冷源温升等对非共沸有机工质 ORC 性能的影响。

2.2.1　系统描述

简单 ORC 的基本配置如图 2-1(a) 所示，它包括一个工质泵、一个蒸发器、一个冷凝器和一个膨胀机。低沸点的工质被泵到蒸发器中，同时被热源加热蒸发。产生的高压高温蒸气推动膨胀机，热能转换为机械能。同时，膨胀机驱动发电机，产生电力。然后，来自膨胀机的乏气进入冷凝器，被冷却水冷凝成饱和液态。被冷凝的工质被泵回蒸发器，循环重新开始。图 2-1(b) 和 (c) 中给出了基于纯工质和非共沸有机工质 ORC 在温熵图上的热力过程，T 表示循环工质、热源或热汇的温度，下标 h 表示热源，下标 cool 表示热汇，下标 pp 表示传热窄点，in 表示入口，out 表示出口。

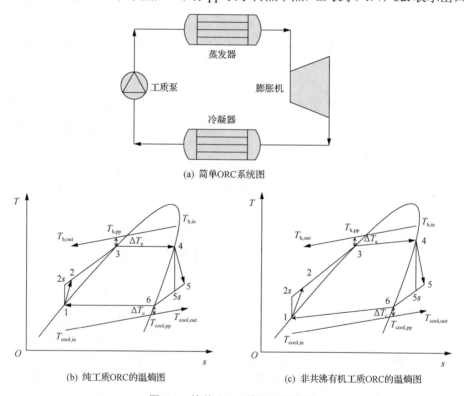

(a) 简单ORC系统图

(b) 纯工质ORC的温熵图　　　　　　　(c) 非共沸有机工质ORC的温熵图

图 2-1　简单 ORC 系统及温熵图

整体来说，ORC 有四个热力过程：泵加压过程 1→2、等压吸热过程 2→4、膨胀过程 4→5 和等压放热过程 5→1。对于理想过程，过程 1→2 和 4→5 分别是等熵过程 1→2s 和 4→5s。纯工质和非共沸有机工质的差异是非共沸有机工质定压下的非等温相变过程，这个特性会使相变过程与变温热源有更好的温度匹配。

2.2.2　工质选择

工质选择对热力学系统的性能具有重要的影响。这是因为工质影响系统的效率、设备的尺寸、膨胀机的设计、系统的稳定性和安全性。除了以分子结构和原子类型的角度，根据饱和蒸气线，工质可以分为干工质、湿工质和等熵工质。这个特性会影响工质的可应用性、系统效率及 ORC 系统的相关设备配置。

非共沸有机工质可以改善系统性能是由于相变过程中具有温度滑移，能够在蒸发器和冷凝器中与变温热源冷源具有更好的温度匹配，减少系统不可逆性。为了避免膨胀机饱和蒸气的湿膨胀，本节只考虑干工质。本节考虑的 5 种纯工质(包括 R227ea、R236fa、R236ea、R245ca 和 R245fa)作为混合工质的基本组元，纯工质的临界特性如表 2-1 所示。

表 2-1　纯工质的临界特性

工质	P_c/MPa	T_c/K
R227ea	2.87	374
R236fa	3.19	377
R236ea	3.41	412
R245fa	3.61	426
R245ca	3.89	447

非共沸有机工质的物性由 REFPROP[28]计算，这个软件基于最准确的纯工质和混合工质模型，计算工质的热力学参数具有足够的精度。

2.2.3　热力学模型

根据质量与能量守恒，每个部件的热力过程如方程(2-1)~方程(2-4)所示。对于蒸发器：

$$Q_e = m_h \overline{c}_{p_e} \left(T_{h,in} - T_{h,out} \right) = m_{fluid} \left(h_4 - h_2 \right) \tag{2-1}$$

对于膨胀机：

$$W_t = m_{fluid} \left(h_4 - h_5 \right) = \eta_t m_{fluid} \left(h_4 - h_{5s} \right) \tag{2-2}$$

对于冷凝器：

$$Q_c = m_{fluid} \left(h_5 - h_1 \right) \tag{2-3}$$

对于泵：

$$W_p = m_{fluid} \left(h_2 - h_1 \right) = \frac{m_{fluid} \left(h_{2s} - h_1 \right)}{\eta_p} \tag{2-4}$$

式(2-1)~式(2-4)中，Q 为热量；m 为质量流量；$\overline{c}_p$ 为平均定压比热容；T 为温度；h 为比焓；W 为功量；η 为等熵效率；下标 e 表示蒸发过程；下标 heatsource 表示热源；下标 fluid 表示工质；下标 t 表示膨胀机；下标 p 表示工质泵。

近年来有一些关于预测纯工质 ORC 热效率和净输出功的热力学模型。Liu 等[29]提出了一个计算热效率和热回收率的热力学模型。他们的研究结果显示，各种工质的热效率与临界温度呈弱相关关系，当临界温度降低时，热效率也随之降低。通过热力学推导，Mikielewicz 和 Mikielewicz[30]推荐了一个热力学指标，其中定义了 Jacob 数。事实上，这个 Jacob 数非常接近蒸发潜热与显热之比。此外，Kuo 等[31]推荐一个品质因数，其定义为

$$\text{Figure\_of\_merit}(\text{FOM}) = Ja^{0.1}\left(\frac{T_{\text{con}}}{T_{\text{eva}}}\right)^{0.8} \tag{2-5}$$

其中组合了 Jacob 数、冷凝温度和蒸发温度，下标 con 表示冷凝，下标 eva 表示蒸发。不同于文献[30]，这个 Jacob 数定义为 $Ja = c_p \cdot dT / H_v$，其中，$c_p \cdot dT$ 为蒸发显热，H_v 为蒸发潜热。他们的研究结果显示，品质因数越小，也就是蒸发潜热与显热之比越大，热效率越大，解释了文献[32]中的结果。从可用能效率的角度，根据 Stijepovic 等[33]的分析，蒸发潜热与显热之比越小，可用能效率越大。因此，以蒸发潜热与显热之比作为最佳工质的筛选指标有待商榷。然而，前人都关注于纯工质，本节将推荐一种基于 Jacob 数和蒸发冷凝温度之比来预测非共沸 ORC 的热效率、净输出功和可用能效率的理论公式。

为了简化分析，汽轮机的膨胀过程与工质泵的压缩过程假设为等熵过程。值得说明的是，这个假设不会影响本节的模型与理想 ORC 系统的理论模型的比较。因此图 2-1(c)中 $s_{5s} = s_5$。

根据图 2-1(c)中的状态点，工质在过程 1→5 的熵变为

$$s_5 - s_1 \approx s_4 - s_3 + s_3 - s_1 \approx \frac{h_4 - h_3}{\overline{T}_e} + \overline{c}_{p,1-3} \ln \frac{T_3}{T_1}$$

$$= \frac{r}{\overline{T}_e} + \overline{c}_{p,1-3} \ln \frac{T_3}{T_1} \tag{2-6}$$

其中，$\overline{T}_e$ 为非共沸有机工质的平均蒸发温度，可以表达为

$$\overline{T}_e = \frac{h_4 - h_3}{s_4 - s_3} \tag{2-7}$$

蒸发器内工质的总吸热量 Q_e 可以表达为

$$Q_e = m_{\text{fluid}}\left[c_{p,1-3}(T_3 - T_1) + r\right] \tag{2-8}$$

冷凝器内工质的放热量可以由温熵图上曲线 5-6-1 与 x 轴围成的面积决定。事实上，与曲线 5-6-1 与 x 轴围成的面积相比，三角形 5-6-1 的面积很小，可以忽略不计。因此，冷凝器内工质的放热量可以由曲线 5-1 与 x 轴围成的梯形面积表示。

冷凝器内工质的发热量 Q_c 可以通过式(2-9)获得

$$Q_c \approx m_{\text{fluid}} \left[T_1 \left(s_5 - s_1 \right) + \frac{1}{2} \left(T_5 - T_1 \right) \left(s_5 - s_1 \right) \right]$$

$$= \frac{1}{2} m_{\text{fluid}} \left(T_1 + T_5 \right) \left(s_5 - s_1 \right) \approx m_{\text{fluid}} \overline{T}_c \left(s_5 - s_1 \right) \tag{2-9}$$

其中，$\overline{T}_c$ 为非共沸有机工质的平均冷凝温度，可以表达为

$$\overline{T}_c = \frac{h_6 - h_1}{s_6 - s_1} \tag{2-10}$$

工质的质量流量可以通过蒸发器内的能量守恒获得

$$m_{\text{fluid}} = \frac{\overline{c}_p m_h \left(T_{h,\text{in}} - T_{h,\text{pp}} \right)}{r} \tag{2-11}$$

理想 ORC 的热效率可以通过式(2-12)获得

$$\eta_{1\text{st}} = \frac{W_{\text{net}}}{Q_e} = \frac{Q_e - Q_c}{Q_e} = 1 - \frac{Q_c}{Q_e} \tag{2-12}$$

把方程(2-8)和方程(2-9)代入方程(2-12)，理想 ORC 的热效率可以进行下面的推导：

$$\eta_{1\text{st}} = 1 - \frac{Q_c}{Q_e}$$

$$= 1 - \frac{m_{\text{fluid}} \overline{T}_c \left(s_5 - s_1 \right)}{m_{\text{fluid}} \left[c_{p,1-3} \left(T_3 - T_1 \right) + r \right]}$$

$$= 1 - \frac{\overline{T}_c \left(\dfrac{r}{\overline{T}_e} + \overline{c}_{p,1-3} \ln \dfrac{T_3}{T_1} \right)}{c_{p,1-3} \left(T_3 - T_1 \right) + r}$$

$$= 1 - \frac{\dfrac{\overline{c}_{p,1-3}}{r} \overline{T}_c \ln \dfrac{T_3}{T_1} + \dfrac{\overline{T}_c}{\overline{T}_e}}{1 + \dfrac{c_{p,1-3} \left(T_3 - T_1 \right)}{r}} \tag{2-13}$$

定义 Jacob 数为蒸发显热与潜热之比，即

$$Ja = \overline{c}_{p,1-3}\left(T_3 - T_1\right)/r \tag{2-14}$$

方程(2-14)可以转化为

$$\frac{\overline{c}_{p,1-3}}{r} = \frac{Ja}{T_3 - T_1} \tag{2-15}$$

将方程(2-15)代入方程(2-13)中:

$$\eta_{1st} = 1 - \frac{\dfrac{Ja}{T_3 - T_1}\overline{T}_c \ln\dfrac{T_3}{T_1} + \dfrac{\overline{T}_c}{\overline{T}_e}}{1 + \dfrac{c_{p,1-3}\left(T_3 - T_1\right)}{r}}$$

$$= 1 - \frac{\dfrac{\overline{T}_c}{T_1}\dfrac{JaT_1}{T_3 - T_1}\ln\dfrac{T_3}{T_1} + \dfrac{\overline{T}_c}{\overline{T}_e}}{1 + \dfrac{c_{p,1-3}\left(T_3 - T_1\right)}{r}}$$

$$= 1 - \frac{\dfrac{\overline{T}_c}{T_1}\dfrac{Ja}{\dfrac{T_3}{T_1} - 1}\ln\dfrac{T_3}{T_1} + \dfrac{\overline{T}_c}{\overline{T}_e}}{1 + \dfrac{c_{p,1-3}\left(T_3 - T_1\right)}{r}} \tag{2-16}$$

假设 $\overline{T}_c / T_1 \approx 1$,热效率可以表达为

$$\eta_{1st} = 1 - \frac{Ja \cdot \ln REC \cdot \left(REC - 1\right)^{-1} + 1/REC}{1 + Ja} \tag{2-17}$$

其中,REC 为蒸发冷凝温度之比,可以通过式(2-18)计算:

$$REC = \frac{\overline{T}_e}{\overline{T}_c} \tag{2-18}$$

由于蒸发器和冷凝器内温度滑移 TG_e 和 TG_c 的差异较小,T_3 和 T_1 之比可以做如下简化:

$$\frac{T_3}{T_1} = \frac{\dfrac{T_4 + T_3}{2} - \dfrac{T_4 - T_3}{2}}{\dfrac{T_6 + T_1}{2} - \dfrac{T_6 - T_1}{2}} \approx \frac{\overline{T}_e - \dfrac{1}{2}\left(T_4 - T_3\right)}{\overline{T}_c - \dfrac{1}{2}TG_c\left(T_6 - T_1\right)} \approx \frac{\overline{T}_e}{\overline{T}_c} = REC \tag{2-19}$$

理想 ORC 的净输出功可以通过式(2-20)计算:

$$W_{\text{net}} = W_{\text{t}} - W_{\text{p}} = Q_{\text{e}} - Q_{\text{c}} \tag{2-20}$$

把方程(2-8)和方程(2-9)代入方程(2-20),理想 ORC 的净输出功可以进行下面的推导:

$$
\begin{aligned}
W_{\text{net}} &= Q_{\text{e}} - Q_{\text{c}} \\
&= m_{\text{fluid}} \left[c_{p,1-3}\left(T_3 - T_1 \right) + r \right] - m_{\text{fluid}} \overline{T}_{\text{c}} \left(s_5 - s_1 \right) \\
&= m_{\text{fluid}} \left[c_{p,1-3}\left(T_3 - T_1 \right) + r - \overline{T}_{\text{c}} \left(\frac{r}{\overline{T}_{\text{e}}} + \overline{c}_{p,1-3} \ln \frac{T_3}{T_1} \right) \right] \\
&= \frac{\overline{c}_p m_{\text{h}} \left(T_{\text{h,in}} - T_{\text{sat,1}} - \Delta T_{\text{pp}} \right)}{r} \left[c_{p,1-3}\left(T_3 - T_1 \right) + r - \overline{T}_{\text{c}} \left(\frac{r}{\overline{T}_{\text{e}}} + \overline{c}_{p,1-3} \ln \frac{T_3}{T_1} \right) \right] \\
&= \overline{c}_p m_{\text{h}} \left(T_{\text{h,in}} - T_{\text{sat,1}} - \Delta T_{\text{pp}} \right) \left[1 + \frac{c_{p,1-3}\left(T_3 - T_1 \right)}{r} - \frac{\overline{c}_{p,1-3}}{r} \overline{T}_{\text{c}} \ln \frac{T_3}{T_1} - \frac{\overline{T}_{\text{c}}}{\overline{T}_{\text{e}}} \right] \\
&= \overline{c}_p m_{\text{h}} \left(T_{\text{h,in}} - T_{\text{sat,1}} - \Delta T_{\text{pp}} \right) \left[1 + \frac{c_{p,1-3}\left(T_3 - T_1 \right)}{r} - \frac{\overline{T}_{\text{c}}}{T_1} \frac{Ja}{\frac{T_3}{T_1} - 1} \ln \frac{T_3}{T_1} - \frac{\overline{T}_{\text{c}}}{\overline{T}_{\text{e}}} \right] \tag{2-21}
\end{aligned}
$$

将方程(2-7)～方程(2-9)代入方程(2-21),理想 ORC 的净输出功可以通过式(2-22)获得

$$W_{\text{net}} = \overline{c}_p m_{\text{h}} \left(T_{\text{h,in}} - T_{\text{sat,1}} - \Delta T_{\text{pp}} \right) \left[Ja \left(1 - \ln \text{REC} \cdot \left(\text{REC} - 1 \right)^{-1} + 1 - 1/\text{REC} \right) \right] \tag{2-22}$$

理想 ORC 的可用能效率可以通过式(2-23)计算:

$$\eta_{\text{2nd}} = \frac{W_{\text{net}}}{\Delta E_{\text{e}}} \tag{2-23}$$

其中, ΔE_{e} 为蒸发器内热源侧的可用能,可以表达为

$$\Delta E_{\text{e}} = m_{\text{h}} \left[h_{\text{h,in}} - h_0 - T_0 \left(s_{\text{h,in}} - s_0 \right) \right] \tag{2-24}$$

将方程(2-22)和方程(2-24)代入方程(2-23),理想 ORC 的可用能效率可以通

过式(2-25)计算：

$$\eta_{2nd} = \frac{\overline{c}_p\left(T_{h,in} - T_{sat,1} - \Delta T_{pp}\right)\left[Ja\left(1 - \ln \text{REC} \cdot \left(\text{REC} - 1\right)^{-1} + 1 - 1/\text{REC}\right)\right]}{h_{h,in} - h_0 - T_0\left(s_{h,in} - s_0\right)} \quad (2\text{-}25)$$

根据上面的方程，编制了一个基于 MATLAB 调用 REFPROP 的程序。所有的输入系统参数如表 2-2 所示。为了简化计算，本节采用如下的假设：蒸发和冷凝过程是等压的，忽略散热损失；忽略管内的内部不可逆性；有机工质在蒸发器内被加热到饱和气，在冷凝器内被冷却成饱和液。

表 2-2　系统参数输入值

初始系统参数	值
热源空气入口温度/K	423.15
热源空气入口质量流量/(kg/s)	25
热源空气压力/bar	1
冷却水入口温度/K	293.15
蒸发器内相变传热窄点温差/K	30
冷凝器内相变传热窄点温差/K	20
工质泵等熵效率/%	85
膨胀机等熵效率/%	70

注：1bar=10^5Pa。

2.2.4　模型验证

为了验证程序的准确性，利用与 Chys 等[34]理论分析相同的系统输入参数进行系统性能计算。热源空气的入口温度为 423.15K，出口温度为 408.15K，质量流量为 15kg/s，压力为 5bar；而冷却水的入口温度为 298.15K，出口温度为 308.15K，压力为 4bar。泵、汽轮机和发电机的效率分别为 80%、60% 和 97%。蒸发器和冷凝器内的相变传热窄点温差分别为 20K 和 10K。计算的比较结果如表 2-3 所示。从表中可以看到，本节的程序计算值与 Chys 等[34]的结果十分吻合。

表 2-3　本节的计算结果与 Chys 等[34]的计算结果比较

工质	W_t/kW		W_p/kW		η_{1st}/%	
	文献[34]	本节	文献[34]	本节	文献[34]	本节
R245fa-R365mfc	5.0	4.99	109.5	109.9	10.82	10.88
R245fa-isopentane	6.3	6.24	110.8	111.6	10.82	10.82
Isobutane-isopentane	6.6	6.61	112.8	112.5	10.99	10.99
R245fa-pentane	5.4	5.31	112.7	111.4	11.12	11.12

2.2.5 结果与讨论

1. 热力学模型与理论值比较

当热源空气入口温度(简称热源入口温度)为 423.15K、蒸发温度为 363.15K 和冷凝温度为 298.15K 时,通过不同方法计算对于质量分数比为 0.5/0.5 的不同混合工质的热效率、净输出功和可用能效率如表 2-4 所示。

表 2-4 不同方法计算计算混合工质的结果

工质	Ja	η_{1st}^a /%	W_{net}^a /MW	η_{2nd}^a /%	η_{1st}^b /%	W_{net}^b /MW	η_{2nd}^b /%	TG^f /K	RD^c /%	RD^d /%	RD^e /%
R227ea/R236fa	1.22	13.35	0.229	40.44	13.30	0.23	40.30	0.95	0.37	0.35	0.35
R227ea/R236ea	0.97	13.51	0.211	37.21	13.79	0.22	37.97	2.51	−2.07	−2.07	−2.04
R236ea/R236fa	0.86	13.99	0.199	35.11	14.04	0.2	35.22	0.34	−0.36	−0.33	−0.31
R245fa/R227ea	0.83	13.59	0.207	36.59	14.10	0.22	37.94	5.63	−3.75	−3.68	−3.69
R245fa/R236fa	0.75	14.21	0.194	34.20	14.32	0.20	34.48	1.56	−0.77	−0.81	−0.82
R245ca/R227ea	0.71	13.45	0.208	36.68	14.42	0.22	39.31	10.99	−7.21	−7.19	−7.17
R245fa/R236ea	0.71	14.38	0.188	33.23	14.43	0.19	33.35	0.46	−0.35	−0.37	−0.36
R236fa/R245ca	0.67	14.14	0.194	34.27	14.54	0.20	35.23	4.73	−2.83	−2.79	−2.80
R245ca/R236ea	0.65	14.36	0.188	33.13	14.61	0.19	33.70	2.54	−1.74	−1.71	−1.72
R245fa/R245ca	0.61	14.69	0.182	32.11	14.75	0.18	32.24	0.84	−0.41	−0.40	−0.40

a. 通过数值方法获得的结果;
b. 通过热力学模型获得的结果;
c. 不同方法计算 η_{1st} 的相对偏差;
d. 不同方法计算 W_{net} 的相对偏差;
e. 不同方法计算 η_{2nd} 的相对偏差;
f. 工质的滑移温度。

相对偏差 RD 为

$$RD = \frac{x_n - x_t}{x_n} \times 100\% \tag{2-26}$$

其中,x_n 为通过数值方法获得的值;x_t 为通过热力学模型获得的值。

所有非共沸有机工质中 RD 的绝对值最大是 7.21%,对应于蒸发器内温度滑移大于 10K 的 R245ca/R227ea。除此之外,对其他非共沸工质进行计算时也有相对较高的准确率。因此可以用本节提出的理论公式来决定热效率、净输出功和可用能效率。文献[31]和[35]中提到在固定的蒸发温度和冷凝温度下,热效率与 Jacob 数呈负相关关系。然而这个结论不适用于非共沸有机工质。从表 2-4 的结果可以看到,随着 Jacob 数的降低,由热力学模型得到的热效率增加,然而,由数值方法获得的值并不是单调增加的,例如,R245fa/R227ea 和 R245ca/R227ea 的结果。

2. 最佳蒸发温度的确定

本部分将净输出功作为目标函数，净输出功在余热回收和地热电站中经常作为优化指标，本书的输出功指的都是净输出功。输入系统参数如表 2-2 所示，热源入口温度被固定为 423.15K。研究的工质为 R236fa/R236ea(0.5/0.5，质量分数比)，蒸发温度为 333.15～363.15K。

如图 2-2(a)所示，随着蒸发温度的升高，输出功先增加再降低，即存在一个最佳蒸发温度，其对应的输出功最大。对于 R236fa/R236ea，这个值为 350K。这个规律也存在于纯工质中[36]。直接原因为，如图 2-2(b)所示，当蒸发温度升高时，质量流量降低，而比净功增加，这两个效应的组合结果产生了最大输出功。

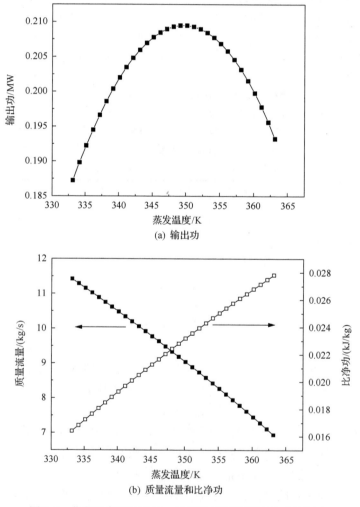

(a) 输出功

(b) 质量流量和比净功

图 2-2　蒸发温度对输出功、工质质量流量和比净功的影响

3. 热源入口温度对最佳输出功的影响

本部分利用前面提到的蒸发温度的优化方法，热源入口温度对不同非共沸有机工质的最佳输出功的影响如图 2-3 和图 2-4 所示。从图 2-3(a)中可以看到，当热源入口温度为 398.15K 时，以 R245ca/R236ea 作为工质，随着 R245ca 质量分数增加，最佳输出功先增加再降低。当 R245ca 质量分数为 0.6 时，最佳输出功存在最大值。当热源入口温度升高时，不同 R245ca 质量分数下的最佳输出功将增加。然而，最佳输出功的最大值对应的 R245ca 质量分数从 0.6[图 2-3(a)]降到 0.3[图 2-3(c)]。另外，当热源入口温度达到 458.15K 时，纯 R245ca 的输出功将大于 R245ca/R236ea 的输出功。如图 2-4 所示，当应用其他非共沸有机工质时，可以发现相同的趋势。

这个结果表明，非共沸有机工质 ORC 的优越性与热源入口温度紧密相关。当热源入口温度高于某一特定值时，非共沸有机工质 ORC 的性能不如纯工质。同时，比较图 2-3 和图 2-4，纯工质优于非共沸有机工质性能对应的热源入口温度因工质不同而不同。例如，对于 R245ca/R236ea，当热源入口温度为 458.15K 时，纯 R245ca ORC 性质比 R245ca/R236ea 性能要好；而对于 R245ca/R227ea，这个温度为 428.15K。

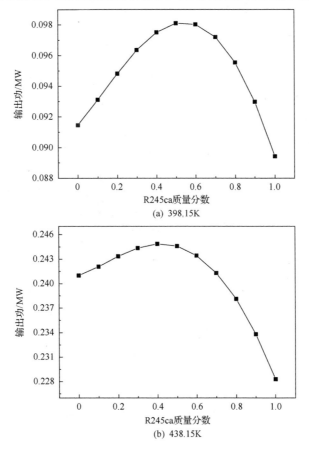

(a) 398.15K

(b) 438.15K

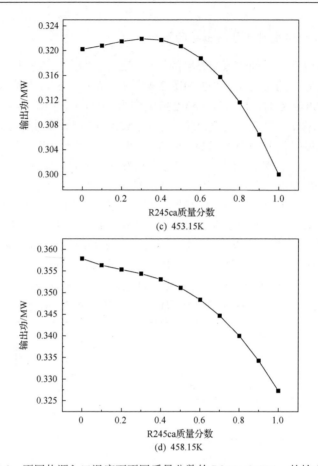

(c) 453.15K

(d) 458.15K

图 2-3　不同热源入口温度下不同质量分数的 R245ca/R236ea 的输出功

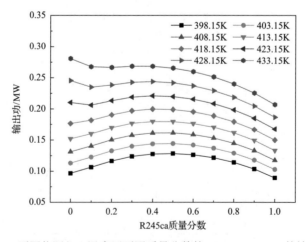

图 2-4　不同热源入口温度下不同质量分数的 R245ca/R227ea 的输出功

4. 温度滑移的影响

本部分将讨论温度滑移对最佳输出功的影响。热源入口温度为 428.15K 时不同非共沸有机工质的温度滑移如图 2-5 所示。R245ca/R227ea 的温度滑移最大，而 R245fa/R236ea 的温度滑移最小。

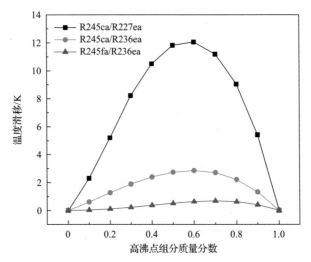

图 2-5　热源入口温度为 428.15K 时不同非共沸有机工质的温度滑移

不同热源入口温度下不同非共沸有机工质的最佳输出功如图 2-6~图 2-8 所示，其中 10/90 表示 R245fa 和 R236ea 质量分数分别为 10% 和 90%。比较这三幅图，可以发现温度滑移越大，不同质量分数下最佳输出功的改善效果越佳。由文

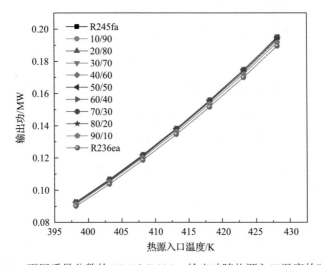

图 2-6　不同质量分数的 R245fa/R236ea 输出功随热源入口温度的变化

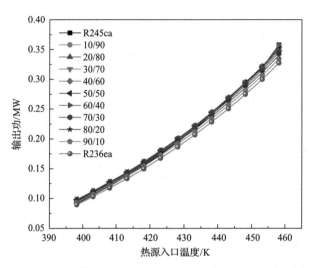

图 2-7　不同质量分数的 R245ca/R236ea 输出功随热源入口温度的变化

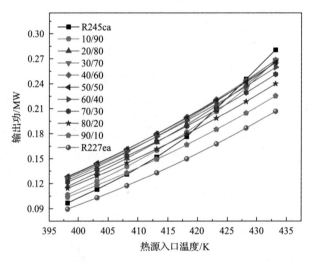

图 2-8　不同质量分数的 R245ca/R227ea 输出功随热源入口温度的变化

献[35]可知,对于纯工质 ORC,最佳输出功与热源入口温度紧密相关,而与工质关系不大。从目前的结果来看,这个结论只对温度滑移较小的非共沸有机工质有效。

5. 冷却水入口温度的影响

本部分将讨论冷却水入口温度对非共沸有机工质 R227ea/R245ca 输出功的影响,如图 2-9 所示。从图 2-9 中可以看到,当冷却水温升均为 10K 时,随着冷却水入口温度降低,不同 R227ea 质量分数对应的输出功均增加,但输出功的当地最大值对应的 R227ea 的质量分数基本保持不变。如图 2-10 所示,冷却水入口温度降低，热力学平均冷凝温度也降低，然而热力学平均冷凝温度的当地最小值的位置只是稍微变化。由后面的研究可知，热力学平均冷凝温度的当地最小值出现在冷却水入口温度与冷凝过程温度滑移相等时对应的 R227ea 质量分数。当冷却水入口温度降低时，冷凝过程的温度滑移有所增加，但是增加不大，因此输出功当地最大值对应的 R227ea 的质量分数基本保持不变。

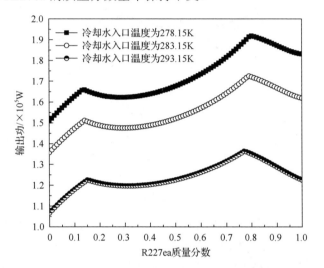

图 2-9　不同冷却水入口温度下不同 R227ea 质量分数的输出功

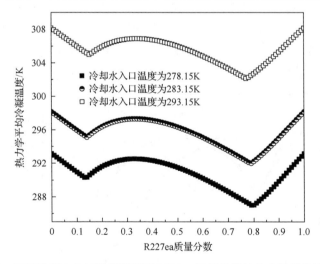

图 2-10　不同冷却水入口温度下不同 R227ea 质量分数的热力学平均冷凝温度

6. 冷却水温升的影响

本部分也将输出功作为目标函数，输入系统参数如表 2-2 所示，热源入口温度固定为 423.15K，研究的工质为 R227ea/R245ca，研究不同的冷却水温升对不同质量分数工质下输出功的影响，如图 2-11 所示。

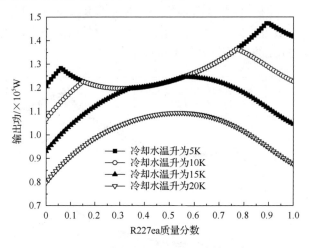

图 2-11　冷却水温升对输出功的影响

从图 2-11 中可以看到，当冷却水温升为 5K 时，输出功存在两个当地最大值，对应的 R227ea 质量分数分别为 6%和 89%。当冷却水温升为 10K 和 15K 时，输出功同样存在两个当地最大值，同时对应的 R227ea 质量分数向中间靠拢。当冷却水的温升为 20K 时，输出功只存在一个当地最大值，对应的 R227ea 质量分数为冷凝温度滑移最大时的组成。以冷却水温升为 10K 时说明两个当地最大值产生的原因。图 2-12 给出了不同 R227ea 质量分数下的冷凝过程温度滑移和热力学平均冷凝温度。图 2-12 中的水平线为冷却水温升，当冷却水温升等于冷凝过程的温度

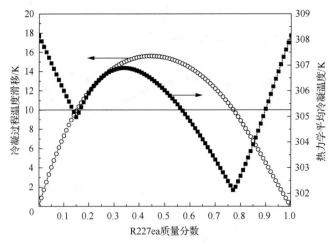

图 2-12　冷凝过程温度滑移和热力学平均冷凝温度随 R227ea 质量分数的变化情况

滑移时，对应的热力学平均冷凝温度存在当地最小值，输出功存在最大值。由 Lorenz 循环可知，热力学平均冷凝温度越低，当热源条件及蒸发温度相同时，热效率越高，从而输出功越大。

2.3　基于非共沸有机工质的热力循环三维构建方法

2.3.1　热力循环三维构建方法

本节将非共沸有机工质的组分分离与混合热力过程引入传统热力循环中，利用非共沸有机工质相变过程中组分迁移的特点，通过工质组分的分离与混合实现循环过程中工质组分的主动调节，使热力循环中各个热力过程在不同工质之间"跳跃"完成，充分考虑各组元在不同热力过程中的性能优势，通过协同兼顾全部热力过程的性能实现整体循环性能的提高。

传统的二维分析图适用于纯工质或固定工质组分的热力循环分析，不能精确表示非共沸有机工质的组分分离与混合过程。本节在传统的温熵图中增加循环工质组分浓度的新坐标维度，将二维热力循环扩展到三维热力循环，提出热力循环三维构建方法，如图 2-13 所示。工质组分变化带来了新的自由度，为循环效率提升提供了新途径。

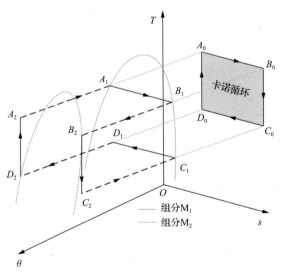

图 2-13　热力循环三维构建示意图

图中的各点均表示循环中的状态点

热力循环三维构建方法如下：首先，根据热源和负荷侧情况确定具体热力过程及各热力过程适用的非共沸有机工质；然后，通过兼顾各个热力过程确定非共沸有机工质的组分配比及变化范围，增加工质的分离与混合过程实现工质设计组分间的切换；最后，将各个热力过程首尾相连，组成热力循环。如图 2-13 所示，循环过程中非共沸有机工质可实现两种组分 M_1 和 M_2 之间的调节，M_1 等温热力过程性能优良，能实现热量传递过程的能量损失最小；M_2 等熵热力过程性能优良，能实现膨胀及压缩过程的效率最高。以理想卡诺循环为逼近目标，循环流程为 $A_1 \rightarrow B_1 \rightarrow B_2 \rightarrow C_2 \rightarrow C_1 \rightarrow D_1 \rightarrow D_2 \rightarrow A_2 \rightarrow A_1$，具体如下。

$A_1 \rightarrow B_1$：此过程中非共沸有机工质组分为 M_1，可以实现与热源的良好匹配，达到吸热过程中可用能损失最小。

$B_1 \rightarrow B_2$：非共沸有机工质由组分 M_1 调节为组分 M_2。

$B_2 \rightarrow C_2$：此过程中非共沸有机工质组分为 M_2，可以实现膨胀过程的等熵膨胀，提高膨胀过程的能量输出。

$C_2 \rightarrow C_1$：非共沸有机工质由组分 M_2 调节为组分 M_1。

$C_1 \rightarrow D_1$：此过程中非共沸有机工质组分为 M_1，可以实现与热汇的良好匹配，达到放热过程中可用能损失最小。

$D_1 \rightarrow D_2$：非共沸有机工质由组分 M_1 调节为组分 M_2。

$D_2 \rightarrow A_2$：此过程中非共沸有机工质组分为 M_2，可以实现压缩过程的等熵压缩，减少压缩过程的能量消耗。

$A_2 \rightarrow A_1$：非共沸有机工质由组分 M_2 调节为组分 M_1。

此空间热力循环在温熵图上的投影为理想卡诺循环 $A_0 \rightarrow B_0 \rightarrow C_0 \rightarrow D_0 \rightarrow A_0$。

2.3.2　三维热力循环优势分析

相比热力平面循环，三维热力循环具有如下优势。

1. 分析变质量系统

非共沸有机工质组分浓度的变化必然会涉及循环工质质量的变化，最常用的组分调节手段是通过对气液两相状态的非共沸有机工质进行相分离，从而实现组分的分离。工质组分浓度的坐标维度不仅能反映循环工质组分的变化，而且能表征工质质量的变化，因此三维热力循环可以用来分析变质量系统(如分液冷凝过程、正逆耦合联供系统)，而传统二维热力循环只能分析定质量系统，如图 2-14 所示。图 2-14(a)为传统定质量 ORC 示意图，图 2-14(b)为变质量多压蒸发 ORC 示意图[37]。将变质量系统在三维空间中进行图示，一方面可以更加直观地表示循环的具体过程，另一方面可以将循环过程中的吸热量、放热量和做功量等用空间几何体的体积表示，拓展二维空间中循环性能的几何分析方法。

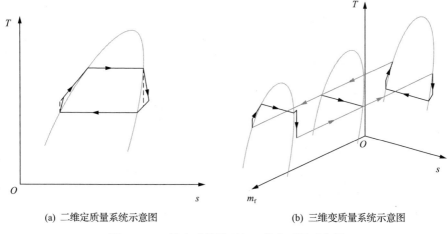

(a) 二维定质量系统示意图　　　　　　(b) 三维变质量系统示意图

图 2-14　二维定质量循环与三维变质量示意图

2. 揭示组分调节热力过程

在二维热力循环中，工质的组分调节热力过程只能明确过程的起止点，组分调节过程只能用一个点或虚线(类似逆循环中的等焓节流过程)表示，图 2-15(a) 为新型喷射式冷电联合循环在二维温熵坐标下的循环示意图[38]，工质组分调节的过程只能用虚线表示；而在三维热力循环中可以明确实际组分调节的全过程，揭示调节过程中的工质温度、熵等参数的变化，有利于循环过程的准确分析，如图 2-15(b) 所示。

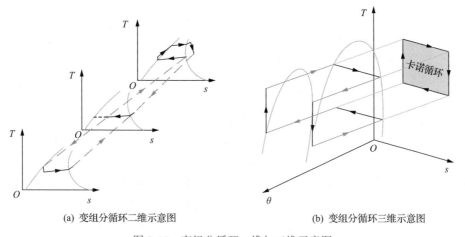

(a) 变组分循环二维示意图　　　　　　(b) 变组分循环三维示意图

图 2-15　变组分循环二维与三维示意图

3. 探索减少可用能损失的新途径

所有实际热力循环都以卡诺循环为目标进行性能提升，在二维平面中，实际循环的热力过程向卡诺循环的理想热力过程进行逼近，如图 2-16(a) 所示，以正循环为例，吸热与放热过程逼近等温过程，膨胀与压缩过程逼近等熵过程，工质组分分离、压缩和膨胀、混合热力过程的串联只能表现为压缩、膨胀过程(分离和混合投影到二维平面上只是一个点或一条无意义的虚线)，难以找出降低可用能损失的新途径，限制了理想热力过程的探索；而在三维热力循环中，上述串联过程可清晰地表示为三角形的两个边，如图 2-16(b) 所示，可以通过另一条边(虚线)作为新的多变热力过程，从而揭示减少可用能损失的新过程，探索实际循环向理想循环逼近的新途径。

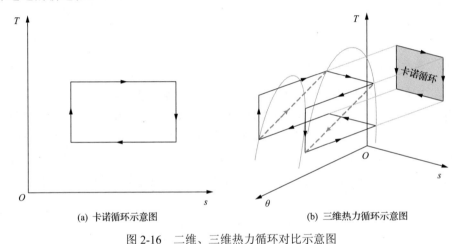

(a) 卡诺循环示意图　　　　　　(b) 三维热力循环示意图

图 2-16　二维、三维热力循环对比示意图

2.4　案 例 分 析

2.4.1　自复叠 ORC

依据热力循环三维构建方法，在自复叠制冷循环及 Kalina 循环的启发下，提出新型自复叠 ORC。为了研究自复叠 ORC 在不同应用背景下的优越性，本节分别提出基于太阳能和余热的自复叠 ORC，同时建立各自的热力学模型，对其系统参数的影响进行相应的理论分析，同时与其他热力学循环形式进行比较。

1. 自复叠 ORC 介绍

如图 2-17 所示，太阳能自复叠 ORC 包括以下部件：一级太阳能集热器、二级太阳能集热器、气液分离器、一级膨胀机、二级膨胀机、发电机、内部换热器、回热器、冷凝器、储液罐和工质泵。图 2-18 为太阳能自复叠 ORC 的温熵组分图，图中数字表示工质在循环中的状态点。

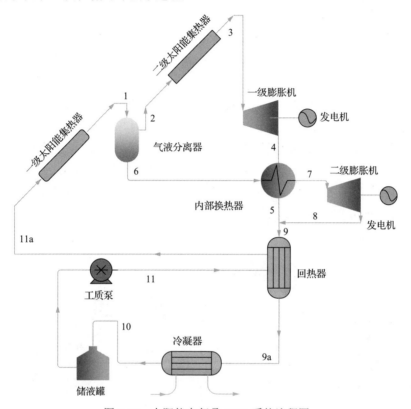

图 2-17　太阳能自复叠 ORC 系统流程图

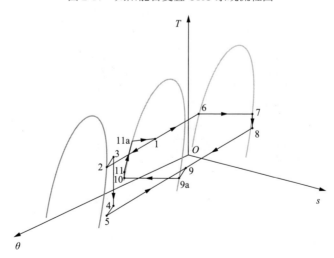

图 2-18　太阳能自复叠 ORC 的温熵组分图

系统的工作原理如下：工质泵将混合工质从储液罐抽出同时加压，然后在一级太阳能集热器中，混合工质被加热到两相；混合工质在气液分离器中被分成与主回路组分不同的饱和液相和饱和气相，分离之后，饱和气相工质通过二级太阳能集热器，同时被过热；过热的工质推动一级膨胀机做功；在内部换热器中一级膨胀机的乏气加热气液分离器出来的饱和液相工质，之后微过热的工质推动二级膨胀机做功；来自一级膨胀机中的工质与二级膨胀机中的工质混合，然后在内部换热器中预热工质泵出来的液态工质；最后工质在冷凝器中冷凝成液态工质，流进储液罐。当工质从储液罐抽出来，进入工质泵中时，整个循环将重新开始。

余热自复叠 ORC 的系统流程图如图 2-19 所示，与太阳能自复叠 ORC 不同的是，一级和二级太阳集热器被蒸发器和过热器取代。整个系统的工作原理与太阳能自复叠 ORC 基本一致。图 2-19 中的数字表示工质在循环中的状态点，其在温熵组分图中的分布如图 2-20 所示。

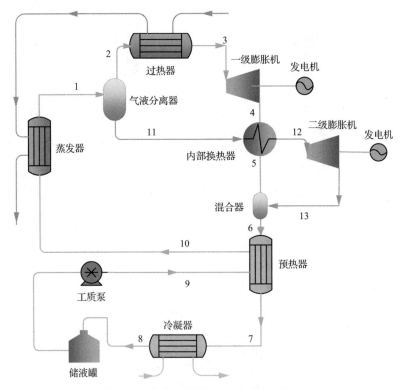

图 2-19　余热自复叠 ORC 的系统流程图

2. 热力学分析

主回路中的质量流量设定为 1kg/s，因此一级膨胀机中的质量流量为 $x$kg/s，

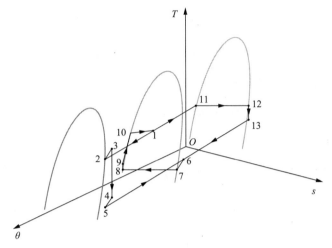

图 2-20　余热自复叠 ORC 的温熵组分图

二级膨胀机中的质量流量为 $(1-x)\,\mathrm{kg/s}$，其中 x 为一级太阳能集热器出口的干度。描述太阳能自复叠 ORC 的基本方程如下，T 为温度，P 为压力，h 为比焓：

$$T_1 = T_2 = T_6 = 363.15\mathrm{K} \tag{2-27}$$

$$P_1 = P_2 = P_3 = P_6 = P_7 = P_{11} = P_{11a} \tag{2-28}$$

$$P_4 = P_5 = P_8 = P_9 = P_{10} = P_{9a} \tag{2-29}$$

$$h_1 = xh_2 + (1-x)h_6 \tag{2-30}$$

$$T_5 \geqslant T_6 + 5\mathrm{K} \tag{2-31}$$

$$T_7 = 373.15\mathrm{K} \tag{2-32}$$

$$s_3 = s_4 \tag{2-33}$$

$$x(h_4 - h_5) = (1-x)(h_7 - h_6) \tag{2-34}$$

$$s_7 = s_8 \tag{2-35}$$

$$h_9 = xh_5 + (1-x)h_8 \tag{2-36}$$

$$h_9 - h_{9a} = h_{11a} - h_{11} \tag{2-37}$$

$$T_{9a} = T_{11} + 5\mathrm{K} \tag{2-38}$$

$$T_{10} = 303.15\mathrm{K} \tag{2-39}$$

太阳能集热器收集到的热量（无回热器）为

$$Q_{E} = (h_1 - h_{11}) + x(h_3 - h_2) \tag{2-40}$$

太阳能集热器收集到的热量（有回热器）为

$$Q_{E} = (h_1 - h_{11a}) + x(h_3 - h_2) \tag{2-41}$$

膨胀功为

$$W_{exp} = x(h_3 - h_4) + (1-x)(h_7 - h_8) \tag{2-42}$$

泵耗功为

$$W_{p} = h_{11} - h_{10} \tag{2-43}$$

净输出功为

$$W_{net} = W_{exp} - W_{p} \tag{2-44}$$

热效率为

$$\eta_{1st} = \frac{W_{net}}{Q_{E}} = \frac{W_{exp} - W_{p}}{Q_{E}} \tag{2-45}$$

在这部分计算中，由体积分数为 64.48% N_2、17.34% O_2、8.14% H_2O 和 10.04% CO_2 组成的余热烟气，作为余热自复叠 ORC 的热源。余热烟气被认为是标准大气压下的理想气体，每个组成的比定压热容在 0～2000℃内可以表达成温度的多项式函数[39]：

$$c_{p,air}(\theta) = a_1 + b_1\theta + c_1\theta^2 + d_1\theta^3 + e_1\theta^4 + f_1\theta^5 \tag{2-46}$$

$$c_{p,H_2O}(\theta) = a_2 + b_2\theta + c_2\theta^2 + d_2\theta^3 + e_2\theta^4 \tag{2-47}$$

$$c_{p,CO_2}(\theta) = a_3 + b_3\theta + c_3\theta^2 + d_3\theta^3 + e_3\theta^4 \tag{2-48}$$

其中，a_i、b_i、c_i、d_i、e_i、f_i 为常数；θ 为余热烟气温度。烟气混合物的比定压热容可以表达成每个组成的比定压热容和它们的质量分数 x_i 乘积的和：

$$c_{p,g}(\theta) = (1 - x_{H_2O} - x_{CO_2})c_{p,air}(\theta) + x_{H_2O}c_{p,H_2O}(\theta) + x_{CO_2}c_{p,CO_2}(\theta) \tag{2-49}$$

烟气混合物的比焓可以通过方程(2-50)得到

$$h_{p,\mathrm{g}}(\theta) = \int_0^\theta c_{p,\mathrm{g}}(\theta)\mathrm{d}\theta \tag{2-50}$$

根据质量和能量守恒，描述余热自复叠 ORC 的主要方程如下，其中，变量 I 为不可逆损失，变量 E 为可用能，变量 x、y、z 表示质量分数，下标 eva 表示蒸发器，下标 sup 表示过热器，下标 ihe 表示内部换热器，下标 reg 表示回热器，下标 vap、liq 分别表示气态和液态，下标 exp 表示膨胀机，下标 pum 表示工质泵，下标 1st 表示热力学第一定律，下标 2nd 表示热力学第二定律，a、b 表示膨胀机序号，1、2、3…13 表示图 2-20 的状态点。

对于蒸发器：

$$Q_{\mathrm{eva}} = m_{\mathrm{h,in}}\bar{c}_p(T_{\mathrm{h,eva,in}} - T_{\mathrm{h,eva,out}})$$

$$= m_{\mathrm{fluid}}(h_1 - h_{10}) \tag{2-51}$$

$$I_{\mathrm{eva}} = T_0 m_{\mathrm{fluid}}\left(s_1 - s_{10} - \frac{h_1 - h_{10}}{\bar{T}_{\mathrm{h,eva}}}\right) \tag{2-52}$$

其中

$$\bar{T}_{\mathrm{h,eva}} = \frac{T_{\mathrm{h,eva,in}} - T_{\mathrm{h,eva,out}}}{\ln\dfrac{T_{\mathrm{h,eva,in}}}{T_{\mathrm{h,eva,out}}}} \tag{2-53}$$

对于过热器：

$$Q_{\mathrm{sup}} = m_{\mathrm{h}}\bar{c}_p(T_{\mathrm{h,sup,in}} - T_{\mathrm{h,sup,out}})$$

$$= m_{\mathrm{fluid}}(h_3 - h_2) \tag{2-54}$$

$$I_{\mathrm{sup}} = T_0 m_{\mathrm{fluid}}\left(s_3 - s_2 - \frac{h_3 - h_2}{\bar{T}_{\mathrm{h,sup}}}\right) \tag{2-55}$$

其中

$$\bar{T}_{\mathrm{h,sup}} = \frac{T_{\mathrm{h,sup,in}} - T_{\mathrm{h,sup,out}}}{\ln\dfrac{T_{\mathrm{h,sup,in}}}{T_{\mathrm{h,sup,out}}}} \tag{2-56}$$

对于气液分离器：

$$m_{\mathrm{fluid}}z_{\mathrm{R245fa}} = m_{\mathrm{fluid,vap}}y_{\mathrm{R245fa}} + m_{\mathrm{fluid,liq}}x_{\mathrm{R245fa}} \tag{2-57}$$

$$m_{\mathrm{fluid}}h_1 = m_{\mathrm{fluid,vap}}h_2 + m_{\mathrm{fluid,liq}}h_{11} \tag{2-58}$$

对于混合器：

$$m_{\text{fluid,vap}} h_5 + m_{\text{fluid,liq}} h_{13} = m_{\text{fluid}} h_6 \tag{2-59}$$

对于两个膨胀机：

$$W_{\text{exp,a}} = m_{\text{fluid,vap}} (h_3 - h_4) \tag{2-60}$$

$$W_{\text{exp,b}} = m_{\text{fluid,liq}} (h_{12} - h_{13}) \tag{2-61}$$

对于内部换热器：

$$m_{\text{fluid,vap}} (h_4 - h_5) = m_{\text{fluid,liq}} (h_{12} - h_{11}) \tag{2-62}$$

$$I_{\text{ihe}} = T_0 \left[m_{\text{fluid,vap}} (s_4 - s_5) + m_{\text{fluid,liq}} (s_{12} - s_{11}) \right] \tag{2-63}$$

对于预热器：

$$m_{\text{fluid}} (h_6 - h_7) = m_{\text{fluid}} (h_{10} - h_9) \tag{2-64}$$

$$I_{\text{reg}} = T_0 \left[m_{\text{fluid}} (s_7 - s_6) + m_{\text{fluid}} (s_{10} - s_9) \right] \tag{2-65}$$

对于冷凝器：

$$Q_{\text{con}} = m_{\text{fluid}} (h_7 - h_8) \tag{2-66}$$

$$I_{\text{con}} = T_0 m_{\text{fluid}} (s_8 - s_7) \tag{2-67}$$

对于工质泵：

$$W_{\text{pum}} = m_{\text{fluid}} (h_9 - h_8) \tag{2-68}$$

根据系统不可逆性，有

$$I_{\text{total}} = I_{\text{eva}} + I_{\text{sup}} + I_{\text{ihe}} + I_{\text{reg}} + I_{\text{con}} \tag{2-69}$$

热效率为

$$\eta_{\text{1st}} = \frac{W_{\text{exp,a}} + W_{\text{exp,b}} - W_{\text{pum}}}{Q_{\text{eva}} + Q_{\text{sup}}} \tag{2-70}$$

可用能效率为

$$\eta_{\text{2nd}} = \frac{W_{\text{exp,a}} + W_{\text{exp,b}} - W_{\text{pum}}}{E_{\text{in}}} \tag{2-71}$$

其中

$$E_{in} = m_{h,in} \overline{c}_p \left(T_{h,in} - T_{h,out} - T_0 \ln \frac{T_{h,in}}{T_{h,out}} \right) \tag{2-72}$$

3. 工质选择

工质筛选在热力学系统的性能实现中起到重要的作用。非共沸有机工质可以改善系统效率，这是因为非共沸有机工质在相变过程中存在温度滑移，这个特性使蒸发器和冷凝器中有更佳的温度匹配，从而降低系统不可逆性。为了避免膨胀机中的湿膨胀，只考虑干工质作为混合物的组成。基于 Rayegan 和 Tao[40] 的研究，两种纯工质 R245fa 和 R601a 为混合工质的基本组元。这两种纯工质的流体物性如表 2-5 所示。

表 2-5 纯工质的流体物性

工质	P_c/MPa	T_c/℃
R245fa	3.640	154.0
R601a	3.396	187.2

4. 计算假设及方法

为了简化对太阳能和余热自复叠 ORC 的热力学分析，在计算的过程中做如下假设。

(1) 膨胀机中的膨胀过程和工质泵中的加压过程都是等熵过程。

(2) 内部换热器和预热器都是逆流换热器，同时忽略对环境的散热。

(3) 忽略内部换热器、太阳能集热器、管内的内部损失；内部换热器中的蒸发和冷凝过程都是等压过程。

(4) 由于在系统不可逆性中的比例微小，忽略分离和混合过程的不可逆性[38]。

(5) 对于余热烟气和工质，只考虑物理可用能，忽略化学、动能和势能的可用能[41]。

基于前述的热力学模型，通过 MATLAB 编程，调用 REFPROP 计算非共沸有机工质的物性，对所研究的系统进行理论分析。

对于太阳能自复叠 ORC，蒸发压力是由一级太阳能集热器出口工质的饱和压力决定的，冷凝压力是由冷凝器出口工质的饱和压力决定的。

对于余热自复叠 ORC，蒸发压力是由蒸发器出口工质的饱和压力决定的。为了保证传热的进行和合理的换热面积，在非共沸有机换热器中相变传热窄点温差为 5K。

对于太阳能自复叠 ORC，基本的输入参数如方程(2-27)～方程(2-39)所示。对于给定的 R245fa 的质量分数，在气液分离器中的工质质量递增改变为所有可能的组分，然后得到在可行域内的最大热效率对应工况。具体的算法流程图如图 2-21

所示。在对太阳能自复叠 ORC 的分析中,因为本节是为了探讨系统参数对最大热效率的影响,所以只有最大热效率对应的工况在图中标出。

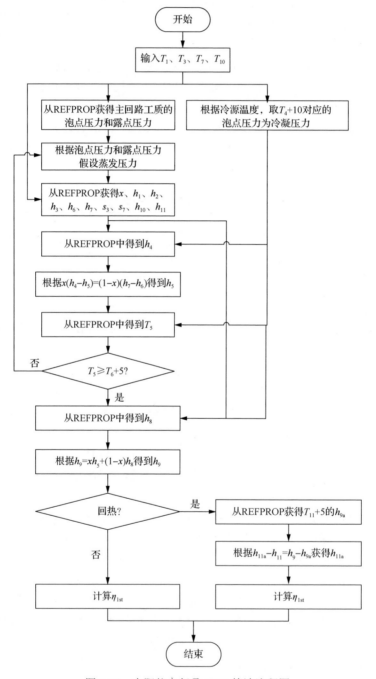

图 2-21　太阳能自复叠 ORC 算法流程图

对于余热自复叠 ORC，所有的输入系统参数如表 2-6 所示。在一个给定的工况下，通过在可行域内不断地调整蒸发压力，从而获得最小的系统不可逆性。具体的算法流程图如图 2-22 所示。在对余热自复叠 ORC 的分析中，只有最小的系统不可逆性对应的工况在图中标出。

表 2-6　余热自复叠 ORC 的输入系统参数

输入系统参数	值
余热烟气入口温度/K	453
余热烟气入口质量流量/(kg/s)	10
分离温度/K	363
过热温度/K	423
冷却水入口温度/K	293
环境温度/K	293
N_2 体积分数/%	64.48
CO_2 体积分数/%	10.04
H_2O 体积分数/%	8.14
O_2 体积分数/%	17.34

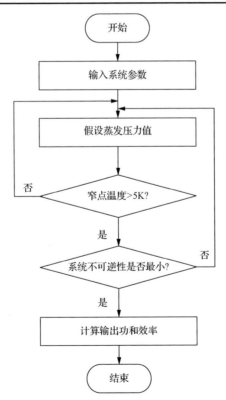

图 2-22　余热自复叠 ORC 算法流程图

5. 系统参数敏感性分析

1) R245fa 质量分数对太阳能自复叠 ORC 的影响

R245fa 的质量分数对系统参数的影响如图 2-23～图 2-26 所示。由图 2-23 可知，当主回路的 R245fa 质量分数增加时，一级膨胀机和二级膨胀机的 R245fa 的质量分数都增加，而 R601a 的质量分数都降低。在一级膨胀机中，易挥发的 R245fa 的质量分数比主回路的要高，而 R601a 的质量分数比主回路的要低；而在二级膨胀机中恰好相反。从这些结果可以推断出主回路的 R245fa 的质量分数增加，系统参数将受到影响，这是由于非共沸有机工质的热力学性质发生变化。

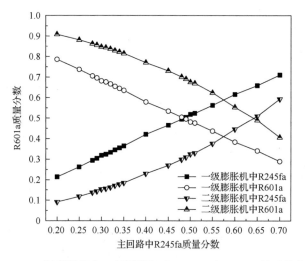

图 2-23　一级膨胀机和二级膨胀机中 R245fa 和 R601a 的质量分数

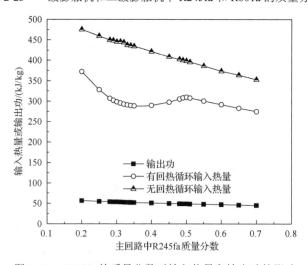

图 2-24　R245fa 的质量分数对输入热量和输出功的影响

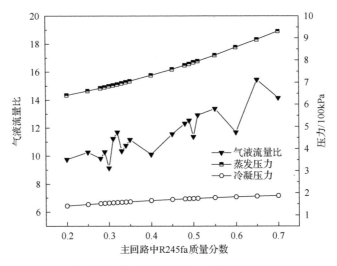

图 2-25　R245fa 的质量分数对蒸发压力、冷凝压力和气液流量比的影响

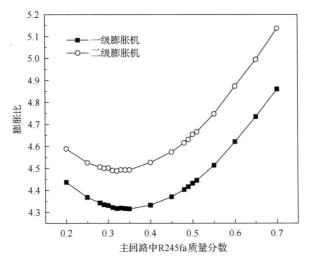

图 2-26　R245fa 的质量分数对膨胀比的影响

如图 2-24 所示，在无回热器的情况下，输入热量线性降低；而在有回热器的情况下，输入热量先降低后增加再降低。由图 2-24 可以看到，在主回路 R245fa 的质量分数为 0.5 之后，有无回热器两种情况下两条曲线基本平行，即相差相同的值。这个差值主要归功于回热器的使用减小了所需的输入热量。然而，在有回热器和主回路的 R245fa 质量分数为 0.2～0.5 的条件下的抛物线形曲线主要归功于某一特性组分下回热器内温度的更佳匹配。也就是说，在主回路的 R245fa 的质量分数为 0.2～0.32 时，回热器内两流体间的温度匹配改善；而在主回路 R245fa 的质量分数为 0.32～0.5 时，温度匹配情况不佳。因此，在有无回热器的两种情况下，

曲线间的差别不同：一是由于回热器回收乏气；二是由于最佳温度匹配情况取决于非共沸有机工质组分。

图 2-25 为主回路中 R245fa 的质量分数对蒸发压力、冷凝压力和气液流量比的影响。气液流量比被选作系统参数是由于其对整体质量分数有重要影响。由于 R245fa 为更易挥发的组分，因而蒸发压力比冷凝压力更易增加，蒸发压力增加了大约 3bar，而冷凝压力只增加了大约 0.5bar。由 R245fa 和 R601a 的相平衡图可知，当 R245fa 的质量分数增加时，在给定温度下的饱和压力也升高。气液流量比与主回路中 R245fa 质量分数的关系更加复杂。正如图 2-25 所示，一级膨胀机和二级膨胀机的工质组分不同，导致一级膨胀机和二级膨胀机焓降的不同变化，因此，由方程(2-34)计算的气液流量比在不同的 R245fa 质量分数下不同。

图 2-26 为主回路中 R245fa 的质量分数对膨胀比的影响，其中膨胀比定义为膨胀机出口与入口之间比容的比值。从图 2-26 中可以看到，在不同的主回路 R245fa 质量分数下，两个膨胀机的膨胀比变化情况相似。这是由于主回路的组分决定了膨胀机的入口压力。

2)一级太阳能集热器出口温度对太阳能自复叠 ORC 的影响

本部分将讨论一级太阳能集热器出口温度对系统性能的影响，结果如图 2-27 和图 2-28 所示。其中，一级太阳能集热器出口温度为 353.15～368.15K。如图 2-27 所示，随着一级太阳能集热器出口温度升高，热效率增加。这是由于平均吸热温度升高，基于卡诺理论，热效率同时增加。当主回路 R245fa 的质量分数为 0.3、一级太阳能集热器出口温度为 368.15K 时，热效率获得最大值为 19.75%。

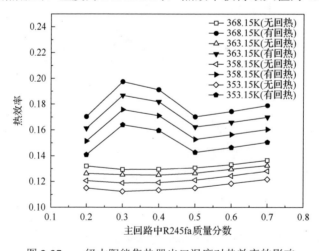

图 2-27　一级太阳能集热器出口温度对热效率的影响

当主回路 R245fa 的质量分数为 0.3 时，一级太阳能集热器出口温度对输出功、输入热量和膨胀比的影响如图 2-28 所示。从图 2-28 中可以看到，当一级太阳能集热器出口温度升高时，吸热量和蒸发压力也相应地增加。当使用回热器时，在不同的一级太阳能集热器出口温度下，输出功和输入热量的差值基本保持不变，而输入热量在无回热器时一直增加。由此可以得出，采用的集热温度越高，使用回热器的重要性越大。

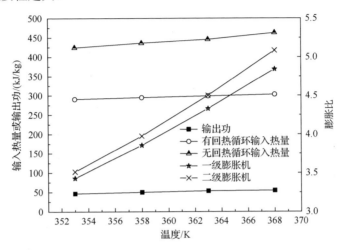

图 2-28　一级太阳能集热器出口温度对输入热量、输出功和膨胀比的影响

3）一级膨胀机入口温度对太阳能自复叠 ORC 的影响

本部分将讨论一级膨胀机入口温度对系统性能的影响，注意其他所有工况与前述计算一致。模拟结果如图 2-29 和图 2-30 所示。一级膨胀机入口温度为 419.15～428.15K。从图 2-29 中可知，随着一级膨胀机入口温度的升高，热效率也增加，但是比图 2-27 中的剧烈程度要低得多。这说明一级太阳能集热器出口温度要比一级膨胀机入口温度对热效率的影响更大。这个结果与 Roy 等[42]和 Mago 等[43]的研究相一致，他们研究发现，膨胀机的入口压力对系统热效率的影响要比入口温度高。当一级太阳能集热器出口温度升高时，蒸发压力增加；然而，当一级膨胀机入口温度升高时，蒸发压力基本保持不变。因此，一级太阳能集热器出口温度比一级膨胀机入口温度对热效率的影响更大。当主回路的 R245fa 质量分数为 0.3 时，系统热效率达到最大值。在研究的工况下，当一级膨胀机入口温度为 428.15K 时，最大热效率达到 18.77%。

一级膨胀机入口温度对输出功、输入热量和膨胀比的影响如图 2-30 所示。随着一级膨胀机入口温度的升高，输入热量略有增加，使用回热器之后，回收的热量也相应地增加。值得注意的是在有无回热器的两种情况下，输出功和输入热量基本保持不变，这与图 2-28 的结果不同。一级膨胀机入口温度对输出功的影响较小，对热效率的影响也比一级太阳能集热器出口温度小。

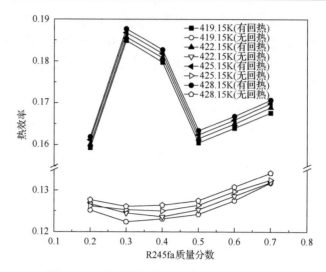

图 2-29　一级膨胀机入口温度对热效率的影响

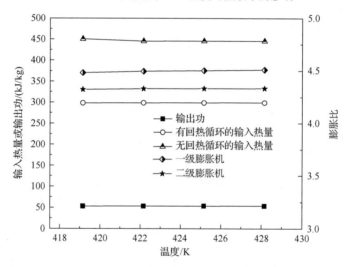

图 2-30　一级膨胀机入口温度对输入热量、输出功和膨胀比的影响

4) 二级膨胀机入口温度对太阳能自复叠 ORC 的影响

本部分在保持其他工况不变的条件下，将讨论二级膨胀机入口温度对系统性能的影响。计算结果如图 2-31 和图 2-32 所示。二级膨胀机入口温度为 368.15～383.15K。由图 2-31 可知，随着二级膨胀机入口温度升高，热效率的增大程度不如图 2-27 和图 2-29 显著。这说明在所研究的参数里，二级膨胀机入口温度对热效率的影响最低。这是因为二级膨胀机具有更小的流量和更低的入口温度，二级膨胀机的输出功比一级膨胀机的要更低，所以一级膨胀机入口温度对系统的性能要比二级膨胀机入口温度影响更大。

在主回路 R245fa 的质量分数为 0.3 时，二级膨胀机入口温度对输出功、输入热量和膨胀比的影响如图 2-32 所示。从图中可以看到，当二级膨胀机入口温度升高时，在有无回热器两种情况下，输出功和输入热量基本保持不变。然而，应当指出的是，主要的余热来自一级膨胀机，而不是二级膨胀机。因此，二级膨胀机入口温度对系统参数的影响十分有限。

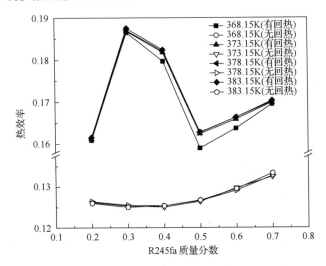

图 2-31　二级膨胀机入口温度对热效率的影响

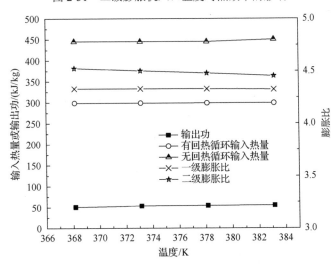

图 2-32　二级膨胀机入口温度对输入热量、输出功和膨胀比的影响

5）R245fa 质量分数对余热自复叠 ORC 的影响

R245fa 质量分数对系统可用能效率、总不可逆损失和各个部件的可用能损失

的影响如图 2-33 和图 2-34 所示。表 2-7 中列出了非共沸有机工质在不同 R245fa
质量分数、蒸发压力和冷凝压力下的温度滑移。如图 2-33 所示，随着 R245fa 的
质量分数增加，可用能效率先增加再降低，而总不可逆损失先降低再增加。当
R245fa 质量分数为 0.37 时，总不可逆损失存在最小值，可用能效率达到 58.62%
的最大值。R245fa 质量分数对不同部件的可用能损失的影响如图 2-34 所示。从
图中可以看到，最大的可用能损失发生在蒸发器中，紧接着是过热器、冷凝器、
回热器和内部换热器。从表 2-7 中可以看到，当 R245fa 质量分数为 0.37 时，蒸
发器内的温度滑移存在最大值；当 R245fa 质量分数为 0.35 时，冷凝器内的温度
滑移存在最大值。根据文献[44]，内部换热器中的温度滑移会有更好的温度匹配
和更少的可用能损失。由于最大的可用能损失发生在蒸发器中，R245fa 的质量分
数为 0.37 时获得总不可逆损失的最小值。随着 R245fa 质量分数的增加，内部换
热器、过热器和冷凝器内的可用能损失降低，而回热器内的可用能损失先降低后
增加，在内部换热器中情形与回热器相反。具体原因解释如下：在给定的相变传
热窄点温差下，换热器内的换热不可逆性由换热流体的质量流量和温度匹配情况
决定。当 R245fa 质量分数增加时，相应的蒸发压力也增加，这会导致在固定的
相变传热窄点温差、分离温度和过热温度下更高的余热烟气出口温度、更好的温
度匹配和更小的工质质量流量，因此有更低的蒸发器和过热器内的可用能损失。
对于回热器，由于较高的蒸发压力和冷凝压力下更差的温度匹配和更低的工质质
量流量的相互作用，回热器内的可用能损失先增加后降低。而内部换热器内的情
况更加复杂，是工质质量流量和温度匹配不同贡献的结果。虽然蒸发器、过热器

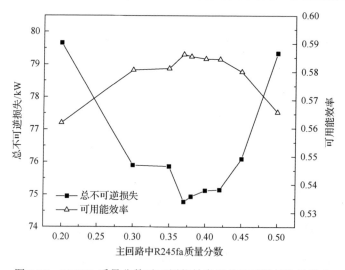

图 2-33　R245fa 质量分数对可用能效率和总不可逆损失的影响

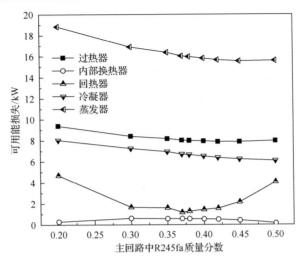

图 2-34　R245fa 质量分数对不同部件可用能损失的影响

和冷凝器内的可用能损失均减少，但是回热器内的可用能损失的变化范围更大，因此图 2-33 中总不可逆损失的变化趋势与图 2-34 中回热器不可逆损失的变化趋势相似。表 2-8 中列出了余热自复叠 ORC 在典型工况下各个状态点的参数和性能。

表 2-7　R245fa/R601a 在不同的质量分数、蒸发压力和冷凝压力下的温度滑移

R245fa/R601a(质量分数)	蒸发压力下的温度滑移/K	冷凝压力下的温度滑移/K
0.2/0.8	5.0976	4.7536
0.3/0.7	6.2108	5.6554
0.35/0.65	6.4257	5.7820
0.37/0.63	6.4493	5.7747
0.38/0.62	6.4478	5.7588
0.4/0.6	6.4186	5.7028
0.42/0.58	6.3547	5.6151
0.45/0.55	6.1946	5.4249
0.5/0.5	5.7616	4.9564

表 2-8　典型工况下基于 R245fa/R601a(0.37/0.63，质量分数比)的模拟结果

状态点	临界压力/kPa	温度/℃	质量流量/(kg/s)	组分	比焓/(kJ/kg)
1	712.39	90.00	4.56	0.37	430.53
2	712.39	90.00	4.20	0.38	450.42
3	712.39	150.00	4.20	0.38	559.39
4	161.04	113.27	4.20	0.38	505.38
5	161.04	100.19	4.20	0.38	483.65

状态点	临界压力/kPa	温度/℃	质量流量/(kg/s)	组分	比焓/(kJ/kg)
6	161.04	96.61	4.56	0.37	477.47
7	161.04	35.52	4.56	0.37	366.08
8	161.04	30.00	4.56	0.37	99.84
9	712.39	30.21	4.56	0.37	100.58
10	712.39	83.98	4.56	0.37	211.97
11	712.39	90.00	0.35	0.20	192.88
12	712.39	95.08	0.35	0.20	452.49
13	161.04	56.59	0.35	0.20	403.64

注：I_{total} =74.77kW，W_{net} =121.56kW，η_{1st} =16.57%，η_{2nd} =58.62%。

6) 蒸发压力对余热自复叠 ORC 的影响

本部分中不同的分离温度和过热温度相对应的蒸发压力对总不可逆损失和输出功的影响如图 2-35 和图 2-36 所示。由于在图中有三个变量，为了分析这三个变量与总不可逆损失和输出功的关系，展示了六个工况。其中，前三组的分离温度保持为 363K，过热温度从 418K 变化到 428K；后四组过热温度固定为 428K，分离温度从 353K 变化到 368K。从图 2-35 和图 2-36 中可以看到，分离温度升高，蒸发压力增加。在固定的分离温度和过热温度下，随着蒸发压力的增加，总不可逆损失减少，输出功增加。

从前面可以看到，蒸发器和过热器的可用能损失在总不可逆损失中占主要地位。因此蒸发器和过热器由于蒸发压力的增加而产生的有用能损失的降低会导致总不可逆损失的减少。在固定的冷凝压力下，更高的蒸发压力会输出更多的功。

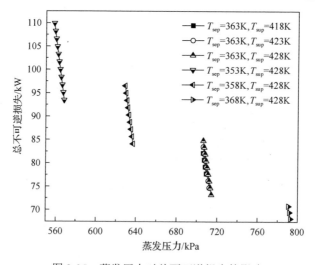

图 2-35　蒸发压力对总不可逆损失的影响

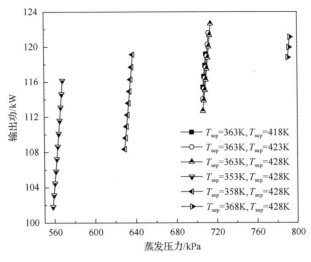

图 2-36 蒸发压力对输出功的影响

值得指出的是，图 2-35 和图 2-36 绘出了在相变传热窄点温差不低于 5K 的约束条件下所有的蒸发压力可行解。随着分离温度的提高或者过热温度的降低，蒸发压力可行解的数目将减少。这主要是由于内部换热器内存在相变传热窄点温差。根据内部换热器的能量守恒方程，在给定的过热温度下，内部换热器低温侧的出口焓值将随着分离温度的升高而增大，因此可以满足 5K 相变传热窄点温差的蒸发压力可行解数目将减少，当过热温度降低时同理。

7) 太阳能自复叠 ORC 与太阳能 ORC 的比较

太阳能自复叠 ORC 和太阳能 ORC 热效率随 R245fa 质量分数的变化比较如图 2-37 所示。当 R245fa 的质量分数为 0 或者 1 时，对应的分别是在相同工况下基于纯 R245fa 或 R601a 的太阳能 ORC。从图中可以看到，当不采用回热器时，基于 R245fa 的太阳能 ORC 的热效率微高于基于 R245fa/R601a (0.7/0.3，质量分数) 的太阳能自复叠 ORC 的热效率。当采用回热器时，太阳能自复叠 ORC 的热效率变化很剧烈，太阳能自复叠 ORC 采用基于 R245fa/R601a (0.3/0.7) 的热效率明显高于基于纯 R245fa 或 R601a 的太阳能 ORC 的热效率。这个结果主要是由于太阳能自复叠 ORC 比太阳能 ORC 对膨胀机的乏气具有更有效的能力。从图 2-37 中还可以看出，当不采用回热器时，太阳能自复叠 ORC 的热效率随着 R245fa 的质量分数增加而增加，当 R245fa 的质量分数为 0.7 时达到其最大热效率。当采用回热器时，太阳能自复叠 ORC 的热效率曲线相当不同；当 R245fa 的质量分数为 0.32 时获得其最大热效率。是否采用回热器将改变 R245fa 的质量分数对太阳能自复叠 ORC 的热效率的影响。

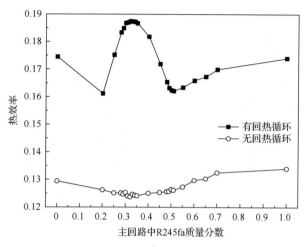

图 2-37　太阳能自复叠 ORC 和太阳能 ORC 的比较

8) 自复叠 ORC 与文献[45]中 ORC 和 Kalina 循环的比较

本部分开展与文献[45]相似工况的比较分析。相同的输入系统参数为地热水的入口温度、压力、质量流量和冷空气入口温度。与文献[45]一样，换热器的相变传热窄点温差不低于 5K，假设汽轮机等熵效率为 0.85，假设工质泵等熵效率为 0.8。比较的系统性能指标包括总发电量、净发电量、热效率和可用能效率。如表 2-9 所示，自复叠 ORC 的工质质量流量为 196.271kg/s，总发电量为 5510kW；ORC 的工质质量流量为 80.130kg/s，总发电量为 5400kW；Kalina 循环的工质质量流量为 35.717kg/s，总发电量为 4085kW。如果从总发电量中扣除工质泵的用电量（自复叠 ORC 为 155kW，ORC 为 130kW，Kalina 循环为 136kW），得到的净发电量如下：自复叠 ORC 为 5355kW，ORC 为 5270kW，Kalina 循环为 3949kW。得到

表 2-9　自复叠 ORC 与文献[45]中 ORC 和 Kalina 循环的比较

参数	自复叠 ORC	ORC	Kalina 循环
地热水入口温度/K	449.17	449.17	449.17
地热水出口温度/K	354	342.20	342.20
地热水压力/MPa	7	7	7
地热水质量流量/(kg/s)	83	83	83
冷空气入口温度/K	288.15	288.15	288.15
工质质量流量/(kg/s)	196.271	80.130	35.717
总发电量/kW	5510	5400	4085
净发电量/kW	5355	5270	3949
热效率/%	15.95	14.1	10.6
可用能效率/%	59.12	52.00	44.00

的热效率如下：自复叠 ORC 为 15.95%，ORC 为 14.1%，Kalina 循环为 10.6%。计算获得的可用能效率如下：自复叠 ORC 为 59.12%，ORC 为 52.00%，Kalina 循环为 44.00%。通过比较的结果可以发现，自复叠 ORC 具有更佳的热力学性能。

2.4.2　动力制冷复合循环

1. 新型喷射式冷电联合循环介绍

新型喷射式冷电联合循环有两种形式，如图 2-38 所示。工质进入蒸气发生器，被热源加热为高温高压的过热气体(1)，进入膨胀机做功，膨胀后的气体(2)作为一次流体进入喷射器增速减压，与蒸发器出口的工质(10)混合后，增压减速，然后进入冷凝器 a 被部分冷凝。被冷凝后的气液两相工质(5)进入气液分离器，分

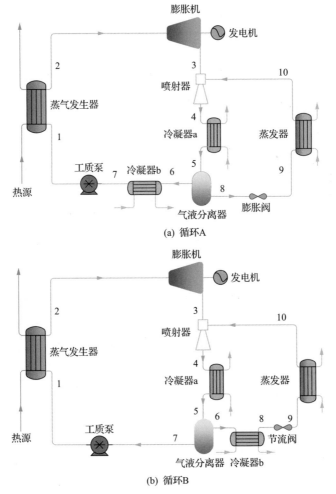

(a) 循环A

(b) 循环B

图 2-38　新型喷射式冷电联合循环示意图

离为饱和气与饱和液。在循环 A 中，饱和液(8)进入膨胀阀，然后进入蒸发器蒸发制冷，而饱和气(6)则进入冷凝器 b 被再次冷却，直至冷凝为饱和液(7)，然后进入工质泵被压缩至高压液态工质(1)。而在循环 B 中，被分离出来的饱和气(6)进入冷凝器 b，被冷凝为饱和液(8)，然后进入节流阀降压变为两相状态，最后，进入蒸发器进行蒸发制冷，而饱和液(7)则进入发电循环，流入工质泵被压缩至高压液态工质(1)，完成循环。循环的温熵组分图则分别如图 2-39(a)与(b)所示。

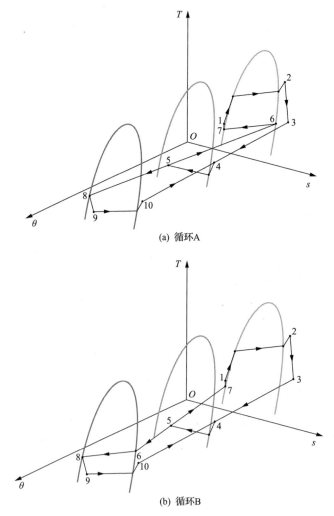

(a) 循环A

(b) 循环B

图 2-39　新型喷射式冷电联合循环的温熵组分图

2. 循环模型

为了简化模拟计算，针对循环模型做以下假设。

(1) 喷射器内的流动是一维的而且处于稳定状态。

(2) 忽略喷射器入口的流速以及出口的流速。

(3) 分别用喉管等熵效率 η_p、混合室等熵效率 η_m 和扩压管等熵效率 η_d 来表征喷射器内的能量损失。

由于发电循环与制冷循环中的工质组分不相同，即喷射器内一次流体与二次流体的工质组分不同，需要对部分参数进行设定以求得不同循环中的工质组分，包括喷射器出口工质中 R600a 的质量分数 (MF$_t$)、冷凝器 a 出口的工质干度 (x) 等。

引射率 μ 是衡量喷射器性能的一个重要参数，可表示为

$$\mu = \frac{m_s}{m_p} = \frac{m_{10}}{m_3} \tag{2-73}$$

其中，m_p 为一次流体的质量流量；m_s 为被引射流体的质量流量。

若干度 x 已知，则引射率也可通过式 (2-74) 和式 (2-75) 求得，对于循环 A：

$$x = \frac{m_6}{m_8 + m_6} = \frac{1}{\mu + 1} \tag{2-74}$$

而对于循环 B：

$$x = \frac{m_8}{m_8 + m_6} = \frac{\mu}{\mu + 1} \tag{2-75}$$

在喉管中，一次流体进行减压增速，则有

$$\eta_p = \frac{h_{p,3} - h_{p,3a}}{h_{p,3} - h_{p,3i}} \tag{2-76}$$

其中，$h_{p,3}$ 为喉管入口焓值；$h_{p,3a}$ 为喉管出口焓值；$h_{p,3i}$ 为喉管出口等熵焓值，因此 $h_{p,3a}$ 可由喉管等熵效率求得。根据能量守恒方程，可求得喉管出口速度为

$$u_{p,3a} = \sqrt{2\eta_p \left(h_{p,3} - h_{p,3i} \right)} \tag{2-77}$$

与一次流体的速度相比，二次流体的速度可以忽略。

在混合室内，根据能量守恒方程与动量守恒方程，可得

$$m_p u_{p,3a} + m_s u_{s,3a} = m_t u_{t,3m} \tag{2-78}$$

其中，m_t 为一次流体与二次流体混合后的总质量流量；$u_{s,3a}$ 为被引射流体速度。

在混合过程中，由摩擦等原因产生的能量损失可用混合室等熵效率表示，定义为

$$\eta_{\mathrm{m}} = \frac{u_{\mathrm{t,3m}}^2}{u_{\mathrm{t,3i}}^2} \tag{2-79}$$

在混合过程中，根据能量守恒，则有

$$m_{\mathrm{p}}\left(h_{\mathrm{p,3a}} + \frac{u_{\mathrm{p,3a}}^2}{2}\right) + m_{\mathrm{s}}\left(h_{\mathrm{s,3a}} + \frac{u_{\mathrm{s,3a}}^2}{2}\right) = m_{\mathrm{t}}\left(h_{\mathrm{t,3m}} + \frac{u_{\mathrm{t,3m}}^2}{2}\right) \tag{2-80}$$

根据质量守恒，则有

$$m_{\mathrm{p}} + m_{\mathrm{s}} = m_{\mathrm{t}} \tag{2-81}$$

根据方程(2-76)～方程(2-81)可求得 $h_{\mathrm{t,3m}}$ 与 $u_{\mathrm{t,3m}}$。

在扩压管中，由摩擦等原因产生一定的不可逆损失以等熵效率来表示：

$$\eta_{\mathrm{d}} = \frac{h_{\mathrm{4i}} - h_{\mathrm{t,3m}}}{h_4 - h_{\mathrm{t,3m}}} \tag{2-82}$$

其中，h_4 为喷射器出口焓值；h_{4i} 为喷射器出口等熵焓值。如果背压 P_{d} 已知，则 h_{4i} 可求出。因此引射率可根据方程(2-76)～方程(2-82)求得

$$\mu = \sqrt{\eta_{\mathrm{p}}\eta_{\mathrm{m}}\eta_{\mathrm{d}}\left(h_{\mathrm{p,3}} - h_{\mathrm{p,3i}}\right)\left(h_{\mathrm{4i}} - h_{\mathrm{t,3m}}\right)} \tag{2-83}$$

方程(2-83)与方程(2-74)中的数值进行比较，通过不断迭代制冷蒸发温度直至引射率收敛。其计算流程如图 2-40 所示。

3. 热力学分析

蒸气发生器中工质质量流量可通过式(2-84)求得

$$m_{\mathrm{fluid}} = \frac{c_p\left(T_{\mathrm{h,in}} - T_{\mathrm{h,pp}}\right)}{h_2 - h_{\mathrm{pp}}} \tag{2-84}$$

其中

$$T_{\mathrm{h,pp}} = T_{\mathrm{pp}} + \Delta T \tag{2-85}$$

其中，ΔT 为蒸气发生器中工质与热源的相变传热窄点温差。

热源输入的热量为

$$Q_{\mathrm{h}} = m_{\mathrm{h}}c_p\left(T_{\mathrm{h,in}} - T_{\mathrm{h,out}}\right) \tag{2-86}$$

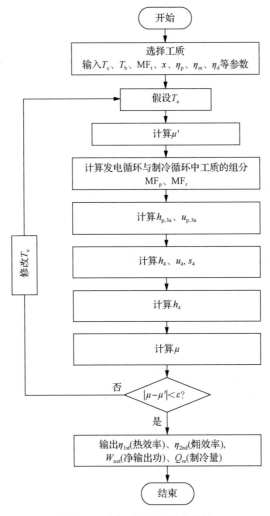

图 2-40　循环模拟计算流程图

膨胀功为

$$W_{\text{exp}} = m_{\text{fluid}}\left(h_2 - h_3\right) \tag{2-87}$$

工质泵耗功为

$$W_{\text{pum}} = m_{\text{fluid}}\left(h_1 - h_7\right) \tag{2-88}$$

循环净输出功为

$$W_{\text{net}} = W_{\text{exp}} - W_{\text{pum}} \tag{2-89}$$

制冷量为

$$Q_{re} = m_e \left(h_{10} - h_9 \right) \tag{2-90}$$

循环热效率为

$$\eta_{1st} = \frac{W_{net} + Q_{re}}{Q_h} \tag{2-91}$$

各个工况点的㶲可表示为

$$E_i = m_i \left[\left(h_i - h_0 \right) - T_0 \left(s_i - s_0 \right) \right] \tag{2-92}$$

各部件中的㶲损失可表示为

$$I_i = \sum E_{i,in} - \sum E_{i,out} \tag{2-93}$$

因此，蒸气发生器中的㶲损失 I_{gen} 可表示为

$$I_{gen} = E_{h,in} + E_1 - E_{h,out} - E_2 \tag{2-94}$$

在喷射器中，㶲损失 I_{eje} 为

$$I_{eje} = E_3 + E_{10} - E_4 \tag{2-95}$$

在冷凝器 a 中，㶲损失可表示为

$$I_{con,a} = E_{cw,5} + E_4 - E_{cw,4} - E_5 \tag{2-96}$$

而对于冷凝器 b，在循环 A 中，㶲损失可表示为

$$I_{con,b} = E_{cw,7} + E_6 - E_{cw,6} - E_7 \tag{2-97}$$

在循环 B 中，㶲损失可表示为

$$I_{con,b} = E_{cw,8} + E_6 - E_{cw,6} - E_8 \tag{2-98}$$

蒸发器中的㶲损失为

$$I_{eva} = E_{rw,10} + E_9 - E_{rw,9} - E_{10} \tag{2-99}$$

工质泵与膨胀机中的㶲损失分别为

$$I_{pum} = E_7 + W_{pum} - E_1 \tag{2-100}$$

$$I_{exp} = E_2 - E_3 - W_{exp} \tag{2-101}$$

膨胀阀中的㶲损失 I_{val} 可表示为

$$I_{\text{val}} = E_8 - E_9 \tag{2-102}$$

循环㶲效率为

$$\eta_{\text{2nd}} = \frac{W_{\text{net}} + E_{\text{re}}}{E_{\text{h}}} \tag{2-103}$$

式中，E_{h} 为热源㶲，可表示为

$$E_{\text{h}} = m_{\text{h}}\left[\left(h_{\text{h,2}} - h_{\text{h,en}}\right) - T_{\text{en}}(s_{\text{h,2}} - s_{\text{h,en}})\right] \tag{2-104}$$

而 E_{re} 为制冷㶲，可表示为

$$E_{\text{re}} = m_{\text{rw}}[(h_{\text{rw,10}} - h_{\text{rw,9}}) - T_{\text{en}}(s_{\text{rw,10}} - s_{\text{rw,9}})] \tag{2-105}$$

以上式中，下标 cw 表示冷凝水，下标 rw 表示制冷水，下标 en 表示环境。

4. 假设及参数设定

由于非共沸有机工质具有非等温相变特性，将 T_{2a}、T_{5a} 和 T_{10} 分别定义为循环的蒸气发生温度 (T_{g})、冷凝温度 (T_{c}) 以及制冷蒸发温度 (T_{e})。用空气来模拟余热废气，所用工质为非共沸有机工质 R600a/R601。在模拟中，蒸气发生温度和膨胀机进出口压力比 (P_{r}) 分别设为 398.15K 和 2。冷凝器 a 出口的干度 (x) 以及冷凝温度，在循环 A 中分别设为 0.9 和 298.15K，引射率为 0.11；而在循环 B 中分别设为 0.1 和 303.15K，引射率为 0.11。在热力参数影响分析中，当其中一个参数发生变化时，其他三个保持不变。其他输入参数的值如表 2-10 所示。

表 2-10　循环模拟参数输入

循环参数	单位	值
热源入口温度	K	323.15
热源质量流量	kg/s	20
热源压力	MPa	0.10135
环境温度	K	293.15
汽轮机等熵效率	%	80
冷却水入口温度	K	293.15
工质泵等熵效率	%	70
蒸气发生器中相变传热窄点温差	K	10
冷凝器中相变传热窄点温差	K	5
冷冻水入口温度	K	285.15
冷冻水出口温度	K	288.15

5. 结果与讨论

本部分将会对循环性能进行详细的分析,其中包括工质组分、蒸气发生温度、冷凝温度、压力比以及冷凝器 a 的出口干度对循环的影响,此外还将会对循环中各部件的㶲损失进行分析,最后还将分别对比传统的冷电联合循环[46](本节称为循环 C)与循环 A 和循环 B 在相同工况条件下的热力学性质。

1)工质组分 MF_t 的影响

图 2-41 为循环 A、循环 B 分别与循环 C 在不同工质组分下的净输出功对比图。可以看出,在相同的工况条件下,净输出功都是随着 MF_t 的增大而先增大后减小。这是因为,当 MF_t 增大时,发电循环中工质质量流量与单位质量工质焓降均先增大后减小,分界点为 50%,考虑到工质泵耗功,因而在 50%时取得最大值。可以看出循环 A 在工质组分 MF_t 为 40%时取得最大值 36.65kW;循环 B 是在 MF_t 为 50%时取得最大值 37.07kW;而循环 C 则在与循环 A 和循环 B 分别相同的工况下,在工质组分为 50%时,净输出功取得最大值,分别为 36.54kW 和 36.94kW。可以看出,循环 A 与循环 C 相比,净输出功向 MF_t 小的方向移动;而循环 B 与循环 C 相比,净输出功向 MF_t 大的方向移动。这是因为,如图 2-42(a)所示,在循环 A 中发电循环的工质组分 MF_p 要高于循环 C,循环 A 的净输出功向工质组分低的方向移动,从而提前达到最大值;同理,如图 2-42(b)所示,循环 B 中发电循环的工质组分要低于循环 C,循环 B 的净输出功向工质组分高的方向移动。

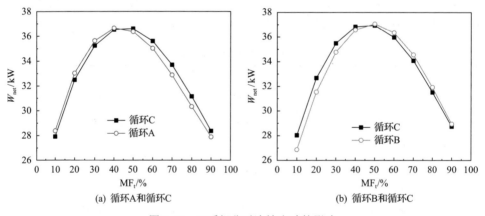

(a) 循环A和循环C   (b) 循环B和循环C

图 2-41   工质组分对净输出功的影响

图 2-43 为循环 A、循环 B 与循环 C 分别在相同工况条件下制冷量随着工质组分的变化图。由图中可以看出,对于循环 A,制冷量随着工质组分的增大而先增大后减小,并且在 MF_t 为 50%时取得最大值 63.35kW。这是因为当工质组分增大时,发电循环中的流量先增大后减小,由于引射率不变,制冷循环中的流量也先增大后

减小，并且在 MF_t 为 50% 时达到最大值。对于循环 B，制冷量也是随着 MF_t 的增大而先增大后减小，在 MF_t 为 50% 时取得最大值 64.65kW，原因同上。

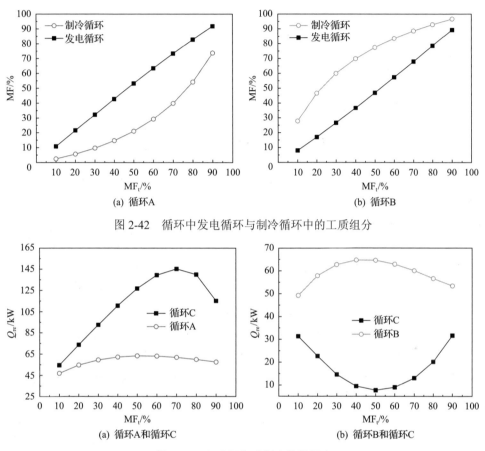

图 2-42　循环中发电循环与制冷循环中的工质组分

图 2-43　工质组分对制冷量的影响

同时还可以看出，在相同的工况条件下。循环 C 的制冷量大于循环 A 而小于循环 B。由图 2-42 可知，在循环 A 中，制冷循环中的工质组分 MF_r 要小于 MF_t，即小于循环 C 中制冷循环中的工质组分，所以在相同的冷凝温度下，循环 A 中的喷射器出口的背压要高于循环 C，导致循环 C 的引射率更小，制冷量更小；同理在循环 B 中，制冷循环中的工质组分 MF_r 大于循环 C 中制冷循环的工质组分，所以循环 B 中喷射器的出口背压更低，引射率更大，制冷量更大。

图 2-44 为循环 A、循环 B 与循环 C 在不同的工质组分下的㶲效率图。可以看出，循环 A 的㶲效率随着 MF_t 的增大而先增大后减小，并在 40% 时达到最大值 8.59%；循环 B 的变化规律也类似，也是随着 MF_t 的增大而先增大后减小，并在 50% 时取得最大值 8.70%。这是因为当 MF_t 增大时，循环 A 与循环 B 的发电量和

制冷量都先增大后减小,虽然制冷量是在 MF_t 为 50%而非 40%时达到最大值,但是净输出功的影响更大。还可以看出,循环 C 的㶲效率要高于循环 A 而小于循环 B。这是因为循环 C 的净输出功与循环 A 基本相等,而制冷量则大于循环 A,所以㶲效率更高。同理,循环 B 与循环 C 的净输出功基本相等,如图 2-41 所示,而循环 C 制冷量却远小于循环 B,所以㶲效率更低。

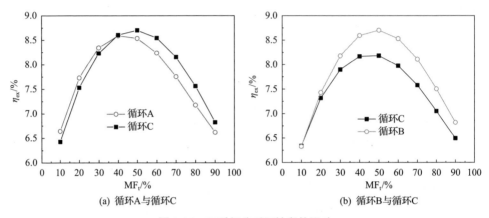

(a) 循环A与循环C   (b) 循环B与循环C

图 2-44　工质组分对㶲效率的影响

　　图 2-45 为循环 A、循环 B 与循环 C 在不同工质组分下的热效率。对于循环 A,热效率呈先增大后减小的趋势,并且在 MF_t 为 70%时取得最大值 10.45%。对于循环 B,热效率虽然也先增大后减小,但是在 MF_t 为 30%时取得最大值 11.53%。此外,循环 C 的热效率要高于循环 A,而低于同条件下的循环 B。这是因为如前所述,循环 C 的制冷量大于循环 A 而小于循环 B,而净输出功则与后两者差距非常小。

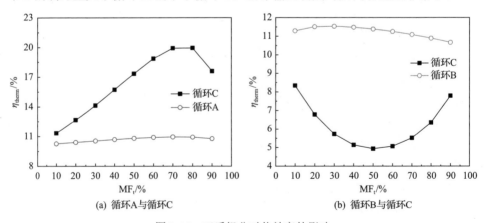

(a) 循环A与循环C   (b) 循环B与循环C

图 2-45　工质组分对热效率的影响

　　图 2-46 为循环 A 与循环 B 在不同工质组分下的制冷蒸发温度与蒸发器中的温度滑移。由图 2-46(a)可以看出,在循环 A 中,制冷蒸发温度随着 MF_t 的增大

而先增大后减小,并且在其为 40% 时取得最大值 285.81K。温度滑移也是呈先增大后减小的变化规律,在 MF_t 为 80% 时取得最大值 15.01K。由图 2-46(b) 可以看出,在循环 B 中,制冷蒸发温度也先增大后减小,并且在 MF_t 为 40% 时取得最大值 287.30K;而蒸发器中的温度滑移则在 MF_t 由 10% 增大为 20% 时迅速增长到最大值 15.95K,然后开始随着 MF_t 的增大而减小。这是因为,对于循环 A 与循环 B,当制冷循环中的 MF_r 为 50% 时,温度滑移最大。由图 2-42 可以看出,当 MF_t 由 10% 向 90% 增大时,循环 A 在 MF_t 为 80%,制冷循环中的工质组分 MF_r 最接近 50%;而循环 B 则在 MF_t 为 20% 时,制冷循环中的工质组分 MF_r 最接近 50%。若 MF_t 远离这个组分(增大或减小),则温度滑移逐渐减小;靠近,则温度滑移逐渐增大。

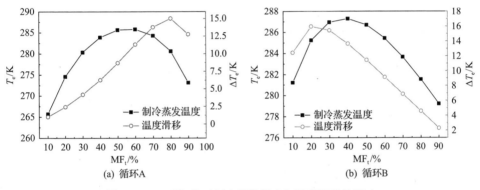

(a) 循环A　　　　　　　　　　(b) 循环B

图 2-46　工质组分对制冷蒸发温度与温度滑移的影响

图 2-47 与图 2-48 分别为循环 A 与循环 B 中各部件的㶲损失,可以看出,在两个循环中,㶲损失的分布情况非常相似,都是喷射器>蒸气发生器>冷凝器,而且这三者是循环中的㶲损失最大的来源。

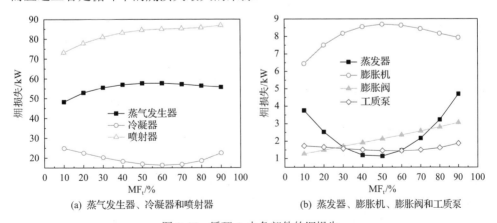

(a) 蒸气发生器、冷凝器和喷射器　　　　(b) 蒸发器、膨胀机、膨胀阀和工质泵

图 2-47　循环 A 中各部件的㶲损失

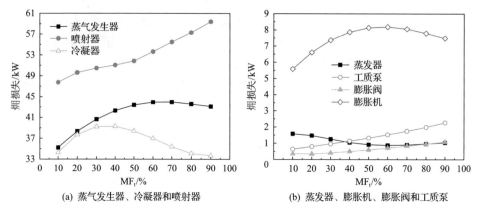

(a) 蒸气发生器、冷凝器和喷射器　　　(b) 蒸发器、膨胀机、膨胀阀和工质泵

图 2-48　循环 B 中各部件的㶲损失

2）蒸气发生温度的影响

图 2-49 为蒸气发生温度对循环 A 净输出功与制冷量的影响。可以看出，当蒸气发生温度由 388.15K 升高到 400.15K 时，循环 A 的净输出功与制冷量都随之降低。这是因为当蒸气发生温度升高时，发电循环中的流量随之减小，所以发电量减少。而制冷循环中，因为引射率一定，所以当发电循环中的流量减小时，制冷循环中的工质流量也随之减小。与此同时，由于喷射器入口的一次流体的压力与温度都增大，制冷蒸发温度降低，单位工质制冷量增大，然而无法弥补由于流量减少而带来的制冷量减少，所以循环的制冷量减少。

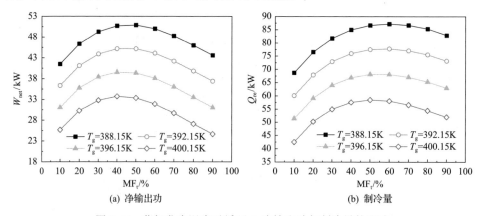

(a) 净输出功　　　　　　　　　(b) 制冷量

图 2-49　蒸气发生温度对循环 A 净输出功与制冷量的影响

图 2-50 为蒸气发生温度对循环 A 热效率及制冷蒸发温度的影响。可以看出，当蒸气发生温度升高时，循环热效率随之减小，制冷蒸发温度则随之降低。当蒸气发生温度升高时，循环净输出功与制冷量都减小，因此循环热效率减小。当蒸气发生温度升高时，汽轮机出口的压力与温度也随之增大，因此喷射器入口的一次流体的压力与温度都增大，而喷射器出口背压与引射率都不变，导致制冷蒸发温度降低。

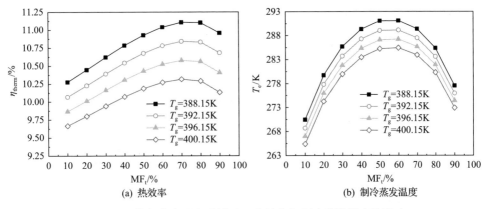

图 2-50　蒸气发生温度对循环 A 热效率与制冷蒸发温度的影响

图 2-51 和图 2-52 为蒸气发生温度对循环 B 性能的影响，可以看出其变化规律与循环 A 基本相同，所以在此不再赘述。

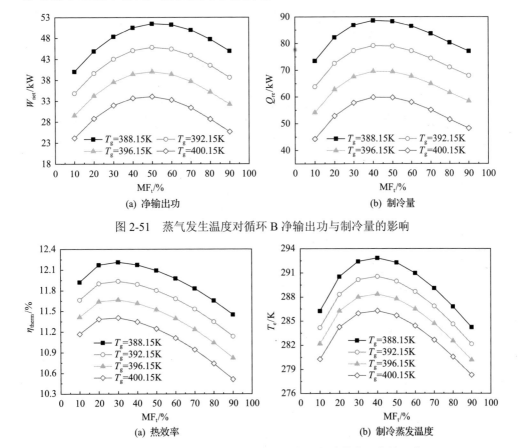

图 2-51　蒸气发生温度对循环 B 净输出功与制冷量的影响

图 2-52　蒸气发生温度对循环 B 热效率与制冷蒸发温度的影响

3）冷凝温度的影响

图 2-53 为冷凝温度对循环 A 净输出功与制冷量的影响。可以看出，当冷凝温度由 295.65K 升高到 303.15K 时，循环的净输出功略微增大，而制冷量则略微减小。这是因为当冷凝温度升高时，工质泵入口状态提升，而出口状态不变，所以循环净输出功增大；与此同时喷射器出口的背压增大，制冷蒸发温度升高，单位工质制冷量减小，因此制冷量减小。

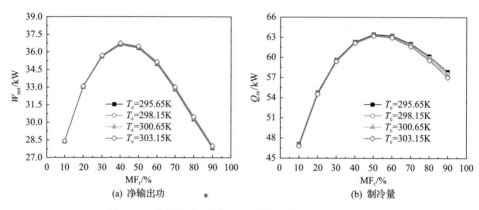

(a) 净输出功　　　　　　　　　　　　(b) 制冷量

图 2-53　冷凝温度对循环 A 净输出功与制冷量的影响

图 2-54 为冷凝温度对循环 A 热效率与制冷蒸发温度的影响。可以看出，随着冷凝温度的升高，循环热效率增加，制冷蒸发温度升高。这是当冷凝温度升高时，制冷量减小，而发电量几乎不变。如上所述，因为冷凝温度升高，背压增大，而引射率不变，所以制冷蒸发温度也随之升高。

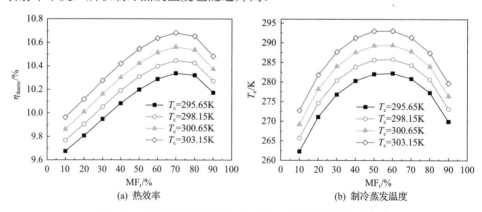

(a) 热效率　　　　　　　　　　　　(b) 制冷蒸发温度

图 2-54　冷凝温度对循环 A 热效率与制冷蒸发温度的影响

图 2-55 和图 2-56 分别为冷凝温度对循环 B 净输出功、制冷量、热效率以及制冷蒸发温度的影响。可以看出，当冷凝温度由 305.65K 升高到 313.15K 时，其对循环 B 的影响与对循环 A 的影响相同，所以在此不再赘述。

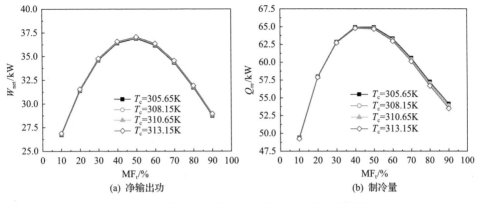

(a) 净输出功　　　　　　　　　　　(b) 制冷量

图 2-55　冷凝温度对循环 B 净输出功与制冷量的影响

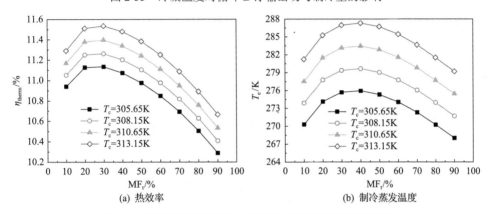

(a) 热效率　　　　　　　　　　　　(b) 制冷蒸发温度

图 2-56　冷凝温度对循环 B 热效率与制冷蒸发温度的影响

4) 干度的影响

　　图 2-57 为冷凝器 a 出口的工质干度对循环 A 的净输出功与制冷量的影响。由图可以看出，当干度由 0.88 向 0.94 增大时，循环的净输出功在工质组分 MF_t 小于

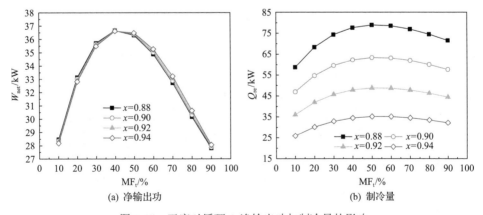

(a) 净输出功　　　　　　　　　　　(b) 制冷量

图 2-57　干度对循环 A 净输出功与制冷量的影响

40%时减小,在 MF_t 大于40%时增大。这是因为当干度增大时,发电循环的 MF_p 也随之变化,R600a 的组分减小,当 MF_t 小于40%时,发电循环中的 MF_p 愈加远离50%的最佳组分,因此发电量随之减小;而当 MF_t 大于40%时,发电循环中的 MF_p 愈加靠近50%,所以发电量随之增大。由图 2-57(b)可以看出,随着工质干度的增大,制冷量减小。由方程(2-74)可知,制冷循环的引射率是干度的单变量函数,当干度由0.88向0.94增大时,引射率则由0.136减小至0.064,所以制冷量也随之减小。

图 2-58 为干度对循环 A 热效率与制冷蒸发温度的影响。由图 2-58(a)可以看出,当干度增大时,循环的热效率减小。这是因为如上所述,循环的制冷量减少,而净输出功基本不变。由图 2-58(b)可知,制冷蒸发温度随着干度的增大而降低。这是因为喷射器入口的一次流体的状态保持不变,而流量减小,所以制冷蒸发温度降低以达到平衡。

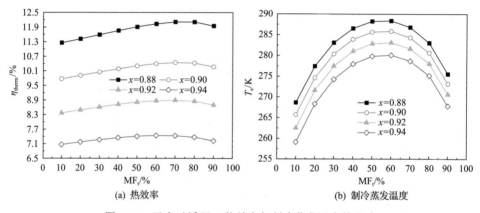

图 2-58　干度对循环 A 热效率与制冷蒸发温度的影响

图 2-59 和图 2-60 为干度对循环 B 净输出功、制冷量、热效率与制冷蒸发温度的影响,可以看出,其变化规律与循环 A 一致,因此不再赘述。

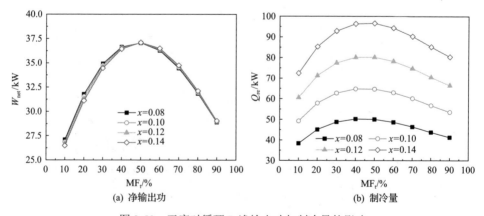

图 2-59　干度对循环 B 净输出功与制冷量的影响

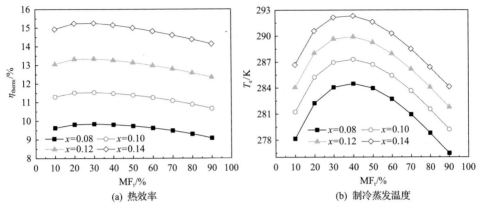

(a) 热效率　　　　　　　　　　　(b) 制冷蒸发温度

图 2-60　干度对循环 B 热效率与制冷蒸发温度的影响

5) 膨胀机进出口压比的影响

图 2-61 为膨胀机进出口压比(简称压比)对循环 A 的净输出功与制冷量的影响。可以看出，当压比由 1.6 增大到 2.2 时，循环 A 的净输出功随之增大。这是因为随着压比的增大，膨胀机进出口焓差增大，所以净输出功增大。由图 2-61(b)可知，循环 A 的制冷量也随着压比的增大而增大。这是因为，当压比增大时，膨胀机出口(即喷射器入口)一次流体的压力也随之降低，制冷蒸发温度上升，如图 2-62(b)所示；与此同时，蒸发器入口干度也随之减小，因此制冷量增大。图 2-62 为压比对循环 A 热效率与制冷蒸发温度的影响。可以看出，循环 A 的热效率随着压比的增大而增大，这是因为发电量与制冷量都随之增大；与此同时，循环 A 的制冷蒸发温度也随之升高。

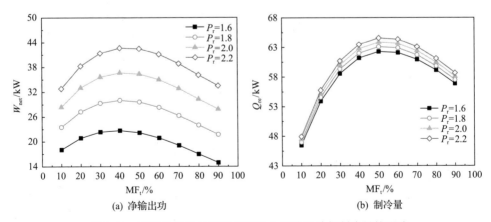

(a) 净输出功　　　　　　　　　　(b) 制冷量

图 2-61　膨胀机进出口压比对循环 A 净输出功与制冷量的影响

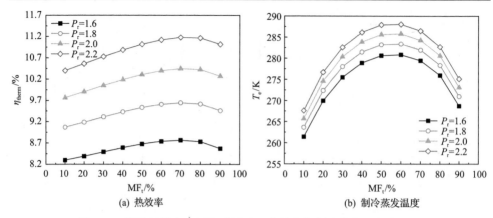

(a) 热效率   (b) 制冷蒸发温度

图 2-62   膨胀机进出口压比对循环 A 热效率与制冷蒸发温度的影响

图 2-63 和图 2-64 为压比对循环 B 的净输出功、制冷量、热效率与制冷蒸发温度的影响。可以看出，其变化规律与循环 A 一致，所以不再赘述。

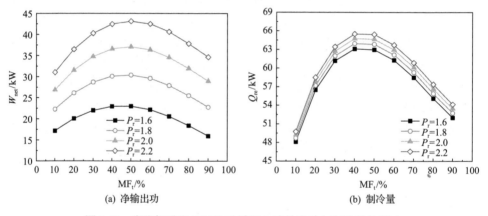

(a) 净输出功   (b) 制冷量

图 2-63   膨胀机进出口压比对循环 B 净输出功与制冷量的影响

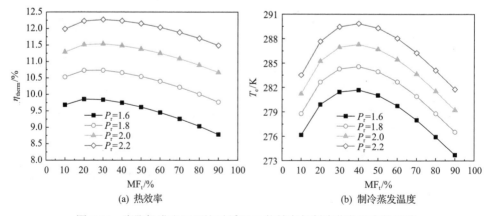

(a) 热效率   (b) 制冷蒸发温度

图 2-64   膨胀机进出口压比对循环 B 热效率与制冷蒸发温度的影响

2.4.3　气相膨胀压缩制冷循环

为了改善热泵系统在极端工况下的性能，本节尝试将气相膨胀功回收技术引入蒸气压缩热泵循环，在非完全冷凝及气液分离的基础上，提出新型气相膨胀双级压缩循环。与常规单级循环不同，气相膨胀双级压缩循环兼具气相膨胀与气相压缩过程，这对循环工质的温熵特性提出了更严格的要求。基于前述研究，非共沸等熵混合物可作为系统的循环工质。以此为基础，确立循环具体结构，建立系统稳态热力学模型，并基于混合工质 R290/R600a 开展循环性能计算；开展对比研究，从循环热力学性能及经济性两方面比较气相膨胀双级压缩循环与其他三种循环，包括单级循环、两相膨胀双级压缩循环及压缩机中间补气循环。此外，还对基于非共沸有机工质的压缩机连续进气技术的性能极限进行讨论。

1. 气相膨胀双级压缩技术引出

热泵系统的 COP 随环境温度的下降或循环温升的增大而迅速恶化，这制约了其作为替代供热技术在寒冷地区的应用。常规热泵系统在大循环温升条件下无法正常运行主要受制于现有压缩机技术。为此，研究人员希望通过使用准二级压缩（包括自复叠循环[47]和压缩机中间补气[48]等）、二级压缩（包括复叠循环[49]等）甚至多级压缩[50]等技术解决上述问题。

通过多级压缩降低各级压比可使压缩机在恶劣工况下能够连续运行。随着冷凝过程与蒸发过程之间压差增大，多级压缩系统的耗功将显著增加。此外，循环压差的增大还将导致系统节流损失的增加。使用膨胀功回收技术可以同时解决大循环温熵条件下压缩与节流过程中存在的问题：用全流膨胀机取代节流阀，并将输出的膨胀功直接驱动压缩机，或者将膨胀与压缩过程耦合于同一设备内，以进一步减少能量损失。上述膨胀功回收利用技术已经在跨临界 CO_2 热泵系统中有所应用。

理论上，用全流膨胀机代替节流阀对于亚临界蒸气压缩循环（尤其当循环压差较大时）也有意义，但目前鲜有此方面的研究成果发表。这主要是因为：①有机工质的两相膨胀容积比过大（20～40），设备设计及膨胀过程控制难度大；②相比于跨临界 CO_2 循环，亚临界蒸气压缩循环压差较小，可输出的膨胀功有限。与全流膨胀相比，气相膨胀过程中有机工质的膨胀容积比较小（2～8），膨胀机的设计与运行控制更易实现。更为重要的是，在相同的循环压力条件下，有机工质气相膨胀过程可以输出更多的膨胀功。膨胀功即其进出口处工质的焓差，当循环压力一定时，焓差由等熵线的分布特性决定。以 R245fa 为例，图 2-65 给出了温熵图中等熵线的分布情况。如图所示，等熵线在远离临界温度的过热蒸气区域内较为平缓，在气液两相区内较为陡峭，且等熵线的斜率随干度的减小迅速增大，并在饱和液相线附近达到最大值。气液两相区内陡峭的等熵线意味着全流膨胀可回收的膨胀功较小，而在相同压差条件下，过热蒸气区内的气相膨胀可得到近 4 倍于全流膨胀的焓降。基于上述认识，本节提出基于气相膨胀功回收的新型蒸气压缩循环。

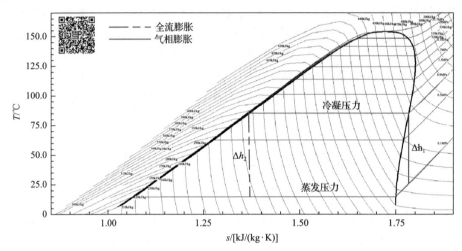

图 2-65　相同压差下全流膨胀与气相膨胀焓降比较(彩图扫二维码)

2. 基于工质温熵特性的循环结构设计

气相膨胀双级压缩循环具有三个特点：①工质在冷凝器中非完全冷凝；②存在气液相分离过程；③气相膨胀机直接驱动辅助压缩机。其中，前两个特点可以保证气相工质具有较高的膨胀初始压力，而第三个特点可以消除因能量转换而引起的额外能量损失。

循环的具体结构与所使用工质的温熵特性有关。根据相关研究[51]可知，对于兼具气相膨胀与压缩过程的循环，应该优先选择使用等熵工质。虽然干工质与湿工质也可作为循环工质，但需要增加工质在膨胀机(对于干工质)或辅助压缩机(对于湿工质)入口处的过热度，以避免出现工质液击的情况。

图 2-66(a)给出了基于等熵工质的循环系统图。可以看到，该系统主要包括冷凝器(A)、气液分离器(B)、节流阀(C)、蒸发器(D)、辅助压缩机(E)、膨胀机(F)、混合室(G)及主压缩机(H)等设备。

具体循环过程如下：主压缩机排出的具有一级压力(P_{cond})的过热蒸气(9)流入冷凝器，工质在冷凝器内进行非完全冷凝，并以一定干度(x_{cond})的两相状态(1)离开冷凝器。经气液相分离后，液相工质(2)通过节流阀降温降压(至三级压力 P_{evap})后进入蒸发器，低温低压的两相工质(3)在蒸发器内吸热并在蒸发器出口处达到饱和气状态(4)；与此同时，分离后的高压气相工质(6)经过膨胀机后降为二级压力(P_{mid}，又称中间压力)并输出膨胀功。输出的膨胀功直接驱动辅助压缩机，将来自蒸发器的气相工质压缩至中间压力。此后,来自膨胀机的乏气(7)与辅助压缩机排气(5)经等压混合为两相状态工质(8)进入主压缩机,完成一次循环。

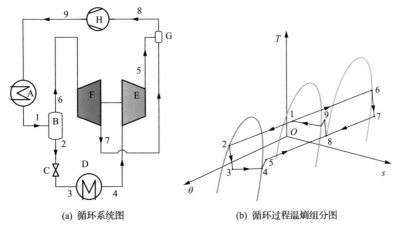

(a) 循环系统图　　　　　　(b) 循环过程温熵组分图

图 2-66　基于等熵工质的循环系统图和温熵组分图

　　为了方便描述,图 2-66(b)展示的是等熵工质的循环过程温熵组分图。当使用非共沸等熵工质时,经过相分离后的气相混合物与液相混合物将具有不同的组成,其中气相混合物中低沸点组元含量较大,而液相混合物则含有较多的高沸点组元。一般情况下,非共沸等熵工质的干工质组元为低沸点组分,而湿工质组元为高沸点组分。由于压力对于混合工质过热参数的显著影响,在冷凝压力下气相混合物将表现出湿工质的温熵特性,而蒸发压力下气相混合物将表现出干工质的温熵特性,因而气相工质在进入膨胀机与辅助压缩机之前不需要过热。

　　图 2-67 和图 2-68 分别给出了基于干工质和湿工质的循环系统图及相应循环过程的温熵组分图。与使用等熵工质时的情况不同,当使用干工质作为循环工质

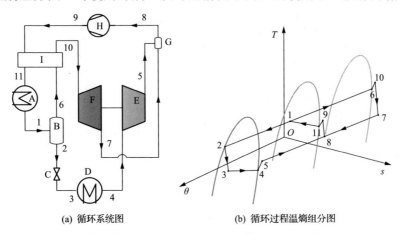

(a) 循环系统图　　　　　　(b) 循环过程温熵组分图

图 2-67　基于干工质的循环系统图和温熵组分图

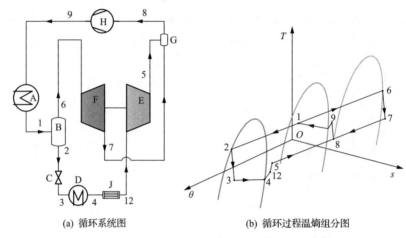

(a) 循环系统图　　　　　　　　(b) 循环过程温熵组分图

图 2-68　基于湿工质的循环系统图和温熵组分图

时，需要在膨胀机与气液相分离器之间增加内部换热器(I)，以增加膨胀机入口工质的过热度。具体过程如下：主压缩机排气(9)经内部换热器后温度下降变为两相状态(11)，此过程释放的热量将饱和气(6)加热至过热蒸气(10)。当使用湿工质作为循环工质时，需要增大蒸发器出口处工质的过热度。考虑到气相工质的换热系数较低，可能需要增加较大的换热面积以达到所需过热度。因此，相比于干工质与湿工质，使用等熵工质可以简化循环结构并节约系统换热面积。本节重点针对使用等熵工质的系统展开热力学计算，有关湿工质与干工质的循环性能的讨论可参见文献[52]。

3. 热力学分析

基于热力学第一定律，对气相膨胀双级压缩循环的热力学性能进行分析。为了简化分析，做出如下假设。

(1) 系统绝热，且工况稳定。

(2) 内部换热器均为逆流形式，工质在其中经历等压相变过程，且蒸发器出口处工质为饱和气。

(3) 相分离中气液两相工质完全分离，且工质的分离与混合为定压过程。

(4) 节流过程等焓。

(5) 忽略因工质溶油、泄漏或相积存导致的非共沸有机工质组分迁移。

气液相分离过程的质量与能量守恒分别由式(2-106)和式(2-107)描述：

$$m_r = m_v + m_l \tag{2-106}$$

$$m_r h_{psp,in} = m_v h_{psp,vo} + m_l h_{psp,lo} \tag{2-107}$$

其中，m_r、m_v 及 m_l 分别为工质在系统总回路、气相支路及液相支路中的质量流量；

$h_{psp,in}$、$h_{psp,vo}$ 及 $h_{psp,lo}$ 分别为气液分离器入口、气相支路出口和液相支路出口处工质的比焓。

为方便计算，设定总回路工质质量流量为单位值。因此，相分离后的各相质量流量可由冷凝器出口干度 x_{con} 决定，计算如下：

$$m_v = m_r x_{con} \tag{2-108}$$

$$m_l = m_r \left(1 - x_{con}\right) \tag{2-109}$$

膨胀功 W_{exp} 计算如下：

$$W_{exp} = m_v \left(h_{exp,o} - h_{exp,i}\right) \tag{2-110}$$

膨胀机的等熵效率 $\eta_{s,exp}$ 为

$$\eta_{s,exp} = \frac{h_{exp,i} - h_{exp,o}}{h_{exp,i} - h_{exp,os}} \tag{2-111}$$

其中，$h_{exp,i}$ 与 $h_{exp,o}$ 分别为膨胀机进出口处工质比焓；$h_{exp,os}$ 为等熵膨胀过程出口比焓。

压缩机耗功 W_{com} 计算如下：

$$W_{com} = m \left(h_{com,o} - h_{com,i}\right) \tag{2-112}$$

压缩机的等熵效率 $\eta_{s,com}$ 为

$$\eta_{s,com} = \frac{h_{com,os} - h_{com,i}}{h_{com,o} - h_{com,i}} \tag{2-113}$$

其中，$h_{com,i}$ 与 $h_{com,o}$ 分别为压缩机进出口处工质比焓；$h_{com,os}$ 为等熵压缩过程出口比焓；辅助压缩机工质质量流量为 m_l，主压缩机工质质量流量为 m_r。

考虑到压比 (P_r) 对于膨胀与压缩过程等熵效率的影响，设定膨胀机与压缩机等熵效率为压比的线性函数，具体如下：

$$\eta_{s,exp} = -0.0504 P_r + 1.0094 \tag{2-114}$$

$$\eta_{s,com} = -0.04478 P_r + 0.9343 \tag{2-115}$$

定压混合过程的能量守恒可表达为

$$m_r h_{mix,o} = m_v h_{mix,vi} + m_l h_{mix,li} \tag{2-116}$$

其中，$h_{mix,o}$、$h_{mix,vi}$ 及 $h_{mix,li}$ 分别为混合室出口、气相支路入口与液相支路入口处工质的比焓。

工质在蒸发器内的吸热量 Q_{eva} 为

$$Q_{eva} = m_l \left(h_{eva,o} - h_{eva,i} \right) \tag{2-117}$$

其中，$h_{eva,i}$ 和 $h_{eva,o}$ 分别为蒸发器进出口处工质的比焓。

工质在冷凝器中的放热量 Q_{con} 为

$$Q_{con} = m_r \left(h_{con,i} - h_{con,o} \right) \tag{2-118}$$

其中，$h_{con,i}$ 和 $h_{con,o}$ 分别为冷凝器进出口处工质的比焓。

制热 COP 为

$$COP_h = \frac{Q_{con}}{W_{com}} \tag{2-119}$$

基于上述假设及方程，利用 MATLAB 编写程序，完成稳态工况下循环热力学性能的计算，其中混合工质的热物性通过调用 REFPROP 获得。基于本节所述方法，在给定换热器参数 UA_{total}/Q_{con} 的条件下，通过迭代计算确定系统的蒸发压力及冷凝压力。基于膨胀功与辅助压缩机耗功相等的收敛条件(收敛精度为 0.01W)，对中间压力 P_{mid} 进行迭代计算。在此基础上，通过调整冷凝器与蒸发器换热面积的比例得到给定冷凝器出口工质干度条件下循环最大制热 COP。

4. 经济性分析

回收膨胀功在提高热泵循环性能的同时增加了系统复杂性及成本，因此有必要对气相膨胀双级压缩循环的经济性做出评价。本节选取投资回收期作为经济性评价的指标参数，定义如下：

$$P_{BP} = \frac{Y}{X - Z - C_m - C_d} \tag{2-120}$$

其中，Y 为初始投资；X 为年收益；Z 为年运行费用；C_m 为年维护费用；C_d 为设备折旧费。

为了简化分析，在计算投资费用时仅考虑主要设备(内部换热器与膨胀机)的成本。根据文献[53]，内部换热器的成本主要由其换热面积 A 决定：

$$Y_{hx} = 190 + 310A \tag{2-121}$$

换热面积可通过对数平均温差法确定。在初步设计阶段，可基于经验传热系数[U=0.3kW/(m^2·K)]对换热面积进行快速估算[54]。

根据 Turton 等[55]研究，膨胀机成本与功率之间存在如下关系：

$$\lg C_{\mathrm{B}} = K_1 + K_2 \lg W + K_3 (\lg W)^2 \tag{2-122}$$

考虑到通货膨胀引起的成本变化，引入化工厂成本指数 CEPCI 对内部换热器与膨胀机的计算成本进行修正：

$$Y_{\exp} = C_{\mathrm{B}} \frac{\mathrm{CEPCI}_{2013}}{\mathrm{CEPCI}_{1996}} \tag{2-123}$$

表 2-11 给出了在计算膨胀机成本过程中涉及的参数，其中常数 K_1、K_2、K_3 可由文献[56]查得，化工厂成本指数根据文献[57]得到。

表 2-11　相关参数取值

K_1	K_2	K_3	CEPCI$_{1996}$	CEPCI$_{2013}$
2.659	1.4398	− 0.1776	382	567.6

热泵系统的年收益 X 与年运行费用 Z 可分别按式(2-124)和式(2-125)计算：

$$X = t_{\mathrm{op}} Q_{\mathrm{con}} P_{\mathrm{heat}} \tag{2-124}$$

$$Z = t_{\mathrm{op}} W_{\mathrm{com}} P_{\mathrm{elect}} \tag{2-125}$$

其中，t_{op} 为系统年运行小时数；P_{heat} 为当地热价；P_{elect} 为当地电价。

系统年维护费可按系统初始投资的 1.5% 计算[58]，而设备折旧费计算如下：

$$C_{\mathrm{d}} = \sum \frac{\sum Y_j i (1+i)^n}{(1+i)^n - 1} \tag{2-126}$$

其中，n 为热泵系统使用年限；i 为银行利率。

5. 循环工质与计算工况

由于气相膨胀双级压缩循环同时用到气相膨胀机与压缩机，根据前述研究结果，考虑使用等熵混合工质，在降低上述设备出现液击的可能性的同时最大限度地简化系统结构。为了实现工质与换热流体间的良好温度匹配，候选混合工质应该表现出一定的温度滑移特性。基于上述考虑，选取干制冷剂 R290 与湿制冷剂 R600a 为组元工质，并设定三种混合物组成：0.3/0.7、0.5263/0.4737 和 0.7/0.3（质量分数比）。

图 2-69 给出了混合工质 R290/R600a 在高压 2000kPa 与低压 200kPa 下泡露点温度随组成的变化关系。可以看到，不同组分下泡露点温度滑移随压力增大而下

降。在 P=2000kPa 时，三种混合工质的温度滑移按照 R290 质量分数递增的顺序分别为 4.7℃、5.3℃和 4.5℃。

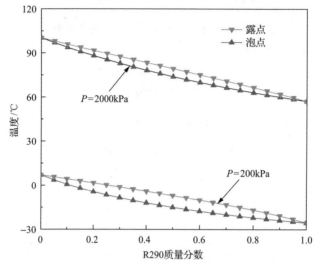

图 2-69　R290/R600a 的泡露点温度随组成的变化图

热泵系统的工况由热源侧与热汇侧换热流体的进出口温度确定。设定标准工况如下：热源侧换热流体入口温度为–8℃，出口温度为–13℃；热汇侧换热流体入口温度为 45℃，出口温度为 55℃。基于标准工况，确定冷凝器出口干度及换热面积分配比例对于循环性能的影响。通过调节热源温度或热汇温度得到不同的循环温升，在此基础上对不同热泵循环开展对比研究。表 2-12 给出了相关参数的标准值与变化值。

表 2-12　工况参数的标准值与变化值

参数	单位	标准值	变化值
R290 质量分数	—	0.5263	0.3，0.7
冷凝器面积占比	—	0.5	0.3～0.7
冷凝器出口干度	—	—	0.1～0.6
热源侧换热流体入口温度	℃	–8	–20～–8
热源侧换热流体温度滑移	℃	10	—
热汇侧换热流体入口温度	℃	45	45～65
热汇侧换热流体温度滑移	℃	5	—

6. 模型验证

以单级循环为例对本节所采用的热泵系统热力学分析方法的预测精度进行说

明。选取 Mulroy 等[59]针对混合工质 R22/R142b (0.557/0.423，质量分数比) 及 R23/R142b (0.039/0.961，质量分数比) 的实验结果为对照，在相同的热源进出口温度 (26.7℃/12.7℃) 与热汇进出口温度 (27.7℃/47.3℃) 条件下，对系统制热 COP 与压缩机排气温度的实验值与计算值进行比较，结果见表 2-13。可以看到，制热 COP 的计算值与实验值吻合较好，相对误差均小于 5%。而排气温度的计算值均高出实验值，相对误差不超过 20%。表 2-13 中压缩机排气温度的实验值实际为冷凝器入口处工质温度 (见文献[59]表 1)，考虑到散热损失，实际排气温度应高于冷凝器入口处工质温度，这可能是排气温度相对误差较大的原因。总体上，本节采用的热泵模型方法基本达到工程应用精度。下面将采用相同方法对单级循环、两相膨胀双级压缩循环及压缩机中间补气循环开展热力学计算。

表 2-13　制热 COP 和排气温度的计算值与实验值比较

参数		R22/R142b (0.577/0.423)	R23/R142b (0.039/0.961)
制热 COP	实验值	6.52	5.12
	计算值	6.22	5.29
	相对误差/%	4.6	3.3
排气温度	实验值/℃	55.9	56.7
	计算值/℃	65.5	63.8
	相对误差/%	17.2	12.5

7. 结果与讨论

1) 标准工况下的循环性能

图 2-70 (a) 描述了不同循环浓度下，混合工质 R290/R600a 的制热 COP 随冷凝器出口干度的变化趋势。可以看到，在相同的冷凝器出口干度条件下，制热 COP 表现出随 R290 质量分数增大而增加的趋势。当 R290 质量分数为 0.3 时，制热 COP 随冷凝器出口干度的增加呈现出先增加后减少的变化过程，并在干度 0.45 附近达到最大值 2.55。当 R290 质量分数增至 0.5263 时，制热 COP 的变化仍表现出单一最大值 (约 2.57)，但在 0.1~0.4 的干度内，制热 COP 的增幅已较 R290 质量分数为 0.3 时明显减小。当 R290 质量分数进一步增加至 0.7 时，制热 COP 最大值所对应的干度已前移至 0.1，但仍可以观察到在干度 0.35 附近制热 COP 存在拐点。总体上，系统制热 COP 表现出在小干度条件下缓慢增长、在大干度下迅速下降的特征。随着混合工质中干制冷剂 R290 质量分数的增大，制热 COP 有增加的趋势，同时制热 COP 最大值将在更低的出口干度下达到。

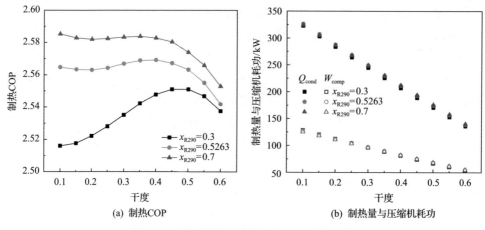

(a) 制热COP　　　　　　　　　　　　(b) 制热量与压缩机耗功

图 2-70　循环性能随冷凝器出口干度的变化

　　增加冷凝器出口干度可以增加膨胀功，但其代价是系统制热量减小。理论上，流经膨胀机的工质质量流量应该存在一个最佳值，以使制热 COP 达到最大。考虑到不同工质在物性上的差异，这个最佳值将因工质而异。对于 R290/R600a 混合工质，由于 R290 的标准沸点更低，系统冷凝压力与中间压力的差值将随 R290 质量分数的增加而增大，如图 2-71(a) 所示。当压差较小时，需要增大气相工质质量流量以得到足够的膨胀功。故当 R290 质量分数较小时，需要较大的冷凝器出口干度以保证输出足够的膨胀功。

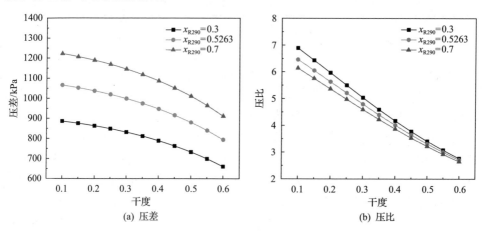

(a) 压差　　　　　　　　　　　　　　(b) 压比

图 2-71　主压缩机前后压力随冷凝器出口干度的变化

　　图 2-70(b) 反映了不同循环浓度条件下，制热量及压缩机耗功的变化情况。可以看到，在整个干度范围内，不同混合工质之间的数据差异并不显著。其结果是，各组工质 COP 随干度的绝对变化量不大。由于设定换热器参数 UA_{total}/Q_{cond} 及冷凝器与蒸发器面积比为定值，不同混合工质制热能力上的差异对循环性能的影响有所

削弱,这是不同混合工质制热 COP 差异不显著的主要原因。此外,根据图 2-71 可以看到,R290 质量分数为 0.7 的混合工质具有最大的压差与最小的压比,随着 R290 质量分数的减小,压差减小而压比有所增加。一方面压差的减小意味着在相同压缩机效率下功耗减小,另一方面压比的增加导致等熵效率的下降。这两方面因素导致在冷凝与蒸发压力不同的情况下,三组混合工质对应的压缩机耗功并未表现出显著差异。尽管如此,结合图 2-70(a)与 2-71(a),仍然可以看出,气相膨胀双级压缩循环更适合应用于循环压差较大的工况。

图 2-72 描述了膨胀机与主压缩机排气过热度随冷凝器出口干度的变化趋势。膨胀机与主压缩机具有相同的压差,该压差随冷凝器出口干度增大而减小,如图 2-71(a)所示。可以预见,膨胀机与主压缩机排气过热度将随干度的增大而减小。在相同的干度条件下,膨胀机排气过热度随混合工质中 R290 质量分数的增大而减小,而主压缩机排气过热度随 R290 质量分数的增大而增加。膨胀与压缩过程中,混合工质温熵特性的变化对排气过热度具有重要影响,下面将对此进行讨论。

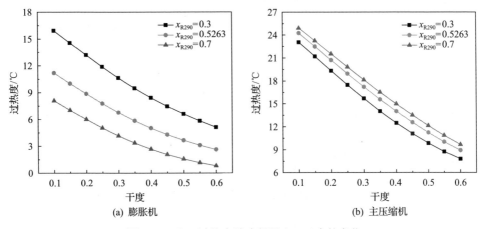

(a) 膨胀机　　　　　　　　(b) 主压缩机

图 2-72　出口过热度随冷凝器出口干度的变化

图 2-73~图 2-75 描述了三组混合工质经气液分离后各相的组成,以及膨胀和压缩过程中混合工质过热参数 ζ 随压力的变化趋势。由相平衡可知,经过气液相分离后,气相回路中 R290 质量分数较主回路会有所增加,而液相回路中 R290 质量分数较主回路会有所减小。由图 2-73(b)、图 2-74(b)及图 2-75(b)可知,膨胀过程中各组混合工质的过热参数均随压力的减小而由小于 1 逐渐增加为大于 1,而主压缩过程中混合物的过热参数则随压力的增大而由大于 1 逐渐减小为小于 1。结合三个图可以发现,膨胀过程中混合工质经历了由湿工质向干工质的演变过程,而主压缩过程中混合工质则由干工质向湿工质转化。随着 R290 质量分数的增加,膨胀与压缩过程中 ζ 的变化曲线将整体向上平移。由于混合工质 R290/R600a($x_{R290}=0.3$)在膨胀过程起始与结束时均具有最小的 ζ 值,膨胀机排气过热度最大。

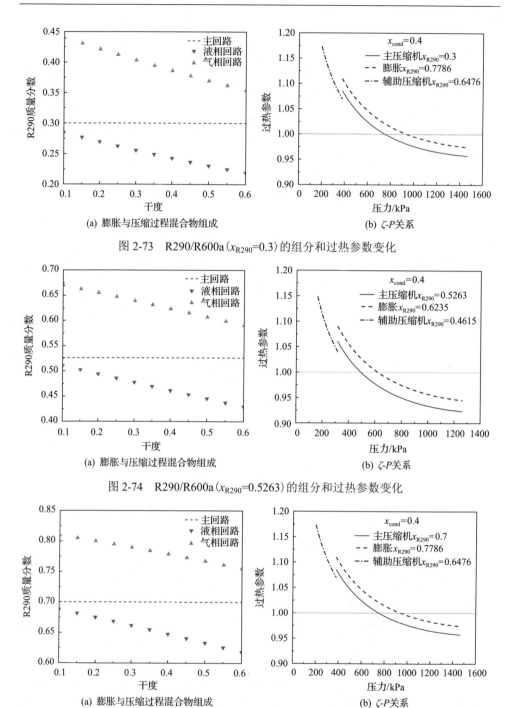

(a) 膨胀与压缩过程混合物组成

(b) ζ-P关系

图 2-73　R290/R600a(x_{R290}=0.3)的组分和过热参数变化

(a) 膨胀与压缩过程混合物组成

(b) ζ-P关系

图 2-74　R290/R600a(x_{R290}=0.5263)的组分和过热参数变化

(a) 膨胀与压缩过程混合物组成

(b) ζ-P关系

图 2-75　R290/R600a(x_{R290}=0.7)的组分和过热参数变化

类似地，混合工质 R290/R600a(x_{R290}=0.7)在主压缩过程开始与结束时均表现出最大的 ζ 值，因而具有最高的压缩机排气过热度。

图 2-76(a)描述了改变冷凝器与蒸发器面积比对于制热 COP 的影响。图中显示的制热 COP 值为各面积比条件下通过调节冷凝器出口干度得到的最大制热 COP。以 x_{R290} 为 0.3 和 0.5263 的两种混合工质为例进行说明，可以看到，随着冷凝器与蒸发器面积比的增加，制热 COP 表现出先增加后减小的趋势。两组混合工质的制热 COP 在冷凝器与蒸发器面积比约为 0.55 时分别达到最大值 2.55(x_{R290}=0.3) 和 2.57(x_{R290}=0.5263)。在改变冷凝器与蒸发器面积比的过程中，各混合工质最大制热 COP 所对应的冷凝器出口干度值变化不大，分别为 0.4~0.45 和 0.45~0.5。

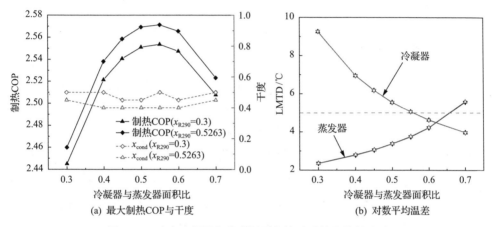

(a) 最大制热COP与干度　　　　　　　(b) 对数平均温差

图 2-76　改变冷凝器与蒸发器面积比对系统参数的影响

由换热器参数 UA_{total}/Q_{cond} 的表达式可知，改变冷凝器与蒸发器面积比将对换热器内的对数平均温差 LMTD 产生影响，这是引起制热 COP 发生变化的主要因素。由图 2-76(b)可以看到，随着冷凝器与蒸发器面积比的增大，冷凝器内的对数平均温差逐步减小，冷凝压力逐渐减小。与此同时，蒸发器内的对数平均温差表现出加速增大的趋势，这意味着蒸发压力将随冷凝器与蒸发器面积比的增大而持续减小。冷凝器与蒸发器内对数平均温差此消彼长的结果是循环压差随冷凝器与蒸发器面积比的增大而先减小后增大，因而制热 COP 表现出如图 2-76(a)所示的变化趋势。如图 2-76(b)所示，在改变冷凝器与蒸发器面积比时，两种混合工质始终表现出近似相等的对数平均温差。当冷凝器与蒸发器面积比为 0.55 时，冷凝器与蒸发器内的对数平均温差分别为 5.1℃和 3.8℃，此时两混合工质的制热 COP 分别达到各自的最大值。这表明，若设定换热器参数 UA_{total}/Q_{cond} 为 0.36，当冷凝器与蒸发器内的对数平均温差为 5℃左右时，系统可达到较高的制热 COP。

2)基于热力学第一定律的循环比较

本部分将首先对气相膨胀双级压缩循环、单级循环、两相膨胀双级压缩循环以及压缩机中间补气循环的循环性能进行比较，然后讨论混合工质的温熵特性对于气相膨胀双级压缩循环的影响。选择混合工质 R290/R600a $(x_{\text{R290}}=0.5263)$ 为各系统的循环工质，并使用与前述相同方法对各循环开展热力学分析。对于除气相膨胀双级压缩循环外的其余三种循环，假设蒸发器与冷凝器出口处工质处于饱和状态。为简化分析，将压缩机中间进气过程简化为两个单级压缩过程及气体混合过程，并假设中间进气压力为蒸发压力与冷凝压力的几何平均数。对于两相膨胀双级压缩循环，假设全流膨胀机等熵效率为常数，且与膨胀机等熵效率相等，其中间压力可由输出的膨胀功确定。图 2-77 给出了各对比循环的系统图。

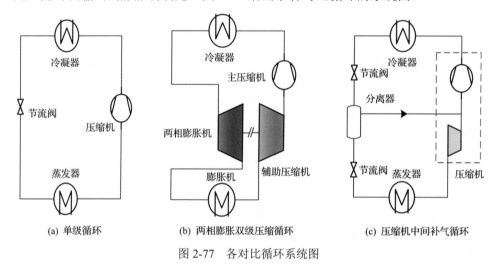

(a) 单级循环　　　　　(b) 两相膨胀双级压缩循环　　　　(c) 压缩机中间补气循环

图 2-77　各对比循环系统图

　　基于不同的热汇(冷凝器)换热流体出口温度条件，对四种热泵系统的制热 COP、制热量、排气温度及压比等参数进行比较，结果如图 2-78 所示。在热汇换热流体出口温度由 55℃增加至 75℃的过程中，热汇换热流体的温度滑移始终为10℃，同时热源换热流体的进出口温度也保持不变，分别为–8 和–13℃。基于相同温度条件下单级循环的制热 COP 与制热量，对其余循环的制热 COP 与制热量进行均一化处理。各循环均一化后的制热 COP 与制热量随热汇换热流体出口温度的变化趋势分别如图 2-78(a)和(b)所示。

　　就制热 COP 而言，压缩机中间补气循环性能的提升效果最好，之后依次为两相膨胀双级压缩循环和气相膨胀双级压缩循环。具体而言，当热汇换热流体出口温度为 55℃时，相比单级循环，压缩机中间补气循环可以使系统制热 COP 提升约 35%，而采用两相膨胀双级压缩循环和气相膨胀双级压缩循环分别使制热 COP 提升约 26%和3%。随着热汇换热流体出口温度的升高，各循环对于制热 COP 的提升效果逐渐变大。当热汇换热流体出口温度达到 75℃时，气相膨胀双级压缩循环较单级循环可使制热 COP 提升约 13%。然而，与单级循环相比，另外三种循环

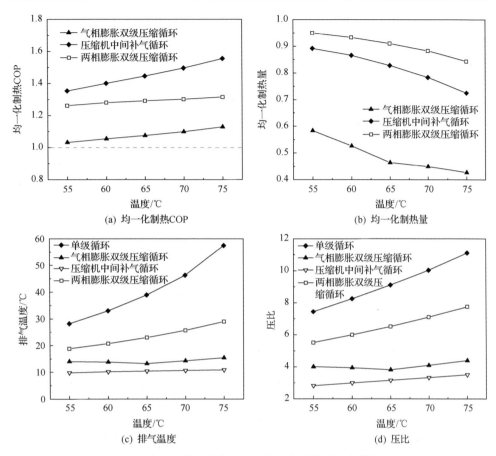

图 2-78　冷凝器换热流体出口温度对各系统循环参数的影响

的制热量均表现出不同程度的减小，其中气相膨胀双级压缩循环降低最为明显：当热汇换热流体出口温度达到 75℃时，制热量相对下降了约 57%。冷凝器出口干度较大是导致该循环制热量显著下降的主要因素。较低的排气过热度及较小的蒸发器内工质质量流量使得压缩机中间补气循环的制热量低于两相膨胀双级压缩循环的制热量。通过降低主压缩机前后的压比，三种循环的排气温度均较单级循环有明显下降。由于流经辅助压缩机的工质质量流量减小，气相膨胀双级压缩循环比两相膨胀双级压缩循环可得到更高的中间压力，因而压比相对较小。

图 2-79 给出了改变热源(蒸发器)换热流体入口温度条件对于各系统循环参数的影响。变化热源换热流体入口温度时保持热源换热流体温度滑移(5℃)及热汇换热流体进出口温度(分比为 45℃和 55℃)不变。随着热源换热流体入口温度的下降，各循环的均一化制热量、排气温度及压比均表现出恶化的趋势，但相对于单级循环的均一化制热 COP 提升效果却更为明显。当热源换热流体入口温度为−4℃

时，气相膨胀双级压缩循环的均一化制热 COP 较单级循环仅表现出约 1.2%的相对提升；而当热源换热流体入口温度下降为–20℃时，均一化制热 COP 较单级循环的相提升量可达 16%。

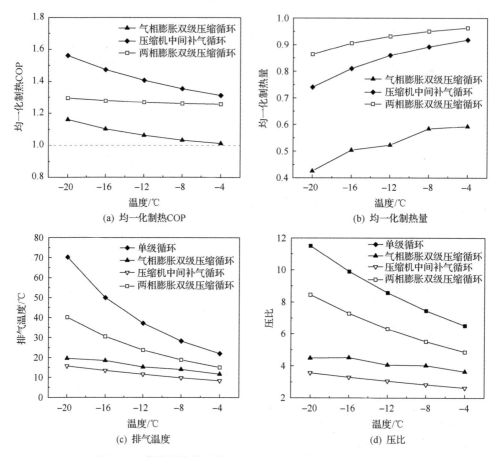

图 2-79　蒸发器换热流体入口温度对各系统循环参数的影响

根据图 2-78 和图 2-79 可以看出，随着循环温升的增大，压缩机中间补气循环及气相膨胀双级压缩循环相对于单级循环的制热 COP 提升都表现出较明显的增加趋势。以这两种循环为例，进一步说明循环温升对于系统制热 COP 的影响，结果如图 2-80 所示。图中循环温升定义为热汇平均温度与热源平均温度的差值。对于气相膨胀双级压缩循环，在相同的循环温升(72.5℃左右)条件下，当热源平均温度为–22.5℃时，制热 COP 提升了约 16.2%；而当热源平均温度为–10.5℃时，制热 COP 只提升了约 7.5%。就混合工质 R290/R600a 而言，不论具体循环形式如何，当循环温升相同时，蒸发温度越低，制热 COP 提升越大。随着循环温升的增大，这一趋势将更为明显。另外，当热源温度固定时，制热 COP 提升与循环温升表现出更为线性的关系。这是因为蒸发温度的下降较之冷凝温度的上升对于压比的影响更大，降低蒸发温度将使单级循环系统性能更快恶化。

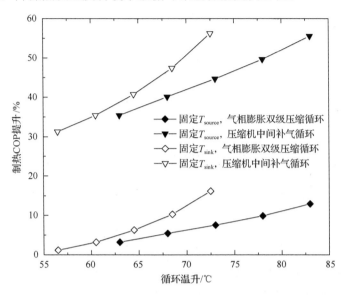

图 2-80　循环温升与制热 COP 相对提升量的关系

虽然图 2-78 和图 2-79 表明两相膨胀双级压缩循环比气相膨胀双级压缩循环表现出更好的循环性能，但这一结果是基于两相膨胀机与气相膨胀机具有相同等熵效率这一假设得到的。根据其他研究者的实验结果[60,61]，相比于气相膨胀机，各种类型的两相膨胀机的等熵效率普遍较低，一般为 10%～40%，且两相膨胀需要更大的压差条件以输出足够的膨胀功。

为了说明混合工质的温熵特性对气相膨胀双级压缩循环的影响，选取干混合工质 R32/R152a 及等熵混合工质 R290/R600a 的计算结果进行比较，如图 2-81 所示。就系统制热 COP 而言，干混合工质的计算结果优于等熵混合工质，这与前述计算结果一致。然而，为了避免气相膨胀机中出现液击，当使用干混合工质 R32/R152a 时，需要在膨胀机入口处保持至少 20℃的过热度，而这必须依靠在系统中增加内部换热器实现。当使用等熵混合工质 R290/R600a(x_{R290}≈0.5)时，由于相分离后的气相工质在冷凝压力下表现出湿工质特性，不需要增加工质在膨胀机入口的过热度。需要指出的是，当等熵混合工质 R290/R600a 中 R290 质量分数小于 0.4 时，流出蒸发器的气相混合物也表现出湿工质特性，为了避免辅助压缩机中出现工质液击，需要在蒸发器出口处保持至少 5℃的过热度。可见，使用等熵混合工质可以简化气相膨胀双级压缩循环的结构，节约换热面积。

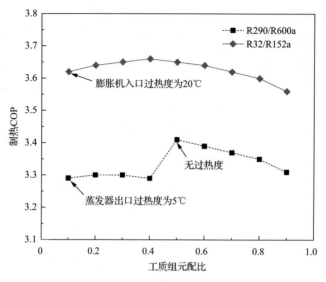

图 2-81　等熵混合工质与干混合工质的比较

3) 热力过程不可逆损失比较

对各热力循环的蒸发、冷凝、压缩、节流及膨胀等主要热力过程的不可逆损失进行计算,并得到不可逆损失在各热力过程中的分布情况,结果如图 2-82 所示。对于单级循环,不可逆损失在各热力过程中的分布并不均匀:压缩与节流过程所产生的熵增占总不可逆损失的比例分别高达 56.8%和 30.7%,而蒸发器与冷凝器中的传热不可逆熵增仅占总不可逆损失的 12.5%。引入膨胀机使一部分压缩过程的可逆损失转移至膨胀过程,虽然流经节流阀的工质质量流量减小,但由于节流阀前后存在较大压差,节流过程仍占据 34.6%的不可逆损失份额。利用两相膨胀机可以有效减小节流膨胀过程的不可逆损失,因而传热过程不可逆损失的比例显著增加。压缩机中间补气循环较高的中间压力使得两级压缩过程具有相等的压比,

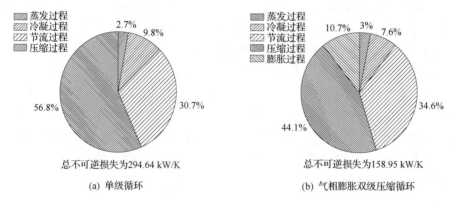

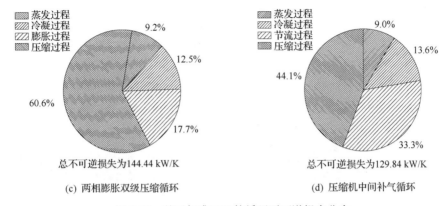

图 2-82　基于标准工况的循环不可逆损失分布

这有助于进一步降低压缩过程不可逆性，同时两级节流使得节流过程不可逆损失
也有所降低。因而在四种循环中，该循环的各热力过程不可逆损失所占份额间的
差别最小。

图 2-83 分别给出了四种热力循环各热力过程不可逆损失随热汇温度的变化情
况。循环温升的增大将导致各级压比增大，因此各循环中节流、膨胀及压缩过程
的不可逆损失将随热汇温度的提升而增大。但对于气相膨胀双级压缩循环，在
55~65℃的热汇温度变化范围内，压缩过程不可逆损失轻微下降，这主要是由于
主压缩机压比在该温度范围内表现出减小的趋势，如图 2-78(d) 所示。随着循环温
升的增大，蒸发过程的吸热量与冷凝过程的放热量会相应减小，因而传热不可逆
损失表现出下降趋势。但对于单级循环，冷凝器内传热不可逆损失表现出随循环
温升增大而增加的趋势，这主要是由单级循环压缩机耗功及排气过热度快速增长
使制热量增加所致。

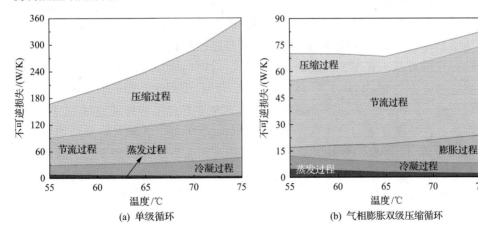

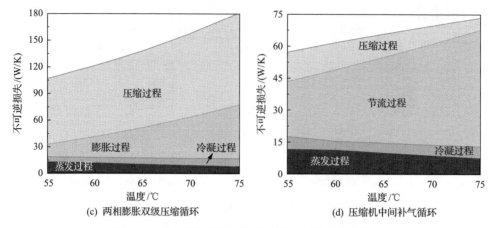

图 2-83　各热力过程不可逆损失随热汇温度变化情况

4) 经济性比较

基于投资回收期对各热泵循环的经济性进行比较。考虑到目前两相膨胀机并未实现商业生产，缺少进行成本估算的依据，以下仅针对单级循环、气相膨胀双级压缩循环及压缩机中间补气循环进行讨论。为了公平比较，设定各循环具有相同的热负荷，并基于 10kW 级和 1MW 级两种规模的系统开展计算。设定热汇进出口温度分别为 45℃ 和 55℃，热源进出口温度分别为–8℃和–13℃。各系统的工作年限均为 20 年，且年运行时间为 3000h。银行年利率为 0.5%，美元与欧元对人民币汇率分别为 6.5 和 7.5。设定当地电价与热价分别为 0.6 元/(kW·h)与 0.57 元/(kW·h)[62]。

表 2-14 给出了各循环的经济性分析的计算结果。由于设置各循环具有相同的制热量，各系统具有相同的年收益。单级循环由于结构简单，具有最低的初投资，而气相膨胀双级压缩循环具有最高的初投资。在三种循环中，压缩机中间补气循环具有最短的投资回收期。虽然单级循环具有较低的初始投资，但由于运行费用最高，其投资回收期反而较长。对比两种规模的系统可以发现，随着系统热负荷由 10kW 增大为 1MW，各循环的投资回收期均有所缩短，这主要得益于较小的电热差价。虽然气相膨胀双级压缩循环比单级循环制热 COP 更高，但由于单位质量流量的制热量较小，年收益显著下降，并不具有经济优势。需要指出的是，上述经济性比较是建立在各循环可正常运行的假设之上的。实际条件下，循环温升增大至一定程度，单级循环将无法正常运行，此时的系统投资回收期并没有实际意义。

表 2-14　经济性分析相关参数与投资回收期

参数	热负荷=10kW			热负荷=1MW		
	单级循环	气相膨胀双级压缩循环	压缩机中间补气循环	单级循环	气相膨胀双级压缩循环	压缩机中间补气循环
A_{cond} /m²	4.0	6.0	6.0	396.4	600.6	601.7
A_{evap} /m²	7.8	6.0	6.0	780.1	600.7	601.1
W_{comp} /kW	4.1	3.9	3.0	403.3	389.1	296.7
W_{exp} /kW	—	0.9	—	—	90.1	—
Y /元	30202	34571	30814	2.7×10^6	3.4×10^6	2.8×10^6
X /元	17337	17337	17337	1.7×10^6	1.7×10^6	1.7×10^6
Z /元	7258	7004	5341	7.3×10^5	7.0×10^5	5.3×10^5
C /元	2877	3293	2935	2.6×10^5	3.2×10^5	2.7×10^5
P_{BP} /年	4.2	4.9	3.4	3.7	4.8	3.0

注：$C=C_m+C_d$。

5) 基于非共沸有机工质的压缩机连续进气技术

实验结果[63]表明，增加压缩机中间进气口的数量可以提升循环性能。这是因为通过引导更多的低温工质进入压缩机，可以有效地降低压缩机排气温度；同时，由于级数的增加，各级压缩过程的压比进一步降低，压缩过程不可逆损失进一步减小。理论上，当压缩机进气口数量增至无限多时可以实现连续进气过程，此时系统制热 COP 将达到最大值[64]。

图 2-84 描述了基于等熵混合工质 R290/R600a (x_{R290}=0.5263) 的多级进气系统均一化制热 COP 随气液分离器数量的变化趋势。为了简化计算，设定蒸发器出口为饱和气，且温度恒定为 −20℃；各级循环冷凝过程的露点温度均为 60℃，假设冷

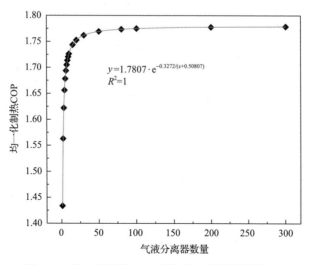

$y=1.7807\cdot e^{-0.3272/(x+0.50807)}$
$R^2=1$

图 2-84　均一化制热 COP 随气液分离器数量的变化

凝器出口为饱和液。基于相同温度条件下的单级循环系统制热 COP 得到各级循环的均一化制热 COP。经过对气液分离器数量为 1～300 的各循环均一化制热 COP 进行拟合，得到均一化制热 COP 的极限值约为 1.781，即通过连续进气级数可使制热 COP 相比于单级循环提升约 78.1%。然而，目前尚无法实现压缩机连续进气，而增加过多的气液分离器与节流阀将导致系统控制难度及成本增加。计算结果表明，当使用三级气液分离器时，可基本实现约 90%的因连续进气带来的性能提升效果。

图 2-85 给出了蒸发器入口干度、相对工质质量流量及均一化吸热量随气液分离器数量的变化趋势。其中相对工质质量流量为蒸发器工质质量流量与冷凝器工质质量流量之比。可以看到随着气液分离器数量的增加，蒸发器入口干度及相对工质质量流量均逐渐减小，但工质在蒸发器内的吸热量却表现出增长趋势，这反映出潜热增加的有益效果。当循环逼近连续进气状态时，蒸发器入口干度应接近 0，此时节流过程将完全沿工质饱和液相线进行。另外，通过控制中间进气过程工质的干度可使各级压缩过程排气为饱和状态，从而使压缩过程沿着工质饱和气相线进行。理论上，通过饱和节流与饱和压缩过程可以进一步提升连续进气循环的性能，但如何控制各级进气过程的工质干度将成为另一个技术难题[65]。

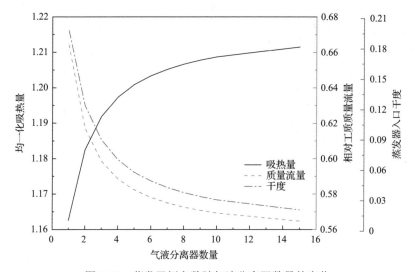

图 2-85   蒸发器侧参数随气液分离器数量的变化

图 2-86 描述了蒸发器内混合工质的组成随气液分离器数量的变化趋势。对于 $x_{R290}=0.5263$ 的混合工质 R290/R600a，经过一级气液分离器后，液相混合物中低沸点组元 R290 质量分数约为 0.45。随着气液分离器数量的增加，蒸发器内混合工质中 R290 质量分数持续减少。但由于气液分离器入口工质的干度逐渐降低为 0，液相混合物中 R290 质量分数也将趋近极限值 0.4014。

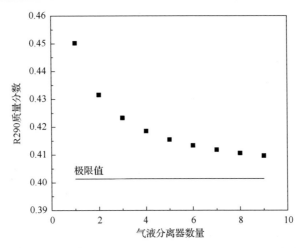

图 2-86　蒸发器内混合工质组成随气液分离器数量的变化

2.5　本　章　小　结

　　本章首先进行了非共沸有机工质简单 ORC 的热力学分析,然后利用非共沸有机工质组分迁移的特点,在传统温熵分析的基础上增加非共沸有机工质组分的维度,提出亚临界热力循环三维构建方法。与传统二维热力循环进行对比,明确三维热力循环具有可分析变质量系统、揭示组分调节热力过程和探索减少可用能损失新途径的优势。以自复叠 ORC、动力制冷复合循环和气相膨胀压缩制冷循环为案例,分别阐述了三维构建方法的应用和功能,对三维空间内热力循环构建方法的优势给出了初步探索结果。针对每一部分,具体结论如下。

　　1. 非共沸有机工质简单 ORC 的热力学分析

　　(1)推荐了一个预测非共沸有机工质 ORC 热效率、输出功和可用能效率的热力学模型。热效率与 Jacob 数之间没有类似纯工质的严格的负相关关系。

　　(2)在其他系统参数给定的时候,存在一个最佳蒸发温度使得输出功最大。

　　(3)在固定其他工况的条件下,热源入口温度对非共沸有机工质的最佳浓度具有重要的影响。随着热源入口温度的升高,存在一个热源入口温度,使得纯工质的系统性能比非共沸有机工质的要高。非共沸有机工质对系统性能的改善程度与它们的温度滑移正相关。

　　(4)当冷却水温升小于工质的温度滑移时,输出功随着二者温差的降低而增大;当冷却水温升大于工质的温度滑移时,温度滑移最大时存在输出功的最大值。

　　(5)在相同的冷却水温升下,冷却水的入口温度越低,工质相同质量分数下输出功越高，同时最大输出功对应的工质质量分数不变。

从以上的结论可以看到，热源入口温度、冷却水温升对非共沸有机工质最佳组分具有很大的影响：热源入口温度升高时，最佳组分向低沸点组元靠近；当冷却水温升减小时，最佳组分向高沸点组元靠近。因此，对于非共沸有机工质 ORC来说，展开组分与冷热源条件的变化规律及考虑对组分的调节控制十分必要。

2. 自复叠 ORC

(1)对于有无回热器的两种情形，R245fa 质量分数对自复叠 ORC 的热效率的作用不同。

(2)采用 R601a/R245fa 作为工质时，自复叠 ORC 的效率要优于单级兰金循环。

(3)对于太阳能自复叠 ORC，一级太阳能出口温度的影响最大。

(4)在其他系统参数固定时，存在一个主回路中的 R245fa 质量分数对应的系统不可逆性最小。

(5)分离温度对余热自复叠 ORC 系统的影响比过热温度更大。

(6)在固定的分离温度和过热温度下，随着蒸发压力的升高，系统不可逆性降低，输出功增加。

3. 动力制冷复合循环

(1)当工质组分 MF_t 由 10%增大到 90%时，循环 A 与循环 B 的净输出功、制冷量、热效率与㶲效率都呈先增大后减小的变化规律。不同的是，最优的工质组分不相同。循环 A 的㶲效率与热效率分别在 MF_t 为 40%与 70%时取得最大值，分别为 8.59%与 10.45%。

(2)通过与传统的喷射式冷电联合循环 C 在相同的工况下对比发现，循环 A、循环 B 与循环 C 的发电量相差非常小；而在制冷量、热效率以及㶲效率方面，则有如下的关系：循环 A<循环 C<循环 B。

(3)循环的㶲分析表明，喷射器中的㶲损失最大，达到总㶲损失的 45%以上，蒸气发生器与冷凝器中的㶲损失次之。

(4)蒸气发生温度、冷凝温度、蒸气干度以及膨胀机进出口压比都对循环热力学性质有着重要的影响。

4. 气相膨胀压缩制冷循环

(1)与干混合工质相比，等熵混合工质可简化气相膨胀双级压缩循环的结构，通过降低过热度减小换热面积。

(2)以非共沸等熵混合工质 R290/R600a 为例的计算结果表明，存在最优冷凝器出口工质干度，使得气相膨胀双级压缩循环制热 COP 达到最大值。

（3）与传统单级循环相比，气相膨胀双级压缩循环更适用于循环温升较大的工况。当循环温升达到 72.5℃时，制热 COP 提升可达 16.2%。

（4）与目前较为成熟的压缩机中间补气循环相比，气相膨胀双级压缩循环在制热 COP、制热量、循环不可逆损失以及投资回收期等方面均无优势。

（5）增加压缩机进气口数量可以提升循环性能，但提升效果逐渐减弱，90%的提升潜力可由三级进气技术实现。

参 考 文 献

[1] BP Statistical Review Team. BP Statistical Review of World Energy June 2017 [M]. London: British Petroleum, 2017.

[2] 国家发展改革委. 可再生能源发展"十三五"规划[J]. 太阳能, 2017(1): 78.

[3] Bao J J, Zhao L. A review of working fluid and expander selections for organic Rankine cycle [J]. Renewable and Sustainable Energy Reviews, 2013, 24(10): 325-342.

[4] Landelle A, Tauveron N, Haberschill P, et al. Organic Rankine cycle design and performance comparison based on experimental database [J]. Applied Energy, 2017, 204: 1172-1187.

[5] Khetib Y, Larkeche O, Meniai A, et al. Group contribution concept for computer-aided design of working fluids for refrigeration machines [J]. Chemical Engineering & Technology, 2014, 36(11): 1924-1934.

[6] Larkeche O, Meniai A H, Cachot T. Modelling the absorption refrigeration cycle using partially miscible working fluids by group contribution methods [J]. Molecular Physics, 2012, 110(11-12): 1305-1316.

[7] Palma-Flores O, Flores-Tlacuahuac A, Canseco-Melchor G. Optimal molecular design of working fluids for sustainable low-temperature energy recovery[J]. Computers & Chemical Engineering, 2015, 72: 334-349.

[8] Lampe M, Stavrou M, Bucker H M, et al. Simultaneous optimization of working fluid and process for organic Rankine cycles using PC-SAFT[J]. Industrial & Engineering Chemistry Research, 2014, 53(21): 8821-8830.

[9] Su W, Zhao L, Deng S. Simultaneous working fluids design and cycle optimization for organic Rankine cycle using group contribution model [J]. Applied Energy, 2017, 202: 618-627.

[10] Linke P, Papadopoulos A I, Seferlis P. Systematic methods for working fluid selection and the design, integration and control of organic Rankine cycles—A Review [J]. Energies, 2015, 8(6): 4755-4801.

[11] Su W, Zhao L, Deng S. Group contribution methods in thermodynamic cycles: Physical properties estimation of pure working fluids [J]. Renewable and Sustainable Energy Reviews, 2017, 79: 984-1001.

[12] Abadi G B, Kim K C. Investigation of organic Rankine cycles with zeotropic mixtures as a working fluid: Advantages and issues [J]. Renewable and Sustainable Energy Reviews, 2017, 73: 1000-1013.

[13] Zhao L, Bao J J. Thermodynamic analysis of organic Rankine cycle using zeotropic mixtures [J]. Applied Energy, 2014, 130(8): 748-756.

[14] Yilmaz M. Performance analysis of a vapor compression heat pump using zeotropic refrigerant mixtures [J]. Energy Conversion and Management, 2003, 44(2): 267-282.

[15] Yoon W J, Seo K, Chung H J, et al. Performance optimization of a Lorenz-Meutzner cycle charged with hydrocarbon mixtures for a domestic refrigerator-freezer[J]. International Journal of Refrigeration, 2012, 35(1): 36-46.

[16] 刘广林, 徐进良, 苗政. 地热 ORC 系统混合工质优化[J]. 工程热物理学报, 2015, 36(12): 2716-2721.

[17] Feng Y Q, Hung T C, He Y L, et al. Operation characteristic and performance comparison of organic Rankine cycle (ORC) for low-grade waste heat using R245fa, R123 and their mixtures [J]. Energy Conversion and Management, 2017, 144: 153-163.

[18] Abadi G B, Yun E, Kim K C. Experimental study of a 1kW organic Rankine cycle with a zeotropic mixture of R245fa/R134a[J]. Energy, 2015, 93: 2363-2373.

[19] Youbi-Idrissi M, Bonjour J, Meunier F. Local shifts of the fluid composition in a simulated heat pump using R-407C[J]. Applied Thermal Engineering, 2005, 25(17-18): 2827-2841.

[20] 洪辉, 公茂琼, 张宇, 等. 润滑油溶解对混合工质组分浓度改变的实验研究[J]. 工程热物理学报, 2006, 27(z1): 76-78.

[21] 鲍军江, 赵力, 宋卫东. 组分迁移对 R407C 相变换热影响的理论分析[J]. 机械工程学报, 2011, 47(16): 127-132.

[22] Li J, Liu Q, Duan Y Y, et al. Performance analysis of organic Rankine cycles using R600/R601a mixtures with liquid-separated condensation [J]. Applied Energy, 2017, 190: 376-389.

[23] Luo X L, Liang Z H, Guo G Q, et al. Thermo-economic analysis and optimization of a zoetropic fluid organic Rankine cycle with liquid-vapor separation during condensation [J]. Energy Conversion and Management, 2017, 148: 517-532.

[24] 公茂琼. 水平管内相积存造成深冷混合工质变浓度分析[J]. 工程热物理学报, 2006, 27(z1): 45-48.

[25] Xu X W, Liu J P, Cao L, et al. Local composition shift of mixed working fluid in gas-liquid flow with phase transition [J]. Applied Thermal Engineering, 2012, 39(4): 179-187.

[26] Zhou Y D, Zhang F Y, Yu L J. The discussion of composition shift in organic Rankine cycle using zeotropic mixtures [J]. Energy Conversion and Management, 2017, 140: 324-333.

[27] Bao J J, Zhao L. Experimental research on the influence of system parameters on the composition shift for zeotropic mixture (isobutane/pentane) in a system occurring phase change [J]. Energy Conversion and Management, 2016, 113: 1-15.

[28] Lemmon E W, Huber M L, McLinden M O. NIST standard reference database 23: Refprop version 9.0 [J]. National Institute of Standards and Technology Boulder, 2002: 80305.

[29] Liu B, Chien K, Wang C. Effect of working fluids on organic Rankine cycle for waste heat recovery [J]. Energy, 2004, 29(8): 1207-1217.

[30] Mikielewicz D, Mikielewicz J A. A thermodynamic criterion for selection of working fluid for subcritical and supercritical domestic micro CHP [J]. Applied Thermal Engineering, 2010, 30(16): 2357-2362.

[31] Kuo C, Hsu S, Chang K, et al. Analysis of a 50kW organic Rankine cycle system [J]. Energy, 2011, 36(10): 5877-5885.

[32] Drescher U, Brüggemann D. Fluid selection for the organic Rankine cycle (ORC) in biomass power and heat plants [J]. Applied Thermal Engineering, 2007, 27(1): 223-228.

[33] Stijepovic M Z, Linke P, Papadopoulos A I, et al. On the role of working fluid properties in Organic Rankine cycle performance [J]. Applied Thermal Engineering, 2012, 36: 406-413.

[34] Chys M, van den Broek M, Vanslambrouck B, et al. Potential of zeotropic mixtures as working fluids in organic Rankine cycles [J]. Energy, 2012, 44(1): 623-632.

[35] Wang D, Ling X, Peng H, et al. Efficiency and optimal performance evaluation of organic Rankine cycle for low grade waste heat power generation [J]. Energy, 2013, 50: 343-352.

[36] He C, Liu C, Gao H, et al. The optimal evaporation temperature and working fluids for subcritical organic Rankine cycle [J]. Energy, 2012, 38(1): 136-143.

[37] Li J, Ge Z, Duan Y Y, et al. Parametric optimization and thermodynamic performance comparison of single-pressure and dual-pressure evaporation organic Rankine cycles [J]. Applied Energy, 2018, 217: 409-421.

[38] Zhao L, Yang X, Deng S, et al. Performance analysis of the ejector-expansion refrigeration cycle using zeotropic mixtures [J]. International Journal of Refrigeration, 2015, 57: 197-207.

[39] Witte U. Pocket Book: Steam Generation [M]. Essen: Vulkan-Verlag, 1976.

[40] Rayegan R, Tao Y X. A procedure to select working fluids for solar organic Rankine cycles (ORCs) [J]. Renewable Energy, 2011, 36(2): 659-670.

[41] Dai Y, Wang J, Gao L. Exergy analysis, parametric analysis and optimization for a novel combined power and ejector refrigeration cycle [J]. Applied Thermal Engineering, 2009, 29(10): 1983-1990.

[42] Roy J P, Mishra M K, Misra A. Parametric optimization and performance analysis of a waste heat recovery system using organic Rankine cycle [J]. Energy, 2010, 35(12): 5049-5062.

[43] Mago P J, Chamra L M, Srinivasan K, et al. An examination of regenerative organic Rankine cycles using dry fluids [J]. Applied Thermal Engineering, 2008, 28(8-9): 998-1007.

[44] Heberle F, Preißinger M, Brüggemann D. Zeotropic mixtures as working fluids in organic Rankine cycles for low-enthalpy geothermal resources[J]. Renewable Energy, 2012, 37(1): 364-370.

[45] Guzovi Z, Lon Ar D, Ferdelji N. Possibilities of electricity generation in the Republic of Croatia by means of geothermal energy [J]. Energy, 2010, 35(8): 3429-3440.

[46] 杨兴洋. 基于非共沸混合工质的新型冷电联合循环及组分分离特性研究 [D]. 天津: 天津大学, 2016.

[47] 徐卫荣, 杜垲. 自然复叠式热泵循环系统热力计算与分析[J]. 低温工程, 2009(5): 31-36.

[48] Ma G Y, Chai Q H. Characteristics of an improved heat-pump cycle for cold regions [J]. Applied Energy, 2004, 77(3): 235-247.

[49] Kim D H , Kim M S . The effect of water temperature lift on the performance of cascade heat pump system [J]. Applied Thermal Engineering, 2014, 67(1-2): 273-282.

[50] Jung D, Lee Y, Park B, et al. A study on the performance of multi-stage condensation heat pumps [J]. International Journal of Refrigeration, 2000, 23(7): 528-539.

[51] 郑楠. 非共沸工质气相膨胀双级压缩循环及其关键热力过程研究 [D]. 天津: 天津大学, 2016.

[52] Zheng N , Zhao L. The feasibility of using vapor expander to recover the expansion work in two-stage heat pumps with a large temperature lift [J]. International Journal of Refrigeration, 2015, 56: 15-27.

[53] Quoilin S, Declaye S, Tchanche B F, et al. Thermo-economic optimization of waste heat recovery organic rankine Cycles [J]. Applied Thermal Engineering, 2011, 31(14-15): 2885-2893.

[54] Sotomonte C A R, Campos C E, Leme M, et al. Thermoeconomic analysis of organic rankine cycle cogeneration for isolated regions in Brazil [C]. Perugia: 23rd International Conference on Efficiency, Cost, Optimization, Simulation and Environmental Impact of Energy Systems, 2012: 26-29.

[55] Turton R, Bailie R C, Whiting W B, et al. Analysis, Synthesis and Design of Chemical Processes [M]. New York: Pearson Education, 2008.

[56] Meinel D, Wieland C, Spliethoff H. Economic comparison of ORC (organic Rankine cycle) processes at different scales [J]. Energy, 2014, 74: 694-706.

[57] Shengjun Z, Huaixin W, Tao G. Performance comparison and parametric optimization of subcritical organic Rankine cycle (ORC) and transcritical power cycle system for low-temperature geothermal power generation [J]. Applied Energy, 2011, 88(8): 2740-2754.

[58] Kohl T, Teles M, Melin K, et al. Exergoeconomic assessment of CHP-integrated biomass upgrading [J]. Applied Energy, 2015, 156: 290-305.

[59] Mulroy W J, Domanski P A, Didion D A. Glide matching with binary and ternary zeotropic refrigerant mixtures part 1: An experimental study [J]. International Journal of Refrigeration, 1994, 17(4): 220-225.

[60] Xia C, Zhang W, Bu G, et al. Experimental study on a sliding vane expander in the HFC410A refrigeration system for energy recovery [J]. Applied Thermal Engineering, 2013, 59(1-2): 559-567.

[61] Zhang Z, Li M, Ma Y, et al. Experimental investigation on a turbo expander substituted for throttle valve in the subcritical refrigeration system [J]. Energy, 2015, 79: 195-202.

[62] Wang Z, Zhao Z, Lin B, et al. Residential heating energy consumption modeling through a bottom-up approach for China's Hot Summer-Cold Winter climatic region [J]. Energy and Buildings, 2015, 109: 65-74.

[63] D'Angelo J V H, Aute V, Radermacher R. Performance evaluation of a vapor injection refrigeration system using mixture refrigerant R290/R600a [J]. International Journal of Refrigeration, 2016, 65: 194-208.

[64] Mathison M M, Braun J E, Groll E A. Performance limit for economized cycles with continuous refrigerant injection [J]. International Journal of Refrigeration, 2011, 34(1): 234-242.

[65] Mathison M M, Braun J E, Groll E A. Approaching the performance limit for economized cycles using simplified cycles[J]. International Journal of Refrigeration, 2014, 45: 64-72.

第3章 非共沸有机工质的传热传质

3.1 引　　言

能源是社会进步和经济发展的重要资源，更是人类赖以生存的基础物质。随着现代社会的发展和世界总人口的增长，对能源的需求越来越大，世界各国十分重视合理地开发和利用能源。

根据相关资料显示，未来几十年世界能源需求量将大幅度增加，其中，发展中国家能源需求增加速度相对其他国家更快。国际能源署(International Energy Agency，IEA)在《世界能源展望 2007》中指出，在基准情形下，2005～2030 年全球一次能源需求将增加 50%以上，年均增长率达 1.8%，能源需求将达到 177.21 亿吨标准油，而 2005 年为 114.29 亿 t 标准油。美国能源部信息管理局(Energy Information Administration，EIA)发布报告指出，2004～2030 年，世界上农业性能源需求将增长 57%。3/4 的二氧化碳排放量来自非经济合作与发展组织的化石燃料的消费。美国能源部信息管理局还预计，到 2030 年，世界能源需求将增加 55%，发展中国家和地区能源需求增加将高出这一预计值 1 倍以上。

为实现节能减排目标，制冷空调和热泵领域中越来越多的 CFCs 类工质被低 GWP 值和低 ODP 值的混合工质取代，以减少大气污染。特别对于非共沸有机工质，其变温相变的特性可减小蒸发器和冷凝器中因传热温差而引起的不可逆损失，进而提高实际循环的热力学性能。同时，非共沸有机工质还可以通过改变其组分来发挥其容量调节作用，以解决常规空气源热泵系统存在的室外环境变化时供热与建筑负荷难以匹配的问题。

3.2 相变传热窄点问题

相变传热窄点理论是一套经典的优化设计方法，最早应用于换热器网络的设计与优化中[1]。它是根据经济技术参数和相应的冷热物流、物性数据搜索最优窄点温差值，使整个换热网络系统的能耗最少。单台换热器本不存在相变传热窄点优化问题，但由于所用工质的不确定性，有可能引发相变传热窄点的问题。

相变传热窄点包括两类。非共沸有机工质在高温热泵系统换热器中相变度的非线性分布可能引发第一类相变传热窄点问题。该问题是非共沸有机工质在相变换热时的特有问题，它是由工质的焓变随温度的非线性变化而引起的。该问题由印度学者 Venkatarathnam 等[2]提出，他针对常温热泵工质从热力学角度进行了较详尽的理论分析，但由于实际循环中的若干问题(如工质沿程压力损失、重力、剪切力)被忽略，所得结论尚需实验验证。非共沸有机工质相变传热窄点还有一个有趣的问题，它可能随着换热流体参数的改变而出现并在换热器中移动，这是第二类相变传热窄点问题。在高温热泵系统正常工作的前提下(此时换热过程中没有发生相变传热窄点)，保持蒸发器和冷凝器入口的换热介质温度，提高换热介质流量；或保持蒸发器或冷凝器入口的换热介质温度和流量，以及工质的蒸气压力，降低压缩机频率。以上两种常见的操控过程都有可能引发第二类相变传热窄点问题，然而这类相变传热窄点问题仍需通过实验进行分析验证。

鉴于高温热泵工质大多为非共沸有机工质，相变传热窄点在工质冷凝和蒸发时起到重要作用，如何在工质选择和应用时掌握窄点的位置并合理避免窄点的发生，对换热温度和制定控制策略极为重要。对非共沸有机工质相变传热窄点问题的研究可为高温热泵系统的长期高效运行提供更充分的理论保障。

3.2.1 第一类相变传热窄点

相比于纯组分制冷剂，非共沸有机工质在相变的过程中存在明显的温度滑移，因此可以通过非共沸制冷剂与换热流体(水、乙二醇溶液、空气等)的温度匹配使得制冷循环逼近 Lorenz 循环。然而由于一般非共沸制冷剂在相变区内温度与焓值呈非线性对应关系，在理论上，非共沸制冷剂与换热流体换热时，会出现第一类相变传热窄点(包括相变传热窄点和最大传热温差)，从而难以实现完美的温度匹配。

Venkatarathnam 等[2]针对第一类相变传热窄点的产生做了相关研究，他们提出的模型及假设如下。

1. 模型假设

(1)工质和换热流体进行逆流换热，且处于常热流稳态传热过程。
(2)在换热流体进出换热器所涉及的温差范围内，忽略其比热容等物性的变化。
(3)忽略工质在换热过程中过热气和过冷液的换热量，即仅考虑相变过程的换热。

2. 模型描述

如图 3-1 所示，在一个总长为 L 的换热器中的任意一个微元段内，根据能量守恒，可得

$$m_f c_p \left(\frac{dT}{dX} \right)_f = m_r \left(\frac{dh}{dX} \right)_r \tag{3-1}$$

式中，m_f 为换热流体质量流量；T 为温度；X 为换热器中的位置；h 为比焓；下

标 r 代表制冷剂，f 代表换热流体。

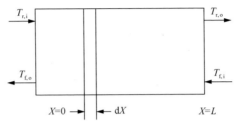

图 3-1　逆流换热器模型

在式(3-1)等号右边引入温度变量 T，则可改写为

$$m_f c_p \left(\frac{\mathrm{d}T}{\mathrm{d}X} \right)_f = m_r \left(\frac{\mathrm{d}h}{\mathrm{d}T} \right)_{p,r} \left(\frac{\mathrm{d}T}{\mathrm{d}X} \right)_r \tag{3-2}$$

从式(3-2)中可以看出，要达到完全的等温差换热，即要求：

$$\left(\frac{\mathrm{d}T}{\mathrm{d}X} \right)_f = \left(\frac{\mathrm{d}T}{\mathrm{d}X} \right)_r \tag{3-3}$$

可以得出，混合工质和换热流体换热时温度变化的完全匹配的要求为

$$\left(\frac{\partial h}{\partial T} \right)_{p,r} = \frac{m_f c_p}{m_r} = 常数 \tag{3-4}$$

但是大多数混合工质都难以满足式(3-4)的要求。相变时焓随温度的非线性变化有可能导致相变传热窄点或者最大传热温差的出现，如图 3-2 所示。

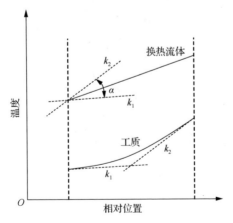

图 3-2　蒸发器中最大传热温差示意图

α 为换热流体在换热器进出口处温度切线斜率的夹角范围；k_1 为工质在换热器入口处的温度斜率；k_2 为工质在换热器出口处的温度斜率

为了避免这个问题的产生，Venkatarathnam 等[2]提出了一个判断换热过程中是否会产生相变传热窄点和最大传热温差的方法，使得在选择非共沸有机工质时可以预先做出合理的调整。

出现相变传热窄点的判别式为

$$\left(\frac{\partial h}{\partial T}\right)_{p,\mathrm{r,i}} < \frac{m_\mathrm{f}c_p}{m_\mathrm{r}} < \left(\frac{\partial h}{\partial T}\right)_{p,\mathrm{r,o}} \tag{3-5}$$

出现最大传热温差的判别式为

$$\left(\frac{\partial h}{\partial T}\right)_{p,\mathrm{r,o}} < \frac{m_\mathrm{f}c_p}{m_\mathrm{r}} < \left(\frac{\partial h}{\partial T}\right)_{p,\mathrm{r,i}} \tag{3-6}$$

整个换热器中工质和换热流体的换热量可由式(3-7)表示为

$$q = m_\mathrm{f}c_p\Delta T_\mathrm{f} = m_\mathrm{r}\Delta h_\mathrm{r} \tag{3-7}$$

将式(3-7)代入式(3-5)和式(3-6)，出现相变传热窄点和最大传热温差的判别式分别可改为式(3-8)和式(3-9)：

$$\left(\frac{\partial h}{\partial T}\right)_{p,\mathrm{r,i}} < \frac{\Delta h_\mathrm{r}}{\Delta t_\mathrm{f}} < \left(\frac{\partial h}{\partial T}\right)_{p,\mathrm{r,o}} \tag{3-8}$$

$$\left(\frac{\partial h}{\partial T}\right)_{p,\mathrm{r,o}} < \frac{\Delta h_\mathrm{r}}{\Delta t_\mathrm{f}} < \left(\frac{\partial h}{\partial T}\right)_{p,\mathrm{r,i}} \tag{3-9}$$

定义如下的两个温度限制：

$$\Delta t_{\lim 1} = \frac{\Delta h_\mathrm{r}}{\left(\dfrac{\partial h}{\partial T}\right)_{p,\mathrm{r,i}}} \tag{3-10}$$

$$\Delta t_{\lim 2} = \frac{\Delta h_\mathrm{r}}{\left(\dfrac{\partial h}{\partial T}\right)_{p,\mathrm{r,o}}} \tag{3-11}$$

由此，判断相变传热窄点和最大传热温差是否发生的判别式可改写为式(3-12)和式(3-13)。

相变传热窄点：

$$\Delta t_{\lim 1} > \Delta T_\mathrm{f} > \Delta t_{\lim 2} \tag{3-12}$$

最大传热温差：

$$\Delta t_{\lim 2} > \Delta T_\mathrm{f} > \Delta t_{\lim 1} \tag{3-13}$$

对于预测非共沸有机工质和制冷剂在纯逆流换热器中换热时是否会发生相变传热窄点的问题，上述模型和判别式的确给出了一个可行的方法。此方法具有通用性，且与换热流体的物性无关，因此使用方便快捷。由于工质和换热流体换热时，相变潜热所释放或吸收的热量要远大于显热，二者温度变化的匹配主要是针对非共沸有机工质在两相区时的温度滑移与换热流体温度变化的匹配。因此，要达到较好的温度变化匹配，换热流体进出换热器的温度变化 Δt_f 应与非共沸有机工质的相变温度滑移近似。在这个基础之上，Venkatarathnam 等[2]推导出对于二元混合工质，当两组元质量分数各占 50%时，其两相区的温焓曲线近似于线性变化。Venkatarathnam 等[2]针对非共沸有机工质的相变传热窄点做了比较详细的理论计算，其相变传热窄点的避免方法对理论选择混合工质也具有一定的指导意义。然而该理论忽略了实际循环中若干问题(如工质沿程压力损失、重力、剪切力)，且仅从热力学角度考虑是成立的，所得结论尚需实验验证，本章将会对此问题展开实验研究。

经过计算，若得到的工质温度曲线如图 3-2 所示，则蒸发器中的工质可能发生最大传热温差。图 3-2 中，随着蒸发器相对位置的增大，工质温度的增长量越来越大。在该图中，分别在工质进出口处对工质温度曲线做切点 l_1 与 l_2，其斜率分别为 k_1 与 k_2。α 表示换热流体在换热器进出口温度切线斜率的夹角。由几何分析可知，当换热流体温度线的斜率在 k_2 与 k_1 之间时，蒸发器中将发生最大传热温差。

Venkatarathnam 等[2]仅预测了相变传热窄点或最大传热温差的出现，但 Jin 和 Zhang[3]发现相变传热窄点或最大传热温差有可能同时出现。通过理论计算，若得到的工质温度曲线如图 3-3 所示，则蒸发器中的工质可能同时出现最大传热温差和相变传热窄点。在图 3-3 中，随着蒸发器相对位置的增大，工质温度的增长量

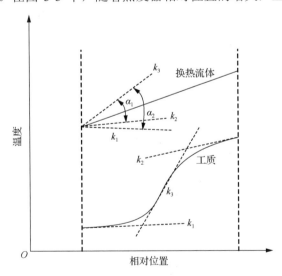

图 3-3　蒸发器中同时发生最大传热温差和相变传热窄点示意图

先增大后减小。α 表示换热流体在换热器进出口处温度切线斜率的夹角；α_1 表示 k_2 与 k_3 间的夹角；α_2 表示 k_1 与 k_3 间的夹角。由几何分析可知，取 k_1 和 k_2 中最小值 k_{min}，当换热流体温度线的斜率在 k_{min} 与 k_3 之间时，蒸发器中将同时发生最大传热温差和相变传热窄点。

3.2.2　第二类相变传热窄点

第二类相变传热窄点假说描述了混合工质在冷凝器不能被完全冷凝的现象，天津大学赵力教授于 2002 年研究高温热泵变频特性时发现了此相变传热窄点产生、移动的现象并进行了初步的理论分析[4-7]，假说内容如下。

如图 3-4 所示，当非共沸有机工质和水在冷凝器中正常换热时（通过适当的组元配比，工质的温焓关系呈线性变化，再配合适当的水流量，第一类相变传热窄点问题得到了解决），工质在冷凝过程中的温度从冷凝器入口处的 T_{fin}（过热度为零）降到出口处的 T_{fout}（过冷度为零），同时水由入口处的 T_{win} 被加热到出口处的 T_{wout}，在全过程中换热温差基本不变，符合温差恒定匹配原则，此时相变传热窄点可认为在冷凝器的最左端；当冷凝器入口水温不变，而水流量逐步增大后，水由入口处的 T_{win} 被加热到出口处的 $T_{w'out}$，由于 $T_{w'out}$ 相比 T_{wout} 有了明显的下降，工质的冷凝压力下降，同时入口温度由 T_{fin} 降低到 $T_{f'in}$，在此工况下，工质要被完全冷凝，应该从 $T_{f'in}$ 变化到 $T_{f'out}$，然而在此热量传递过程中，在 T_{fmid} 处工质和水的温差达到窄点温差，相变传热窄点迁移到 T_{fmid} 处，此工况下工质的冷凝温度曲线成为 $T_{f'in}$-T_{fmid}-$T_{f'out}$（虚线内的温度分布尚需实验验证）。如果进一步加大水流量，相变传热窄点还有可能继续向冷凝器右端迁移。相变传热窄点的产生和迁移造成工质不能被完全冷凝，冷凝器的部分换热面积失效。在高温热泵系统正常工作的前提

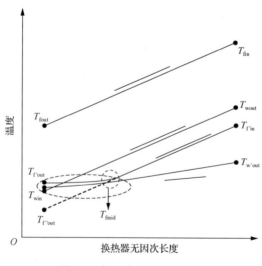

图 3-4　第二类相变传热窄点

下(此时换热过程中没有相变传热窄点发生),保持蒸发器或冷凝器入口的换热介质温度,提高换热介质流量;或保持蒸发器或冷凝器入口的换热介质温度和流量,以及工质的蒸气压力,降低压缩机频率,这两种常见的操控过程都有可能引发第二类相变传热窄点。

第二类相变传热窄点问题仍缺乏理论依据及相应的实验验证,另外非完全相变和高温热泵系统各循环参数之间的关系尚不明确。

3.2.3 基于窄点理论的工质优选方法

为更好地说明相变传热窄点问题,以非共沸有机工质的蒸发过程为例,考察工质汽化过程中的温度变化以及换热流体的温度变化情况。假设如下。

(1)工质和换热流体进行逆流换热,且处于常热流稳态传热过程。

(2)在此模型考虑的温度范围内,忽略换热流体的物性参数变化。

(3)忽略换热器内部的流动阻力,工质的蒸发压力维持不变;忽略换热器的漏热损失,认为任意微元段内工质得到的热量等于换热流体释放的热量。

非共沸有机工质的蒸发过程如图 3-5 所示,考虑任意微元段 1-2,根据能量守恒方程,有

$$q_{mr}(H_{r2} - H_{r1}) = q_{mf}c_p(T_2 - T_1) \tag{3-14}$$

$$\frac{H_{r2} - H_{r1}}{T_2 - T_1} = \frac{q_{mf}c_p}{q_{mr}} = A \tag{3-15}$$

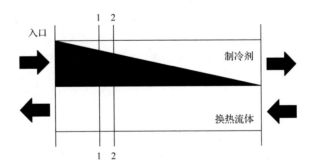

图 3-5 非共沸有机工质蒸发过程

考虑蒸发的全过程,有

$$q_{mr}(H_{r,out} - H_{r,in}) = q_{mf}c_p(t_{f,out} - t_{f,in}) \tag{3-16}$$

则有

$$\frac{H_{r,out}-H_{r,in}}{T_{f,out}-T_{f,in}}=\frac{H_{r2}-H_{r1}}{T_2-T_1}=\frac{q_{mf}c_p}{q_{mr}}=A \tag{3-17}$$

其中，q_m 为质量流量；H 为焓值；c_p 为换热流体的比定压热容；t 为温度；A 为常数；下标 1、2 代表 1、2 断面。

由式 (3-14)~式 (3-17) 可知，如果确定了某一蒸发压力、工质在换热器中沿程各点的焓值以及换热流体的进出口温度，就可以计算换热流体沿程各点的温度值。这样可以对换热器中工质的沿程温度和换热流体的沿程温度进行比较，从而确定换热温差的窄点及其所发生的位置，还可以计算由温差变化而引起的额外传热熵增。

非共沸有机工质焓值随相变温度的非线性变化导致了工质和换热流体间的相变传热窄点，非线性程度越大，两流体之间换热温差沿换热器长度方向的变化也就越大，由此而引发的额外传热熵增也就越大，所以非共沸有机工质焓值随相变温度的非线性程度是一个重要的参数。为了衡量这一参数，结合统计学中的标准差概念，给出了计算这种非线性程度的数学表达式。

首先，假设已知某相变压力下干度由 0 到 1 变化的 $i(i=0,1,2,\cdots,n,n>10)$ 组焓值和温度的对应数据点 (H_i,T_i)，其中 (H_0,t_0) 和 (H_n,t_n) 分别代表干度为 0 和 1 时的数据点，然后由这两点得到函数关系 $t=f_0(H)$，则评价参数 σ 表示为

$$\sigma=\sqrt{\frac{\sum_{i=0}^{n}\left[f_0(H_i)-T_i\right]^2}{n}} \tag{3-18}$$

在不同非共沸有机工质间进行择优时，若其他参数相比较差别不大，可利用参数 σ 进行比较，σ 越小说明该工质非线性程度越低，由相变传热窄点引起的传热熵增越少。

3.3　温熵特性

3.3.1　表征工质温熵特性的特征参数

针对工质的研究是新型热力循环研发过程中的关键环节。循环工质对循环结构设计、设备选型、控制策略、系统性能、经济效率和环境效益等方面具有重要影响[8-10]。在针对工质选择标准的研究中，Liu 等[11]从 ORC 的角度出发，提出了基于饱和气相斜率的循环工质分类标准。具体而言，就是依据温熵图中工质饱和气相斜率的正负，将循环工质分为三类：斜率为负的湿工质、斜率为正的干工质以及斜率趋近无穷大的等熵工质。本书将这种斜率特征定义为工质的温熵特性。

类似地，也可以依据上述温熵特性对蒸气压缩循环所用工质进行分类，但考虑到压缩与膨胀过程中工质的始末状态不同，需要重新定义蒸气压缩循环中的干、湿工质。

图 3-6 描述了三种类型工质的饱和气相及相应等熵压缩过程的始末状态。假设压缩初始均为饱和状态，对于饱和气相斜率为正的工质(即 $\mathrm{d}s/\mathrm{d}T>0$)，等熵压缩过程结束时工质处于气液两相区，因而定义为湿工质；对于饱和气相斜率为负的工质(即 $\mathrm{d}s/\mathrm{d}T<0$)，等熵压缩后工质处于过热蒸气区，故定义为干工质；与正循环相同，将饱和气相斜率为无限大的工质(即 $\mathrm{d}s/\mathrm{d}T\to\infty$)定义为等熵工质。与湿工质相比，干工质与等熵工质更适用于蒸气压缩循环，因为在压缩过程中这些工质进入两相区的机会较小，从而减小：①压缩机因发生液击而造成流道损坏的风险；②为避免出现液击而提高的蒸发器出口过热度。相同的原因使湿工质与等熵工质更适用于 ORC。

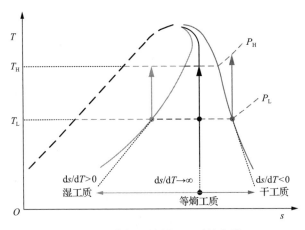

图 3-6　蒸气压缩循环工质的分类

既然压缩机排气的过热度与工质的温熵特性相关，那么是否可以建立描述两者内在联系的热力学关系式，从而能够定量地对工质的类别进行判定？以干工质为例，图 3-7 给出了基于温熵图的理想蒸气压缩循环的工作过程。如图所示，该循环由定压蒸发(e→a)、等熵压缩(a→b)、定压冷凝(b→d)及等焓节流(d→e)四个热力过程构成。假设工质在蒸发器出口(a)与冷凝器出口(d)均为饱和状态，则压缩机出口处(b)工质的过热度(SHD)可表达为

$$\mathrm{SHD}=\int_{c}^{b}\mathrm{d}T_{g} \tag{3-19}$$

其中，T_{g} 为从介于蒸发压力与冷凝压力之间的某中间压力开始的等熵压缩过程(f→g)的排气温度。

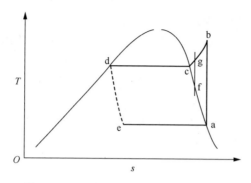

图 3-7　干工质理想蒸气压缩循环温熵图

等熵压缩过程的熵可表示为

$$ds_i = \left(\frac{c_p}{T}\right)dT_i - (\beta V)_i dP_i \tag{3-20}$$

其中，$\beta = \left(\frac{1}{V}\right)(\partial V / \partial T)_P$ 为气相工质的热膨胀系数；i=f 或 g。

对于定压过程 c→g→b，式(3-20)中等号右侧的第二项为 0，同时考虑 $ds_g = ds_f$，因此式(3-19)可改写为

$$SHD = \int_c^b \left(\frac{T}{c_p}\right)_g ds_f \tag{3-21}$$

根据 Clausius-Clapeyron 方程，如下关系成立：

$$\frac{dP}{dT} = \frac{\Delta H_{lv}}{T \Delta V} \tag{3-22}$$

其中，ΔH_{lv} 为工质的气化潜热；ΔV 为饱和气与饱和液比体积之差。

结合式(3-20)～式(3-22)可得到等熵压缩后工质过热度的表达式为

$$SHD = \int_{T_a}^{T_c} \left(\frac{T}{c_p}\right)_g \left(\frac{c_p}{T}\right)_f (\zeta_f - 1)dT_f \tag{3-23}$$

其中，无量纲参数 $\zeta \equiv \beta \Delta H_{lv} V/(c_p \Delta V)$ 定义为过热参数，下标 f 表示工质；T_a 与 T_c 分别为蒸发温度与冷凝温度。

干工质经等熵压缩后过热度增大，根据式(3-23)有 $\zeta > 1$ 成立；湿工质经等熵压缩后进入两相区，过热度减小，因此有 $\zeta < 1$；而对于理想的等熵工质，压缩机出口仍为饱和状态，因而 $\zeta=1$。可见，过热参数 ζ 可作为表征工质温熵特性的特征参数。

3.3.2　混合工质温熵特性的定性判定

蒸气压缩循环的理想工质应该为等熵工质。理论上，使用等熵工质可以在避免压缩机出现液击的前提下最大限度地减小由于过热或脱过热需求而增加的换热面积。此外，与干工质相比，等熵工质在温熵图中显示出较小的压缩功面积，因而可能会表现出较好的循环性能。需要指出的是，压力和温度对于饱和气相斜率有重要影响，因此严格意义上的等熵工质并不存在。一些纯工质(如 R11 和 R123)在一定的温度和压力范围内可以认为是等熵工质[12]。然而这些特定的温度与压力范围并不一定能与实际工况相匹配。此外，考虑环保要求，R11 与 R123 等 ODP 不为 0[13]的工质被限制使用，这进一步增大了等熵工质选择的局限性。

使用混合工质或许可以解决上述问题：混合工质的物性通常介于各组元工质物性之间，因此理论上存在配制出近似等熵($\zeta \approx 1$)的混合工质的可能性。下面以二元混合工质为例，对等熵混合工质的组元选取原则进行说明。

设有两种纯工质 R1 和 R2，将两者以任意比例混合形成二元混合工质 RM。在相同的对比温度(如 T_r=0.8)条件下，三者的过热参数分别为 ζ_{R1}、ζ_{R2} 和 ζ_{RM}，且假设 $\zeta_{R1} > \zeta_{R2}$。根据定义，过热参数 ζ 取决于以下三个参数：β、$V/\Delta V$ 以及 $\Delta H_{lv}/c_p$。根据 Bertinat[14]针对 250 种有机工质的统计分析数据，在远离临界温度且对比温度为常数的条件下，前两个参数对于过热参数的影响可以忽略，因此 $\Delta H_{lv}/c_p$ 对工质的温熵特性具有决定作用。同种物质液相中分子间的平均距离比气相中的小得多。汽化时分子间平均距离急剧增大，需要从外界吸收热量以克服分子间作用力，因此可以认为气化潜热 ΔH_{lv} 与分子间作用力 ε 存在一定的线性关系。而根据能量均分定理[15]，工质的比热容 c_p 与其分子所含有的原子数 n 有关，而 n 又决定了分子的体积 σ^3。因此，可建立宏观物性 $\Delta H_{lv}/c_p$ 与微观分子结构之间的关系如下：

$$\frac{\Delta H_{lv}}{c_p} \propto \frac{\varepsilon}{f(\sigma^3)} \tag{3-24}$$

根据对比态原理，工质的临界压力 P_c 与分子间作用力及分子尺寸存在比例关系[16]，因此可以认为工质的过热参数 ζ 与其临界压力 P_c 之间存在一定的线性关系，即 $\zeta \propto P_c$。二元混合工质的临界压力一般介于两组元工质临界压力值之间，因而有

$$\zeta_{R1} > \zeta_{RM} > \zeta_{R2} \tag{3-25}$$

根据上述不等式，可得 R1、R2 与 RM 的过热参数有如下关系。

(1)若 $\zeta_{R2} > 1$，则 $\zeta_{RM} > 1$，即两干工质混合后仍为干工质。

(2)若 $\zeta_{R1} < 1$，则 $\zeta_{RM} < 1$，即两湿工质混合后仍为湿工质。

(3)若 $\zeta_{RM} = 1$，则 $\zeta_{R1} > 1 > \zeta_{R2}$，即等熵混合工质只能由干、湿工质混合而成。

需要说明的是虽然 $\zeta \propto P_c$ 并非对于所有工质都成立，但这一简单关系式至少定性地反映了工质过热参数随分子结构的变化趋势。因此，不等式(3-25)仍可为等熵混合工质的筛选提供参考，缩小组元工质的筛选范围。

3.3.3　压力对混合工质温熵特性的影响

对于工质温熵特性的判定，一般需要基于一定的特征温度[14, 17]。由温熵图可知，工质的饱和气相斜率一般随温度(或压力)的升高而逐渐变化。因此，理想的等熵工质应该能在较大的温度及压力范围内保持 $\zeta \approx 1$。

图 3-8 描述了压力对四种等熵混合工质过热参数的影响。可以看到，随着压力的增加，四种混合工质的过热参数逐渐由大于 1 向小于 1 发展。也就是说随着压缩过程的进行，混合工质逐渐由干工质转变为湿工质。需要指出的是，对于混合工质 R134a/R1234yf 与 R32/R227ea，当压力趋近冷凝压力时，两种混合工质的过热参数出现轻微的回升并趋近于 $\zeta=1$，在 $P=1100\mathrm{kPa}$ 附近分别达到最小值 0.984 和 0.986。对于含有 R290 的两种混合工质，其过热参数始终随压力增大而减小，虽然减小的速度逐渐趋缓，但在达到冷凝压力时其过热参数已明显远离 $\zeta=1$。比较可知，在压力大于 700kPa 的高压阶段，混合工质 R134a/R1234yf 和 R32/R227ea 的过热参数能够较好地稳定在 $\zeta=1$ 附近，这表明此两种混合工质的饱和气相斜率在接近冷凝压力的高压范围内受压力影响较小。虽然混合工质 R134a/R1234yf 的过热参数可在较大的组分及压力范围内保持相对稳定，但该工质温度滑移不明显，不利于通过在换热器中与换热流体形成良好的温度匹配以降低传热过程的不可逆损失。

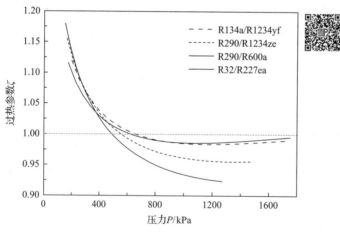

图 3-8　压力对二元混合工质过热参数的影响(彩图扫二维码)

由图 3-8 可知，为了使混合工质能够在更大的工况范围内表现出较为理想的等熵工质特性，应该减小压力对于其过热参数的影响。混合工质的过热参数随压力发生显著变化可能与其组元在物性上存在较大差异有关。向二元混合工质中加入合适的第三组元可在一定程度上减小各组元在物性上的差异,这一理论已在改善二元非共沸有机工质温焓线性度的研究中得到验证。因此,本节尝试采用增加组元的方法来削弱二元混合工质过热参数随压力的变化幅度。选取图 3-8 中过热度变化最大的 R290/R600a 作为基准二元混合工质,并选取临界温度和临界压力均介于基准混合工质两组元之间的 R134a 作为第三组元,开展进一步研究。

图 3-9(a)以等值线图的形式给出了三元混合工质 R290/R134a/R600a 的过热

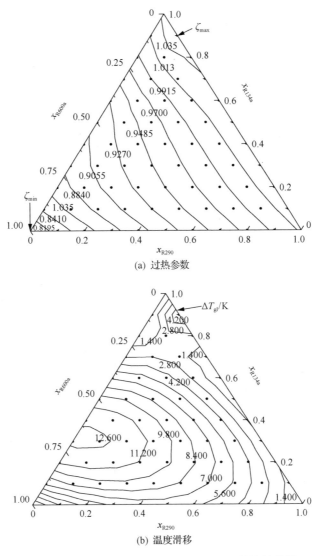

(a) 过热参数

(b) 温度滑移

图 3-9　三元混合工质 R290/R134a/R600a 的计算结果

参数 ζ 随组成的变化趋势。图中的 ζ 基于冷凝压力下饱和气相工质的温度计算得到，以方便说明过热参数变化对于冷凝器内工质与换热流体间温度滑移匹配情况的影响。如图所示，三元混合工质 ζ 为 0.798～1.056，其最大值与最小值所对应的组成分别为 (0/0/1) 与 (0.1/0.9/0)。可以看出，ζ 沿组元 R600a 质量分数坐标轴呈带状分布，且随着 R600a 质量分数的增加，ζ 逐渐减小。当三元混合工质中 R600a 质量分数达到 0.2 附近时，无论另外两种组元工质的配比如何变化，所形成的三元混合工质的 ζ 值均保持在 1 附近。干工质 R134a 与 R290 具有非常接近的 ζ 值，因此根据式 (3-25) 所示关系可以推断，不论以何种比例混合，二元混合工质 R290/R134a 应该具有较为恒定的 ζ 值。

图 3-9(b) 描述了三元混合工质在冷凝压力下的温度滑移随组分的变化趋势。随着组成的变化，三元混合工质的温度滑移在 0～12.9K 变化，并在组成 (0/0.3/0.7) 下达到最大值。与 ζ 的带状分布特征不同，该三元混合工质的温度滑移以最大值所在质量分数为圆心呈环状分布。可以看到，对于能够形成近似等熵工质的混合工质组成 (即 $x_{R600a} \approx 0.2$)，当 R134a 质量分数为 0.1～0.6 时，相应的三元混合工质均表现出较为明显的温度滑移。也就是说，通过增加第三组元形成三元等熵混合工质并未对混合工质在冷凝器内的温度滑移匹配产生不利影响。

为了说明增加第三组元对于混合工质 ζ-P 关系的影响，选取三元等熵混合工质 R290/R134a/R600a (0.3/0.5/0.2) 与 R290/R134a/R600a (0.5/0.3/0.2) 进行研究，结果如图 3-10 所示。两种混合工质在冷凝压力下的温度滑移分别为 6.1K 和 7.1K。可以看到，与二元混合工质 R290/R600a (0.5263/0.4737) 相比，两种混合工质的过热参数随压力的变化范围均明显收缩，且其下降速度相应趋缓。总体上，三元混合工质的 ζ 在 1100kPa～P_{con} 的压力范围内可在 1 附近保持相对稳定。

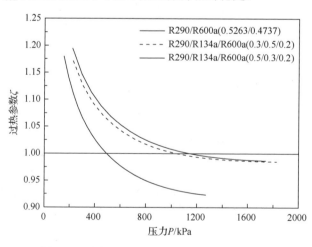

图 3-10　增加组元对混合工质 ζ-P 关系的影响

由图 3-8 和图 3-10 可知，改变混合工质的组成或增加第三组元只能在较高的压力条件下对混合工质的 ζ-P 关系产生一定程度的有利影响，而当压力较低时，混合工质的过热参数仍然随压力的增加而迅速减小。图 3-11 直观地反映了组成及压力对于二元混合工质 R290/R600a 过热参数的影响。混合工质的 ζ 一方面随压力增大而减小，另一方面又随干工质组元质量分数的增大而增大，因而 $\zeta \approx 1$ 的等值线分布接近图中自左下至右上的对角线。如果能够使混合工质中干工质组元 R290 质量分数随压力降低而减小，那么混合工质的 ζ 就可能沿着图中 $\zeta \approx 1$ 的等值线变化，因而在整个压力范围内抑制压力对于 ζ 的影响。

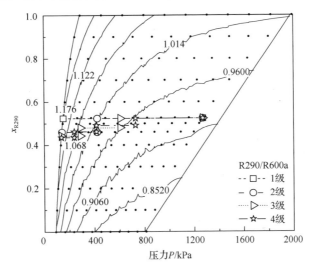

图 3-11　R290/R600a 的 x-P-ζ 关系及其循环组分比随分离级数的变化

非共沸有机工质的组元之间存在显著的沸点差异，因而在气液相平衡条件下，气相混合物与液相混合物的组成并不相同。一般而言，气相混合物中低沸点组元所占比例较大，而液相中高沸点组元含量较高。因此，借助气液相分离技术可以实现非共沸有机工质循环组分的改变[18-20]。图 3-11 对比了不同气液分离级数下非共沸有机工质 R290/R600a(0.5263/0.4737) 中 R290 质量分数随压力的变化趋势。传统的 1 级系统由于没有使用气液分离设备，R290 质量分数始终稳定在 0.5263。而对于其他三种多级系统，循环工质每经过一级气液分离器都会损失一部分低沸点组元，因此，随着压力的降低，R290 质量分数也逐步减小。可以看到，随着循环中气液分离级数的增加，蒸发器内循环工质中 R290 质量分数表现出减小趋势，但减小的幅度却随分离级数的增加而减小。具体而言，当气液分离技术由 1 级增加至 2 级时，蒸发器内循环工质中 R290 质量分数下降了 0.017，而当级数进一步增加为 3 级时，R290 质量分数仅减小了约 0.008。可以预测，随着气液分离级数的增加，R290 质量分数将逐渐趋近某一最小值(约为 0.41)，这表明使用传统的气液分离方法只能对非共沸有机工质的循环组分进行有限度的改变。相比传统的气液分离器，精馏装置对于非共沸有机工质循环组分的改变效果更好[21]。虽然引入精馏装置不可避免地增加了系统的复杂性，但通过设置多级精馏，理论上可以实现理想的组分分布。

3.3.4 基于特定工况的二元等熵工质合成

等熵混合工质的选择应该基于具体的工况条件。本节以寒冷地区的热泵循环工况为例，对二元等熵混合工质的合成过程进行说明。设热源侧换热流体的进出口温度分别为–8℃和–13℃，热汇侧换热流体的进出口温度分别为45℃和55℃。因此初步筛选条件为：候选组元工质的标准沸点(T_{nb})不超过–8℃，以避免系统压力过低；临界温度(T_c)不低于70℃，以避免靠近临界温度；考虑环保要求，排除所有ODP不为0的工质。

表3-1列出了11种候选组元工质及其物性，工质物性数据来自NIST REFPROP数据库[22]。各工质的过热参数基于相同的对比温度(T_r=0.8)计算得到。根据ζ的计算结果，将11种候选组元工质分为两组：①干工质，包括R32、R161、R152a、R143a、R134a及R290；②湿工质，包括R218、R227ea、R600a、R1234yf及R1234ze。图3-12描述了各候选组元工质的过热参数随临界压力的变化趋势。可以看到，候选组元工质的过热参数与临界压力呈线性分布，整体上过热参数随临界压力的增大而增大。根据式(3-25)所述关系，通过将上述的干、湿工质彼此混合，理论上共存在30种潜在二元等熵混合工质组合。

表3-1 候选组元工质及其物性

工质	$M/$(g/mol)	P_c/bar	T_c/℃	T_{nb}/℃	ζ
R1234yf	114.04	32.57	94.70	−29.45	0.8937
R1234ze	114.04	36.36	109.37	−18.95	0.9115
R134a	102.03	40.59	101.06	−26.07	1.0694
R143a	84.04	37.61	72.71	−47.24	1.1393
R152a	66.05	45.17	113.26	−24.02	1.2286
R161	48.06	50.91	102.15	−37.55	1.2709
R218	188.02	26.4	71.87	−36.79	0.6782
R227ea	170.03	29.25	101.75	−16.34	0.7187
R32	52.02	57.82	78.11	−51.65	1.6971
R600a	58.12	36.29	134.66	−11.75	0.8027
R290	44.10	42.51	96.74	−42.11	1.0659

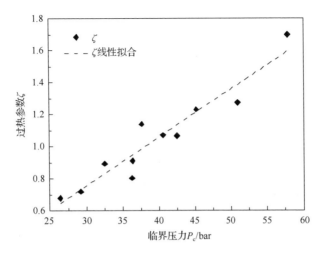

图 3-12　候选组元工质的过热参数与临界压力

表 3-2 给出了这 30 种工质组合及其形成等熵混合工质时的组成(用干工质组元的质量分数表示)。表中混合工质的过热参数基于蒸发与冷凝温度的平均值(约20℃)计算。各混合工质在冷凝器中的温度滑移 ΔT_{gl} 也列于表 3-2 中。可以看到,包括 R290/R600a(0.5263/0.4737)在内的 10 组二元混合工质表现出较为明显的温度滑移($\Delta T_{gl} > 5K$),因而将其定义为二元非共沸等熵工质。而对于 R134a/R1234yf(0.5639/0.4361)等温度滑移十分微小的混合工质,本书将其定义为二元近共沸等熵工质。

表 3-2　等熵混合工质及其温度滑移

混合工质	x_{dry}/%	ΔT_{gl}/K	混合工质	x_{dry}/%	ΔT_{gl}/K
R32/R218	46.74	0.4	R161/R218	36.11	6.5
R32/R1234yf	7.46	7.8	R161/R1234yf	16.08	1
R32/R1234ze	3.82	6.3	R161/R1234ze	9.01	2.3
R32/R227ea	18.60	12.6	R161/R227ea	29.54	3.3
R32/R600a	2.82	19.2	R161/R600a	20.80	10.6
R143a/R218	67.86	0.2	R134a/R218	74.54	4.8
R143a/R1234yf	41.73	2.9	R134a/R1234yf	56.39	0.1
R143a/R1234ze	24.81	6.4	R134a/R1234ze	43.10	0.8
R143a/R227ea	63.45	4.4	R134a/R227ea	74.14	0.3
R143a/R600a	60.04	15.4	R134a/R600a	75.47	0.8
R290/R218	68.18	0	R152a/R218	46.12	1.9
R290/R1234yf	42.01	0.8	R152a/R1234yf	23.87	0
R290/R1234ze	25.38	3.3	R152a/R1234ze	15.11	0.5
R290/R227ea	62.78	0.3	R152a/R227ea	40.51	0.5
R290/R600a	52.63	7.4	R152a/R600a	35.93	6.7

　　选取 5 种具有不同温度滑移的等熵混合工质，进一步研究其过热参数随组成的变化规律，结果如图 3-13 所示。与预期一样，随着混合工质中干工质质量分数的增大，各混合工质在参考温度下的过热参数均由小于 1 逐渐增长为大于 1。也就是说各混合工质都经历了由干工质向湿工质的转变过程，并在某中间组成下形成等熵混合工质。不同混合工质形成等熵工质时的组成不同，这反映了各混合工质组元间的差异程度不同。对于含有 R32 的两组混合工质，由于 R32 表现出明显过高的过热参数(表 3-1)，一般在 R32 较低时形成等熵混合工质。此外，这两种混合工质的过热参数在 $\zeta=1$ 对应的组分附近变化更快，也就是说混合工质的等熵特性对于组分变化更为敏感。考虑到非共沸有机工质在实际应用中会发生一定程度的组分迁移，R32 可能并不是合成非共沸等熵工质的理想组元工质。

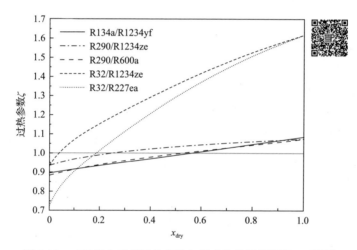

图 3-13　二元混合工质过热参数与组成的关系(彩图扫二维码)

3.3.5　温熵特性对热力过程及循环性能的影响

　　温熵特性会影响压缩机排气的过热度，因而可能对冷凝器内冷热流体间的温度匹配以及系统整体性能产生影响。为此，本节以在寒冷地区应用的传统单级热泵系统为基础，对具有不同温熵特性的二元混合工质的循环性能进行计算分析。为了较为公平地对不同混合工质进行比较，采用 McLinden 和 Radermacher[23]提出的方法建立系统稳态热力学模型。假设换热器均为逆流形式，并给定热源侧换热流体的进出口温度分别为–8℃和–13℃，热汇侧换热流体的进出口温度分别为45℃和55℃。

　　假设冷凝器出口为饱和液，蒸发器出口为饱和气，且不同工质冷凝与蒸发各阶段的总传热系数 U 相等，则冷凝器与蒸发器内的换热可分别表示为

$$Q_c = f_{\text{desup}} U A_c \Delta T_{\text{lm,desup}} + (1 - f_{\text{desup}}) U A_c \Delta T_{\text{lm,tp}} \tag{3-26}$$

$$Q_e = U A_e \Delta T_{\text{lm,e}} \tag{3-27}$$

其中，A_c 与 A_e 分别为冷凝器与蒸发器的换热面积；$\Delta T_{\text{lm,desup}}$、$\Delta T_{\text{lm,tp}}$ 及 $\Delta T_{\text{lm,e}}$ 依次为冷凝器脱过热段、冷凝段及蒸发器内的对数平均温差；f_{desup} 为脱过热段放热量占冷凝器总放热量的比例。

基于上述假设并结合式 (3-26) 及式 (3-27)，换热器内的冷热流体间的热传递过程可通过如下参数表征：

$$\frac{UA_{\text{total}}}{Q_c} = \frac{Q_e}{Q_c} \frac{1}{\Delta T_{\text{lm,e}}} + \frac{1}{\Delta T_{\text{lm,c}}} \tag{3-28}$$

$$\Delta T_{\text{lm,c}} = f_{\text{desup}} \Delta T_{\text{lm,desup}} + (1 - f_{\text{desup}}) \Delta T_{\text{lm,tp}} \tag{3-29}$$

通过设置式 (3-28) 等号左边项为常数，可以降低不同工质制热能力上的差异对换热负荷的影响。

对于蒸气压缩循环，其内部不可逆损失主要来自以下四个热力过程：冷凝器中工质向换热流体的传热 (δS_{con})、蒸发器中换热流体向工质的传热 (δS_{eva})、气相压缩过程 (δS_{com}) 及节流过程 (δS_{thro})。各热力过程的不可逆损失计算如下[24]：

$$\delta S_{\text{con}} = \sum_{i=1}^{n} \left(\frac{q_i}{T_{\text{f}i}} - \frac{q_i}{T_{\text{r}i}} \right) \tag{3-30}$$

$$\delta S_{\text{eva}} = \sum_{j=1}^{m} \left(\frac{q_j}{T_{\text{r}j}} - \frac{q_j}{T_{\text{f}j}} \right) \tag{3-31}$$

$$\delta S_{\text{comp}} = S_b - S_a \tag{3-32}$$

$$\delta S_{\text{thro}} = S_e - S_d \tag{3-33}$$

在计算换热器内传热熵增时，按照等焓降将换热器划分为若干微元段，其中冷凝器 15 段，蒸发器 10 段。T_f 与 T_r 分别为换热流体与工质的温度，可通过能量守恒定律计算得到。

选取三种代表性混合工质进行计算，包括非共沸等熵工质 R290/R600a、近共沸等熵工质 R134a/R1234yf 及非共沸干工质 R32/R152a。设定换热器参数 $UA_{\text{total}}/Q_c=0.36$，并据此得到蒸发与冷凝压力，通过调节冷凝器换热面积占总换热面积的比例得到循环最大 COP。

图 3-14 描述了三种混合工质过热参数 ζ 及相应压缩机出口过热度 SHD 随混

合工质组成的变化趋势，其中混合工质的组成由各混合工质的第一组元质量分数
(x_1)表示。如图所示，对于 R290/R600a 和 R134a/R1234yf 两种潜在的等熵混合工
质，其过热参数随混合工质中干工质组元质量分数的增加而近似线性地由 $\zeta < 1$ 逐
步增大为 $\zeta > 1$。而干工质 R32/R152a 的 ζ 则在整个组成变化范围内始终保持大于
1，且 ζ 的增速随 R32 质量分数的增加而逐渐减小，并在 R32 质量分数达到 0.9
后 ζ 开始表现出减小趋势。上述干工质 R32/R152a 的 ζ 值随组成的变化规律可能
与其对比温度(T_r)的变化有关。当 R32 质量分数由 0 变为 1 时，相应的对比温度
由 0.85 增加为 0.92。而 ζ 受对比温度影响显著，其值一般随着对比温度的增加而
减小。由于对比温度增幅较大，该干工质的 ζ 出现减小趋势。

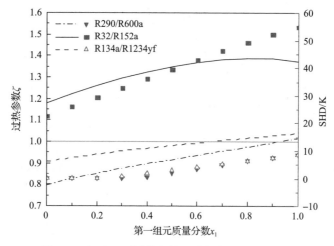

图 3-14　混合工质过热参数及过热度随组成的变化

　　与 ζ 不同，各混合工质在压缩机出口的过热度均随着第一组元质量分数的增
大而保持稳定的增长趋势。具体而言，混合工质 R290/R600a 及 R134a/R1234yf
的 SHD 随干工质组元质量分数的增加而逐渐由接近 0 的负值增长至约 10K。负的
SHD 表示压缩机出口处的工质已经处于气液两相状态。与上述两等熵混合工质相
比，干工质 R32/R152a 具有更高的 SHD，随 R32 质量分数的增大而逐渐由最小值
22.7K 增加至最大值 54.9K。混合工质 R32/R152a 的 ζ 值在整个压力变化过程中都
大于 1，这是其具有明显较大 SHD 的主要原因。

　　图 3-15 对不同混合工质在冷凝器脱过热过程中的放热量及熵增情况进行了比
较。与预期一致，工质脱过热过程释放的热量占冷凝器总换热量的比例均随过热
度的增大而增加。由于干工质 R32/R152a 具有较大的过热度，使用该工质时，会
有更高比例(12.4%～30.8%)的冷凝热来自过热蒸气的冷却过程。当干工质组元质
量分数较低时两种等熵混合工质会以气液两相状态离开压缩机，因而不存在脱过
热过程，所有冷凝热均来自冷凝压力下工质的相变潜热。

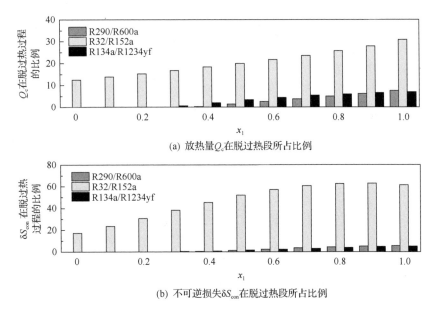

(a) 放热量Q_c在脱过热段所占比例

(b) 不可逆损失δS_{con}在脱过热段所占比例

图 3-15　脱过热段对冷凝过程的影响

随着过热度的增加,冷凝器脱过热段内的传热熵增增大。同时,增大的过热度可能会对冷凝器内换热流体与工质间的温度滑移匹配造成不利影响,导致冷凝过程不可逆损失也有所增加,因此脱过热过程熵增占冷凝器总传热熵增的比例有可能随干度增大而减小。如图 3-15(b) 所示,对于混合工质 R32/R152a,当 R32 质量分数达到 0.7 后,脱过热段的熵增所占比例的增速逐渐趋缓,并在 R32 质量分数达到 0.9 后,脱过热段熵增的所占比例出现下降。

基于冷凝器内换热系数为定常数的假设,冷凝器总换热面积中脱过热段所占的比例可以表达为$f_{desup} \times (\Delta T_{lm,c} / \Delta T_{lm,desup})$。由于给定换热器参数 UA_{total}/Q_c,不同混合工质组成下对应于 COP 最大值的 $\Delta T_{lm,c}$ 也基本保持稳定,这表明脱过热段换热面积所占比例将主要决定于该过程的放热量(f_{desup})及对数平均温差($\Delta T_{lm,desup}$)。

图 3-16 描述了三种混合工质脱过热段换热面积所占比例随组成的变化趋势。可以看到,对于干工质 R32/R152a,用于冷却过热蒸气的换热面积占冷凝器总面积的 20%~55%,而这远高于使用其他两种混合工质时脱过热段换热面积所占比例。与此同时,随着 R32 质量分数的增加,脱过热段换热面积所占比例加速增大。根据图 3-15(a),对于混合工质 R32/R152a,其脱过热段放热量所占比例随 R32 质量分数的增加而加速增大。此外,计算结果反映出该混合工质在脱过热段的对数平均温差表现出随 R32 质量分数增加先增大后减小的变化趋势。综合上述原因,混合工质 R32/R152a 脱过热段换热面积所占比例表现出随 R32 质量分数增大而加速增大的趋势。

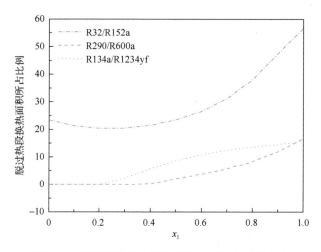

图 3-16　脱过热段换热面积所占比例随组成的变化

　　值得注意的是，当 R32 质量分数在 0～0.2 增大时，脱过热段换热面积所占比例出现轻微下降，这可能是由于在该质量分数范围内脱过热段的对数平均温差增速高于冷凝器整体对数平均温差增速。另外两种混合工质脱过热段换热面积所占比例的变化规律可用相似的方法解释。总体上，冷凝器中脱过热段换热面积所占比例随过热度增大而增大，使用干工质时更多的冷凝器换热面积将用于冷却过热蒸气。

　　图 3-17 给出了三种混合工质 COP 及冷凝器内换热流体与工质温度滑移之差随混合物组成的变化趋势。根据图 3-15(a)，非共沸干工质 R32/R152a 在整个组成变化范围内表现出最高的 COP，其后依次是非共沸等熵工质 R290/R600a 及近共沸等熵工质 R134a/R1234yf。对于两种非共沸有机工质，其 COP 表现出随低沸点组元质量分数增加而先增大后减小的变化趋势；而近共沸有机工质的 COP 始终随 R134a 质量分数的增大而增大。可以看到，冷凝器中的温度滑移匹配的变化与两种非共沸有机工质的 COP 变化之间存在较明显关联。如图 3-17(b)所示，两种非共沸有机工质的温度滑移之差表现出与 COP 相反的变化规律。以混合工质 R290/R600a 为例，温度滑移之差的最小值出现在 R290 质量分数约为 0.5 的混合工质组成下，而该组成接近 COP 最大值对应的组成(R290 质量分数为 0.4)。上述组成上微小的差别可能是由过热度随 R290 质量分数增大而增加导致的：增加的过热度在一定程度上抵消了由于温度匹配良好带来的有益效果，因而 COP 的最大值与温度滑移之差最小值并没有在相同组成下出现。需要指出的是，虽然混合工质 R290/R600a 与 R32/R152a 在各自的冷凝压力下具有相近的工质侧温度滑移，但由于后者脱过热段放热量较大，减小了冷凝器内两相区换热流体侧的温度滑移，使得冷热流体温度滑移更为匹配，从而导致干工质 R32/R152a 表现出更高的 COP。

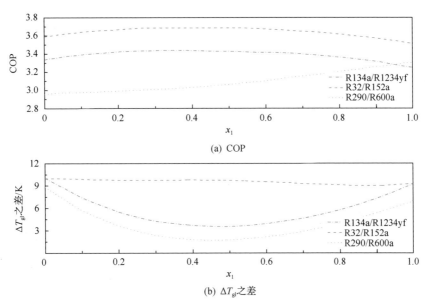

(a) COP

(b) ΔT_{gl}之差

图 3-17　三种混合工质循环性能计算结果比较

表 3-3 反映了改变换热器参数 $A_{total}U/Q_c$ 设定值对于冷凝器内冷热流体间的换热过程以及 COP 的影响。随着换热器参数设定值的增加，冷凝器内对数平均温差值逐渐减小，同时窄点温度值相应减小，这导致冷凝器内工质侧温度滑移有所增加，同时 COP 有所提高。另外，随着冷凝压力的下降，混合工质饱和气相线斜率增大，但工质的过热度却呈减小趋势，这表明显著的压力变化对于过热度起主要影响。由于过热度减小，脱过热段对在冷凝器总放热量及总熵增中占的比例均有一定程度的减小。

表 3-3　改变换热器参数设定值对计算结果的影响

$A_{total}U/Q_c/K^{-1}$	x_{R290}	SHD/K	$\Delta T_{pp}/℃$	$\Delta T_{gl}/K$	$f_{desup}/\%$	$\delta S_{desup}/\%$	ζ_{con}	COP
	0.1	0	6.7	2.8	0	0	0.8243	2.95
0.18	0.4	0.7	8.3	6.1	0.5	0.4	0.8948	2.97
	0.8	7.4	7.5	3.6	6.2	5.8	0.9737	2.91
	0.1	0	2.1	2.9	0	0	0.8280	3.39
0.36	0.4	0.3	3.4	6.3	0.2	0.2	0.8973	3.43
	0.8	6.4	2.7	3.7	5.0	4.3	0.9757	3.36
	0.1	0	0.5	2.9	0	0	0.8296	3.62
0.72	0.4	0.1	1.4	6.4	0.1	0.1	0.8988	3.72
	0.8	5.8	3.8	3.8	4.5	3.4	0.9767	3.62

图 3-18 对传统蒸气压缩循环四个主要热力过程的不可逆损失情况进行了比较。由图可见，当压缩机等熵效率为 1 时，蒸气压缩循环的不可逆损失有约 75% 来自节流过程；当压缩机等熵效率为 0.5 时，压缩过程的不可逆损失所占比例最大，达到约 68%，而节流过程不可逆损失占比下降至约 23%。随着压缩机等熵效率的提高，冷凝器与蒸发器内传热不可逆损失占比有所增大，但均未达到 15%。可以看到，对于接近实际压缩机等熵效率的情况($\eta_s=0.75$)，传热过程为整体循环贡献了约 15% 的不可逆损失，而其余约 85% 的不可逆损失来自节流与压缩过程。可见，为了最大限度地提高系统效率，除了通过实现良好的温度滑移匹配以减小传热过程不可逆损失外，还应该对节流与压缩过程的熵增采取措施。

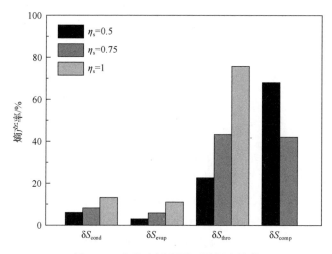

图 3-18   各热力过程不可逆损失比较

3.4 温度滑移与组分迁移

3.4.1 温度滑移

理论上来说，在一个逆流换热器中，当工质相变温度变化曲线与换热流体相匹配时，可以减少不可逆损失，COP 会有所上升。这种匹配能够在换热流体和工质间保持基本上恒定的温差，这个现象称为滑移匹配。从而逼近 Lorenz 循环，减少了换热过程中的不可逆性，改善性能和能源效率。

另外，对于压缩蒸气式制冷或热泵循环，滑移匹配的间接优势在于[25]：

(1)压缩机在相对较低的压力范围内工作，改善 COP。

(2)相比于纯工质系统，输送相同的流体温度和负荷，用相对较小的压缩功可以获得更高的流体温度。

然而，由于具有更小的传热温差，为了传递需要的热量，足够大的换热面积是系统滑移匹配的先决条件。

对于常见的换热流体，如空气、水等，在换热器中进行换热时，通常状态下不会发生显著的相变过程，且在进出换热器温差不大的情况下，物性的变化也不大，这使得此类换热流体在换热器中换热时，温度呈现出近似线性的变化分布[26]。但是，温度滑移较大的非共沸有机工质在换热器中相变时，其温度变化却可能是非线性的。如图 3-19 所示，当非共沸有机工质在两相区的温度变化呈非线性的时候，在两个换热器中的一个可能出现相变传热窄点，阻碍换热的进行；而另一个则出现比较大的传热温差，增加了不可逆损失。

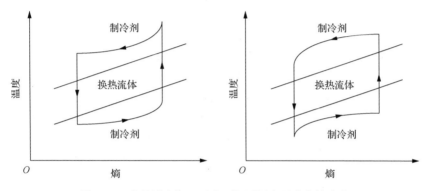

图 3-19　非共沸有机工质在两相区温度呈非线性变化

具有较大温度滑移的非共沸有机工质更易展现出两相性质的非线性，这个特点能够影响蒸发器或冷凝器的整体匹配情况。如图 3-19 所示，这个非线性特性使保证工质和换热流体间的恒定温差变得困难。此外，设置达到完美温度匹配的换热流体质量流量也很困难。另外，由于其非线性，窄点可能发生在相变换热的过程中，引起换热有效性的降低。

非线性会让相变过程中的中间温度高于或低于线性对应的温度，这意味着实际的温差将高于或低于设计/期望值。这严重影响了基于传热单元数 (number of transfer units，NTU) 法和对数平均温差 (logarithmic mean temperature difference，LMTD) 法的换热器设计结果。

当利用线性工质和流体换热时，完美的滑移匹配只能在一个特定的换热流体质量流量下获得，通常在设计额定工况下获得。工质压力以及换热流体的质量流量将影响滑移匹配程度。换热流体的质量流量对滑移匹配的影响如图 3-20 所示。当换热流体的质量流量不等于完美滑移匹配相对应的质量流量时，将产生欠匹配和过匹配。图 3-20 中的水平线代表完美滑移匹配 (案例 a)，案例 b 和案例 c 分别代表过匹配和欠匹配情况。斜率越大代表不匹配性越高，通常导致系统性能不佳。

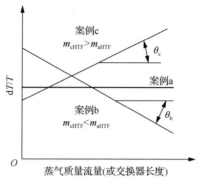

图 3-20　温度滑移匹配程度[25]

　　传热温差在为热传递提供动力的同时也引起了能量损失，这是造成热泵循环不可逆损失的因素之一。减少传热不可逆损失的有效途径是使换热器内冷热流体之间形成良好的温度滑移匹配。与纯工质相比，非共沸有机工质在蒸发与冷凝过程中表现出明显的变温相变特性[27, 28]，这在理论上可使工质与传热流体之间形成处处相等的传热温差，继而使逼近 Lorenz 循环成为可能。然而要做到这一点是困难的：一方面，非共沸有机工质表现出的温焓非线性关系可导致换热器两相区内出现相变传热窄点；另一方面，压缩机排出的过热蒸气使得冷凝器脱过热区内很难形成良好的温度匹配。

　　对于第一方面问题，国内外学者开展了大量理论与实验研究，完善了非共沸有机工质特性理论。Venkatarathnam 等[2, 29]针对非共沸有机工质的变温相变特性进行了较为深入的理论研究，建立了判断换热器内出现相变传热窄点与最大传热温差的关系式，为非共沸有机工质相变传热窄点理论的发展奠定了基础。东南大学金星和张小松[30]结合多种非共沸有机工质温度随焓的变化情况，对Venkatarathnam 等的窄点理论进行了修正，并从理论证明了传热过程中可同时出现相变传热窄点及最大传热温差。中国科学院理化技术研究所公茂琼等[31]通过理论计算发现非共沸有机工质的组成会影响相变传热窄点的位置，认为换热器内理想的温度匹配可通过优化混合工质循环浓度实现。西安交通大学冯永斌等[32]的研究结果表明随着非共沸有机工质组元沸点差的增大，冷凝器内相变传热窄点现象增强。Mulroy 等[27]指出二元非共沸有机工质的温焓非线性程度可以通过添加具有中间沸点温度的第三组元来改善。此外，天津大学研究团队也针对非共沸有机工质相变传热窄点问题的机理开展了系统性研究，提出了基于相变传热窄点的二元非共沸有机工质优选标准[33, 34]，并通过建立二流体换热几何模型成功寻找出影响相变传热窄点的决定性变量[35]，进一步完善了相变传热窄点的发生及迁移理论。

　　至于第二方面的问题，应该从减小压缩机排气的过热度入手。提升压缩机效率是降低压缩机排气过热度的主要途径。然而，对于某些工质，即使压缩过程为等熵过程，压缩机排气仍会具有一定的过热度，如图 3-21 所示。此时，过热度与工质自身特性有关，而对于此问题目前还缺乏深入的研究。

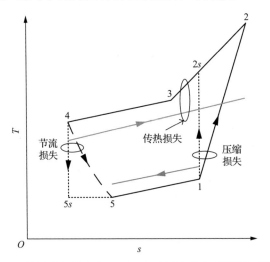

图 3-21 使用非共沸有机工质可部分减小换热过程不可逆损失

非共沸有机工质主要是指由两种及两种以上组元组成的混合物，在气液相平衡时气相和液相的组分总是不同。

如图 3-22 所示，在相变的过程中，由于组分的不断变化，蒸发或冷凝温度也随着相变的进行而不断变化，其中露点温度与泡点温度之差称为温度滑移，即线段 *BD'* 对应的温差。由于非共沸有机工质具有这些特点，会产生温度滑移匹配、组分迁移以及相变换热等特性，这些特性本身会对热力学系统产生正面或负面的影响。为了积极地利用有利影响，降低不利影响，应对非共沸有机工质这些特性展开研究。

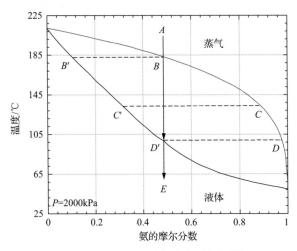

图 3-22 2000kPa 时氨水相平衡图[36]

3.4.2　非共沸有机工质蒸发过程中组分迁移特性理论分析

　　组分迁移对系统性能有很大的影响，为了简化计算，模型中认为气液主体均处于气液相平衡状态。然而，在 Shock[37]对非共沸有机工质传热传质的研究中发现，其蒸发过程实际上是一个非平衡过程。只有气液相界面可以认为处于气液相平衡状态。因此，本节通过建立蒸发过程的传热传质模型，进一步开展蒸发过程中组分迁移理论研究，考察质量流速、热流密度、入口组分和蒸发压力对蒸发过程组分迁移的影响规律。

　　在文献中存在多种方法模拟混合工质的相变过程以及设备的设计流程。主要存在以下三种模型：

　　(1)控制方程模型。

　　(2)平衡和经验模型。

　　(3)非平衡薄膜模型。

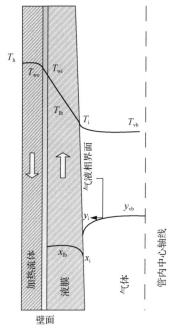

图 3-23　非共沸有机工质环状流对流
蒸发的温度与浓度曲线

T_h为加热流体温度；T_{wo}为外壁面温度；T_{wi}为壁面与液膜的界面温度；T_{lb}为液膜温度变化；T_i为液相与气相界面的温度；T_{vb}为气相主体的温度；x_{lb}为液膜主体的液相组分；x_i为气液交界面处的液相组分；y_i为气液交界面处的气相组分；y_{vb}为气相主体的气相组分

　　控制方程模型是指直接考虑将通量连续方程、动量方程、能量方程和物质方程耦合，分别列出气液相平衡方程，同时在界面处通过通量连续方程、能量方程和气液相平衡方程连接，得到整个蒸发过程的各个热力学和水力学参数。

　　平衡和经验模型是指假设在相变过程中气液相处于完全平衡状态，同时忽略气相的传质影响。

　　虽然控制方程模型的结果更加准确，但是所需要求解的方程量大，计算量也大。而平衡和经验模型忽略了传质对非共沸有机工质相变的影响，在某种程度上会导致结果的精度不高，因此本节将采用非平衡薄膜模型作为理论研究的基础。这个模型首先由 Colburn 和 Drew[38]建立，之后 Price 和 Bell[39]对其进行重新组织，使之更加适合设备的设计。非平衡薄膜模型主要是指气液相平衡只存在于气液相界面处，气相主体和液相主体温度及浓度与气液相界面处不同。例如，非平衡条件下蒸发过程中的温度与浓度曲线如图 3-23 所示。这个过程中的传热阻力和传质阻力如图 3-24 所示。

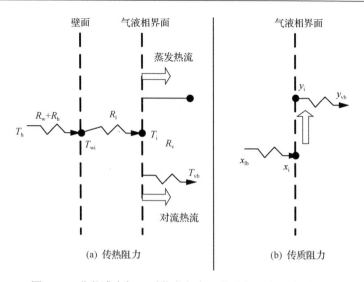

图 3-24　非共沸有机工质蒸发各个环节传热阻力和传质阻力

R_w 为壁面导热热阻；R_h 为对流换热热阻；R_l 为液相中的传热热阻；R_v 为气相中的传热热阻；其他变量含义见上图

根据非平衡薄膜理论，为了简化计算，做出如下假设：

(1)忽略气相主体中的液滴和液膜中的气泡。

(2)液膜表面光滑，忽略波状效应。

(3)只有气液相界面处于气液相平衡。

(4)忽略重力对液膜分布的影响。

(5)两组分可按任意比互溶。

(6)轴向上的传热传质相对于蒸发通量可以忽略。

对于气侧界面传质过程，气相的摩尔流量 $\dot{N}_1$ 由两部分组成：扩散流量 $J_1 A$ 和对流流量 $Y\dot{N}$，即

$$\dot{N}_1 = J_1 A + Y\dot{N} \tag{3-34}$$

其中，$\dot{N}$ 为摩尔流量；J 为扩散速率；Y 为气相低沸点摩尔分数。

根据菲克定律：

$$J_1 = -Dc\frac{\partial Y}{\partial y} \tag{3-35}$$

其中，D 为扩散系数；c 为摩尔浓度。

由方程(3-34)和方程(3-35)，同时除以气液界面面积 A，可以改写成

$$\frac{\dot{N}}{A} = \frac{J_1}{\dot{N}_1 / \dot{N} - Y} = -Dc\frac{\dfrac{\partial Y}{\partial y}}{\dot{N}_1 / \dot{N} - Y} \tag{3-36}$$

由于两组分的摩尔通量独立于位置坐标 y，总的摩尔通量 $\dot{N}/A$ 和 $\dot{N}_1/\dot{N}$ 也独立于 y，可以对方程进行积分。如图 3-25 所示，由气液相界面至气相主体进行积分，其中浓度边界层为 δ。通过积分可以得到

$$\frac{\dot{N}}{A}\delta = Dc\ln\frac{\dot{N}_1/\dot{N}-Y_{\mathrm{v}}}{\dot{N}_1/\dot{N}-Y_{\mathrm{i}}} \tag{3-37}$$

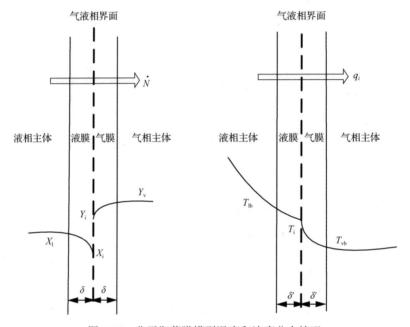

图 3-25　非平衡薄膜模型温度和浓度分布情况

当引入传质系数 $\beta_{\mathrm{v}} = D/\delta$ 时，式(3-37)可以变成

$$\frac{\dot{N}}{A} = \dot{n} = \beta_{\mathrm{v}}c\ln\frac{\dot{N}_1/\dot{N}-Y_{\mathrm{v}}}{\dot{N}_1/\dot{N}-Y_{\mathrm{i}}} = \beta_{\mathrm{v}}c\ln\frac{Z_1-Y_{\mathrm{v}}}{Z_1-Y_{\mathrm{i}}} \tag{3-38}$$

其中，Z_1 为组分 1 的摩尔通量与组分 2 的摩尔通量之比，即 $\dot{N}_1/\dot{N}$。

同理，对于液侧界面薄膜，有

$$\frac{\dot{N}}{A} = \dot{n} = \beta_{\mathrm{l}}c\ln\frac{\dot{N}_1/\dot{N}-X_{\mathrm{i}}}{\dot{N}_1/\dot{N}-X_{\mathrm{l}}} = \beta_{\mathrm{v}}c\ln\frac{Z_1-X_{\mathrm{i}}}{Z_1-X_{\mathrm{l}}} \tag{3-39}$$

通过界面的热流通量主要包括两部分：潜热通量 q_{L} 与显热通量 q_{S}。

潜热通量主要是通过界面处的蒸发通量：

$$q_{\mathrm{L}} = \dot{n}[Z_1 H_{\mathrm{L}1} + (1 - Z_1)H_{\mathrm{L}2}] \tag{3-40}$$

通过界面处的显热通量主要有两种方式：对流换热(蒸发通量的冷却)和热传导换热(气相主体通过气膜传热)，可以表达为

$$q_{\mathrm{S}} = \dot{n}[Z_1 c_{p1}(T - T_{\mathrm{v}}) + (1 - Z_1)c_{p2}(T - T_{\mathrm{v}})] - \lambda \frac{\mathrm{d}T}{\mathrm{d}y} \tag{3-41}$$

由气液相界面至气相主体进行积分，其中温度边界层为 δ'。通过积分可以得到

$$q_{\mathrm{S}} = \alpha_{\mathrm{v}}'(T_{\mathrm{i}} - T_{\mathrm{v}}) \tag{3-42}$$

其中

$$\alpha_{\mathrm{v}}' = \frac{\alpha_{\mathrm{v}} \phi_T}{1 - \mathrm{e}^{-\phi_T}} \tag{3-43}$$

$$\alpha_{\mathrm{v}} = \frac{\lambda}{\delta'} \tag{3-44}$$

$$\phi_T = \frac{\dot{n}[Z_1 c_{p1} + (1 - Z_1)c_{p2}]}{\alpha_{\mathrm{v}}} \tag{3-45}$$

因此，有

$$q_{\mathrm{i}} = \dot{n}[Z_1 H_{\mathrm{L}1} + (1 - Z_1)H_{\mathrm{L}2}] + \alpha_{\mathrm{v}}'(T_{\mathrm{i}} - T_{\mathrm{v}}) \tag{3-46}$$

同时，由于界面处于气液相平衡，有

$$(X_{\mathrm{i}}, Y_{\mathrm{i}}) = f(T_{\mathrm{i}}, P) \tag{3-47}$$

本节界面处气液相的组成均由 REFPROP 软件进行计算。

由图 3-26 中的控制体可知，对于气相主体，由能量守恒可知：

$$\dot{N}_{\mathrm{v}} H_{\mathrm{v}} + \{\dot{n}[Z_1 H_{\mathrm{vi}1} + (1 - Z_1)H_{\mathrm{vi}2}] + q_{\mathrm{S}}\}\mathrm{d}A = (\dot{N}_{\mathrm{v}} + \mathrm{d}\dot{N}_{\mathrm{v}})(H_{\mathrm{v}} + \mathrm{d}H_{\mathrm{v}}) \tag{3-48}$$

其中，$\dot{N}_{\mathrm{v}}$ 为气相摩尔流量；H_{vi} 为界面处气相焓值。将 $\mathrm{d}\dot{N}_{\mathrm{v}} = \dot{n}\mathrm{d}A$ 和 $\mathrm{d}H_{\mathrm{v}} = c_{p_{\mathrm{v}}}\mathrm{d}T_{\mathrm{v}}$ 代入式(3-48)，并略去二阶小项，可得

$$\frac{\mathrm{d}T_{\mathrm{v}}}{\mathrm{d}A} = \frac{1}{\dot{N}_{\mathrm{v}} c_{p_{\mathrm{v}}}} \{\dot{n}[Z_1 H_{\mathrm{vi}1} + (1 - Z_1)H_{\mathrm{vi}2} - H_{\mathrm{v}}] + q_{\mathrm{S}}\} \tag{3-49}$$

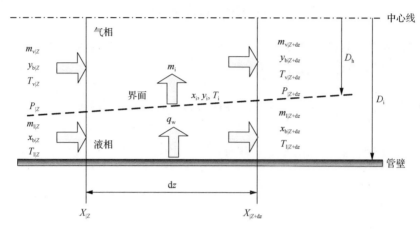

图 3-26　控制体示意图

对于气相主体，由组分守恒可知：

$$\dot{N}_v Y_b + \dot{n}Z_1 dA = (\dot{N}_v + d\dot{N}_v)(Y_b + dY_b) \tag{3-50}$$

将 $d\dot{N}_v = \dot{n}dA$ 代入式(3-50)，并略去二阶小项，可得

$$\frac{dY_b}{dA} = \frac{1}{\dot{N}_v}[\dot{n}(Z_1 - Y_b)] \tag{3-51}$$

相似地，对于液相主体，有

$$\frac{dX_b}{dA} = \frac{1}{\dot{N}_1}[\dot{n}(X_b - Z_1)] \tag{3-52}$$

气相传热系数由 Gnielinski 关联式进行计算：

$$\alpha_v = \frac{\lambda}{d_h} \frac{\left(\frac{f}{8}\right)(Re_v - 1000)Pr_v}{1 + 12.7\left(\frac{f}{8}\right)^{\frac{1}{2}}\left(Pr_v^{\frac{2}{3}} - 1\right)} \tag{3-53}$$

其中，$f = (1.82\lg Re_v - 1.64)^{-2}$。气相传质系数由 Chiton-Colturn 类比得到

$$\beta_v = \frac{\alpha_v}{\rho_v c_{p_v}} Le^{\frac{2}{3}} \tag{3-54}$$

液相传质系数由 Palen 等关联式进行计算：

$$\beta_l = \frac{D_{12}}{\delta_l} 0.00631 Re_l^{0.931} Sc_l^{0.5} \tag{3-55}$$

其中，D_{12} 为液相扩散系数，由 Wilke 和 Lee 关联式获得。

前面的非线性微分方程组无法直接得到分析解。因此本节采用数值解法。将换热过程按轴向进行离散。假如离散长度 dz 足够小，那么控制体的物性、传热传质系数可以通过入口的温度、压力等获得。为了求解前面的方程组，计算界面温度、气液相组分及蒸发通量，由 MATLAB 编写程序，同时设计如下的算法。

(1) 假设界面温度为 T_i。

(2) 由蒸发压力、界面温度，通过状态方程计算液相界面组分 x_i 和气相界面组分 y_i。

(3) 计算液相传质系数 β_l、气相传热系数 α_v 和气相传质系数 β_v。

(4) 通过求解方程(3-38)和方程(3-39)，获得蒸发通量 $\dot{n}$ 和 Z_l。

(5) 将蒸发通量 $\dot{n}$ 和 Z_l 代入能量守恒方程(3-46)，计算界面温度 T_l'。

(6) 通过计算的界面温度 T_l' 与假设的界面温度 T_l 比较，若相同，则继续计算，否则转到步骤(1)。

(7) 分别求解方程(3-39)、方程(3-41)和方程(3-42)，获得下一个控制体入口的气相主体温度 T_b、组分 y_b 和液相主体组分 x_b。

(8) 计算下一个控制体，重复步骤(1)～(7)，直到蒸发过程完全结束。

为了说明非平衡模型与平衡模型的差异性，选取 R600a 和 R601(0.5/0.5，质量分数比)作为研究对象，研究工况为质量流速为 300kg/($m^2 \cdot s$)，热流密度为 20kW/m^2，蒸发压力为 300kPa。非平衡与平衡条件下 R600a 和 R601 的组分、温度和沿程组分随干度的变化如图 3-27～图 3-29 所示。

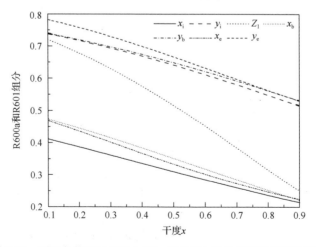

图 3-27　不同条件不同位置 R600a 和 R601 组分随干度的变化情况

下标：i 为界面；e 为平衡条件；b 为相主体

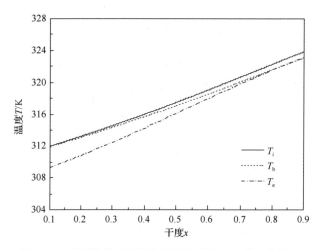

图 3-28　不同条件下不同位置的温度随干度的变化情况

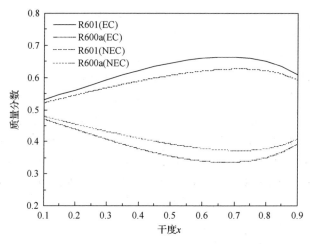

图 3-29　不同条件下沿程组分随干度的变化

EC 为平衡条件；NEC 为非平衡条件

　　从图 3-27 中可以看到，当考虑传质效应时，随着干度的增加，气相主体中低沸点组分总是低于平衡时气相低沸点组分，而液相主体中低沸点组分总是高于平衡时液相低沸点组分。这是由于在不平衡条件下，只有气液相界面处于平衡状态。在气液相界面处，低沸点的工质先蒸发，因此，气相中的低沸点工质要多于高沸点工质；由于存在浓度差，低沸点工质会向相界面进行传质，从而气相主体中低沸点组分要低于平衡时气相低沸点组分。由于气相向液相传质，液相主体中低沸点组分要高于平衡时液相低沸点组分。

　　这种相界面的传质效应会导致如图 3-28 所示的界面温度的升高。在相同的热流密度下，界面温度的升高意味着有效传热驱动力的减少。因此，在相同的条件下，非共沸有机工质的传热系数要低于其组元纯工质的传热系数。

图 3-29 给出了不同条件下沿程组分随干度的变化。从图中可以看到，非平衡条件下的沿程低沸点组分要高于平衡条件下的沿程低沸点组分。这是由于传质效应会使一部分低沸点工质向液相传质，这在一定程度上削弱了组分迁移的影响。

3.4.3　热力学参数的影响

为了分析热力学参数对水平管内非共沸有机工质蒸发过程组分迁移变化的影响，分别对不同的工况进行研究，如表 3-4 所示。根据 3.1 节对非平衡过程传热传质阻力分析可知，三个参数 $x_b–x_i$、$y_b–y_i$ 和 $T_i–T_{vb}$ 可以定性描述传质和传质阻力的相对大小。为了在相同的基准下进行比较，在本节的讨论中采用干度作为相同的自由变量。

表 3-4　研究的工况

工况参数	数值
工质	R600a/R601
组成(低沸点质量分数)/%	20、30、50、70、90
铜管内径/mm	7.9
蒸发压力/kPa	200、300、400
质量流速/[kg/(m²·s)]	200、300、400
热流密度/(kW/m²)	10、20、30

1. 质量流速

首先来讨论质量流速对气相与界面组分差、液相与界面组分差和气相主体与界面温度差的影响，如图 3-30 所示。研究工况如下：蒸发压力为 300kPa，热流密度为 20kW/m²，R600a/R601(0.5/0.5，质量分数比)。

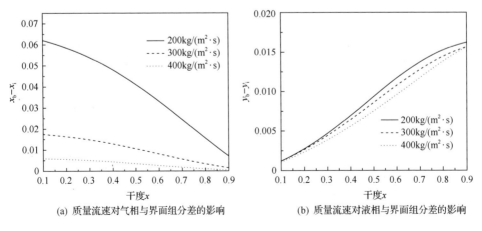

(a) 质量流速对气相与界面组分差的影响　　　(b) 质量流速对液相与界面组分差的影响

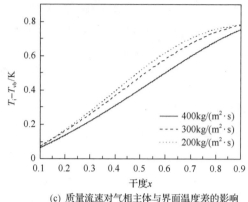

(c) 质量流速对气相主体与界面温度差的影响

图 3-30　质量流速对气相与界面组分差、液相与界面组分差和气相主体与界面温度差的影响

从图 3-30(a) 和 (b) 中可以看到，气相主体中和液相主体中低沸点组分高于界面中低沸点组分，而 y_b-y_i 随着干度的增加而增加，x_b-x_i 随着干度的增加而减少。这是由于，当干度较低时，饱和液相受热快速蒸发，液相主体与气液相界面形成了较大的浓度差，而此时由于气相流速较慢，传质没有充分展开，气相主体与气液相界面的浓度差较小。当干度较大时，传质充分进行，减小了液相主体与气液相界面的浓度差，而会增加气相主体与气液相界面的浓度差。同时可以发现，质量流速越大，y_b-y_i 和 x_b-x_i 越小，这是由于质量流速越大，对气液相的混合作用越明显，因此气液相主体与气液相界面的浓度差越小。

从图 3-30(c) 中可以看到，随着干度的增加，气相主体与界面温度差增加，这主要是由于 y_b-y_i 随着干度的增加而增加，如图 3-30(b) 所示。同时，可以看到，随着质量流速的增加，气相主体与界面温度差降低。这是由于在相同的热流密度下，质量流速的增加会增加气侧的换热系数，从而换热温差会降低。

从本节可知，质量流速的增加会降低气相中传热和传质阻力。

2. 热流密度

接下来将讨论热流密度对气相与界面组分差、液相与界面组分差和气相主体与界面温度差的影响，如图 3-31 所示。研究工况如下：质量流速为 $400kg/(m^2 \cdot s)$，蒸发压力为 300kPa，R600a/R601 (0.5/0.5，质量分数比)。

从图 3-31(a) 和 (b) 中可以看到，热流密度越大，气液相与界面组分差越大。这是由于热流密度越大，蒸发过程越剧烈，所以传质效应的贡献会受到影响。从图 3-31(c) 中可以看到，热流密度越大，气相主体与界面温度差越高。这是由于气侧的换热系数主要由质量流速控制，当质量流速一定时，气侧换热系数基本保持不变，所以换热温差会随着热流密度的增加而升高。

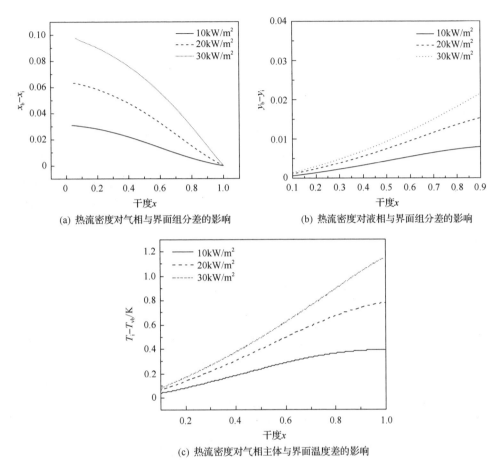

(a) 热流密度对气相与界面组分差的影响

(b) 热流密度对液相与界面组分差的影响

(c) 热流密度对气相主体与界面温度差的影响

图 3-31 热流密度对气相与界面组分差、液相与界面组分差和气相主体与界面温度差的影响

从本节可知,热流密度的增加会增加气相中传热和传质阻力。

3. 入口组分

这部分将讨论入口组分对气相与界面组分差、液相与界面组分差和气相主体与界面温度差的影响,如图 3-32 所示。研究工况如下:质量流速为 200kg/($m^2 \cdot s$),蒸发压力为 300kPa,热流密度为 20kW/m^2。

从图 3-32(a)和(b)中可以看到,气相与界面组分差基本随着干度的增加而减少,而液相与界面组分差基本随着干度的增加而增加。同时可以看到,不同入口组分下,组分差随着干度的变化率不同,分随着干度增加速度较快和随着干度增加速度缓慢两种。以图 3-32(b)中入口组分为 0.5 和 0.9 为例,其平衡条件下 dy_e/dx 的绝对值随干度的变化如图 3-33 所示。从图 3-33 中可以看到,不同的入口组分下,dy_e/dx 的绝对值随干度的变化趋势不同,同时这种趋势与图 3-32(b)中 y_b-y_i 随干度

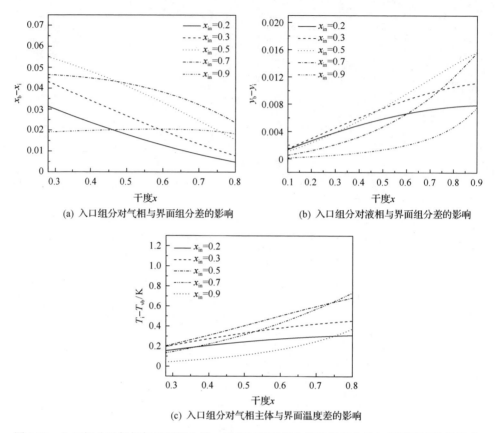

(a) 入口组分对气相与界面组分差的影响　　　　(b) 入口组分对液相与界面组分差的影响

(c) 入口组分对气相主体与界面温度差的影响

图 3-32　入口组分对气相与界面组分差、液相与界面组分差和气相主体与界面温度差的影响

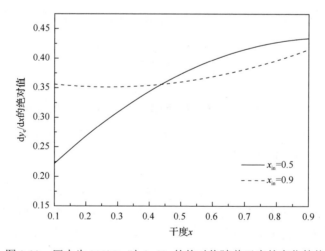

图 3-33　压力为 300kPa 时 $\mathrm{d}y_e/\mathrm{d}x$ 的绝对值随着干度的变化趋势

的变化趋势基本一致。这是因为气液相界面处于平衡条件，dy_e/dx 的变化趋势暗示着 y_i 的变化趋势，而 y_b 随干度基本呈现单调变化，如图 3-27 所示。因此，不同入口组分下，组分差随着干度的变化率不同。这种变化正是图 3-32（c）中气相主体与界面温度差随干度变化率不同的原因。

4. 蒸发压力

最后将讨论蒸发压力对气相与界面组分差、液相与界面组分差和气相主体与界面温度差的影响，如图 3-34 所示。研究工况如下：质量流速为 400kg/（m² · s），热流密度为 20kW/m²，R600a/R601（0.5/0.5，质量分数比）。

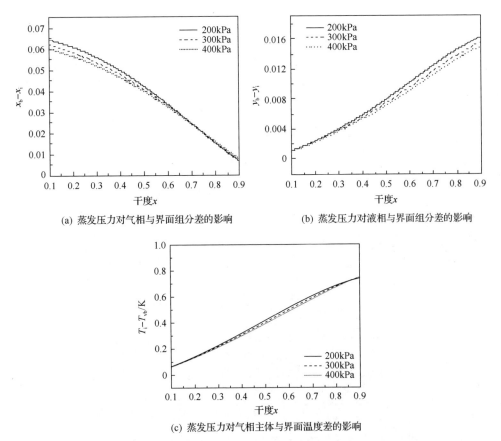

(a) 蒸发压力对气相与界面组分差的影响　　　　　　(b) 蒸发压力对液相与界面组分差的影响

(c) 蒸发压力对气相主体与界面温度差的影响

图 3-34　蒸发压力对气相与界面组分差、液相与界面组分差和气相主体与界面温度差的影响

从图 3-34 中可以看到，蒸发压力的增加会使气相与界面组分差、液相与界面组分差和气相主体与界面温度差减少。这是由于蒸发压力的增加会小幅减少气相、液相的传热传质系数，但是总体上蒸发压力对其影响不大。

3.4.4　混合工质流动沸腾实验

　　为测量非共沸有机工质的换热系数，建立实验台，实验原理如图 3-35 所示，实物如图 3-36 所示，主要包括主回路、加热回路和冷却回路。其中，主回路主要包括磁力齿轮泵、质量流量计、预热段、测试段和冷却段。磁力齿轮泵驱动工质流动，其流量可以通过变频器改变，同时，由科里奥利质量流量计测量其数值。工质在预热段由恒温水浴加热至预期的入口干度，然后在测试段由水进一步加热，使其流动沸腾。在测试段的进出口有两个流型观察段对工质的流型进行观察。工质的热量在螺旋管换热器中放出，冷却回路通过冷却塔将热量进一步放到环境中。被冷却的液体通过磁力齿轮泵再次进入预热段，完成一次循环。

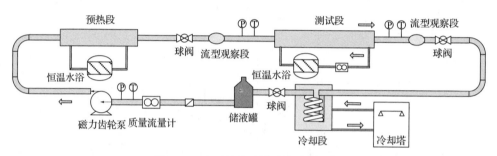

图 3-35　水平管流动沸腾实验原理图

图 3-36　水平管流动沸腾实验实物图

　　本实验的主要实验工况如表 3-5 所示。

表 3-5　非共沸有机工质水平管流动沸腾实验工况

实验参数	具体范围
工质	R601、R600a、R601/R600a（质量分数分别为 0.25/0.75、0.42/0.58、0.80/0.20）
管型和材料	光滑铜管
内径 D_i	4mm
测试段总长度 L	3000mm
饱和温度 T_s	40～60℃
质量流速 G	50～300kg/($m^2 \cdot s$)
热流密度 q	5～30kW/m^2
干度 x	0.1～0.9

实验结果及分析如下。

1. 入口干度的影响

图 3-37 给出了入口干度对换热系数的影响。不同的入口干度对换热系数的影响不大，这验证了实验系统的可靠性。通过观察可以看到，不同的工质所展现的规律不同。对于纯的 R601，换热系数随着干度的增加先减小后增加。而对于 R600a/R601（0.75/0.25，质量分数比），换热系数基本上呈增加的趋势。这主要是由于不同的换热机理所致。对于水平管内流动沸腾，当流体温度等于饱和温度，壁面具有一定过热度时，壁面上的气化核心会产生大量的气泡，饱和流动沸腾开始。Chen 等[8]认为流动沸腾主要有核态沸腾和对流蒸发两种作用机理。当干度较小时，核态沸腾占主导。随着干度的增加，流动作用会抑制核态沸腾的进行。当

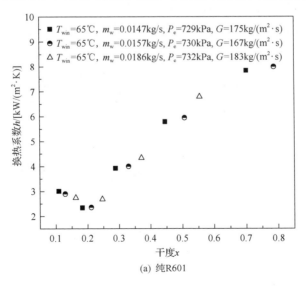

(a) 纯R601

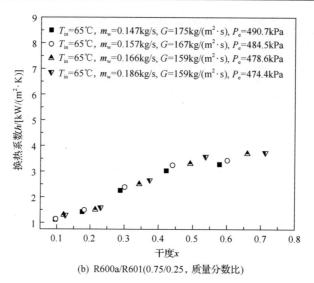

(b) R600a/R601(0.75/0.25, 质量分数比)

图 3-37　入口干度对纯工质和非共沸有机工质换热系数的影响

干度达到某一值后，核态沸腾会被完全抑制。此时，对流蒸发占主导。因此，R601的换热系数优先减小；而对于 R600a，这一干度值很小($x<0.1$)，在实验工况内，换热系数只是随着干度的增加而增加。

2. 蒸发压力的影响

图 3-38 给出了相同质量流速、不同蒸发压力对换热系数的影响。通过观察可以看到，蒸发压力对工质的换热系数影响较小，特别是对流蒸发区域；而对核态沸腾区域有一定的影响。这是由于在给定的过热度下，气泡的脱离直径主要与流体的物性(表面张力、蒸发潜热和气体密度)有关。压力的升高会引起气体密度的增加和表面张力的减小，因此有利于核态沸腾。从图 3-38(c)中可以看到，

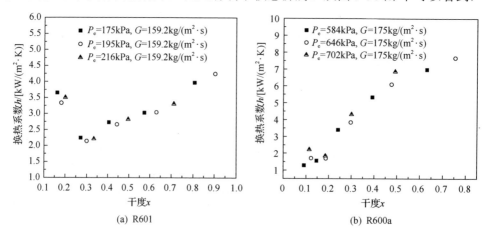

(a) R601　　　　　　　　　　　　　　　(b) R600a

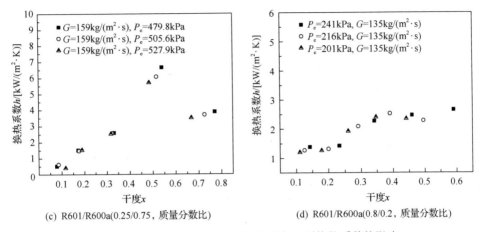

(c) R601/R600a(0.25/0.75，质量分数比)　　　　(d) R601/R600a(0.8/0.2，质量分数比)

图 3-38　蒸发压力对纯工质和非共沸有机工质换热系数的影响

R601/R600a(0.25/0.75，质量分数比)的换热系数随着干度的增加呈现先增加后减小的趋势。这是由于当干度较大时，随着蒸发的进行，干度越大，液膜越薄，传热热阻越小，换热系数越大。但是当干度到某一值之后，壁面上某些地方的液膜消失，即出现干涸现象，由于气体的传热热阻较大，换热恶化，换热系数开始减小。

3. 质量流速的影响

图 3-39 给出了质量流速对换热系数的影响。通过观察可以看到，质量流速对换热系数的影响较大。随着质量流速的增加，换热系数增加。质量流速的增加促进了对流蒸发，因此增加了换热系数。然而当干度较小时，核态沸腾占主导，因此质量流速的增加不能够有效地增加换热系数，换热系数曲线交叉在一起。

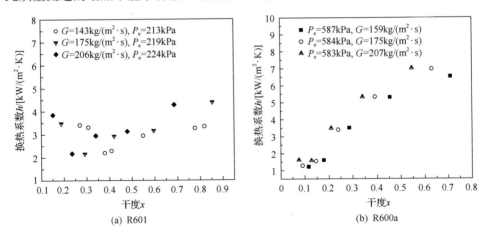

(a) R601　　　　　　　　　　　　(b) R600a

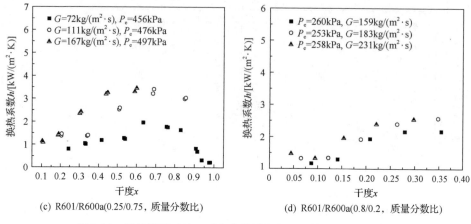

(c) R601/R600a(0.25/0.75，质量分数比)　　　(d) R601/R600a(0.8/0.2，质量分数比)

图 3-39　质量流速对纯工质和非共沸有机工质换热系数的影响

4. 不同工质间换热性能的比较

图 3-40 中分别给出了 R601、R600a、R601/R600a(0.25/0.75，质量分数比)和 R601/R600a(0.8/0.2，质量分数比)换热系数的对比。从图 3-40(a)可以看到，在相同的工况下，当干度小于 0.2 时，R601 的换热系数高于 R600a。而干度大于 0.2 时，R600a 的换热系数要远高于 R601。随着干度的增加，差距增大。从图 3-40(b) 中可以看到，R601/R600a(0.25/0.75，质量分数比)和 R601/R600a(0.8/0.2，质量分数比)的换热性能大部分情况下要比两种组元的换热性能要差，这主要是由于非共沸有机工质气液间的传质阻力导致的。

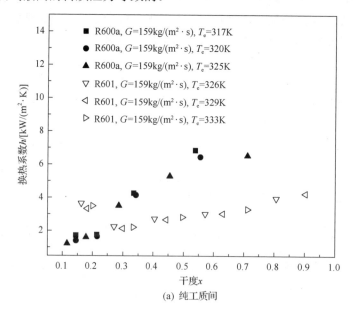

(a) 纯工质间

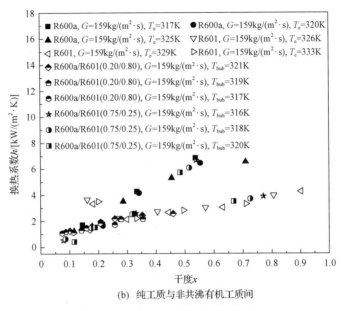

(b) 纯工质与非共沸有机工质间

图 3-40　不同工质间换热系数的比较

3.4.5　R601/R600a 流动沸腾换热数值模拟

1. 物理模型及边界条件

根据 3.4.4 节实验的测试段建立模型,首先建立的是二维模型,二维模型可以有效地保证计算速度,同时可以验证混合工质传质模型的正确性。实验中使用的加热方法是水套加热,因此,整个问题属于耦合传热问题,物理模型如图 3-41 所示。

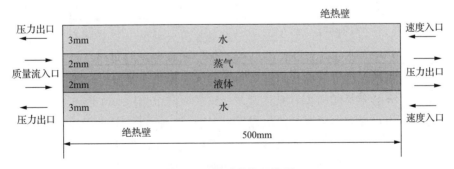

图 3-41　测试段物理模型

图 3-41 中上下两侧计算域为水套,内含自右向左流动的高温液态水,右侧水套入口为速度边界条件,左侧水套出口为压力边界条件,上下两个面为壁面边界

条件，且处于绝热状态。单侧水套计算域厚度为 3mm，与实际实验中半径 5mm 的水套相对应。图中心计算域为非共沸有机工质，计算域厚度为 4mm 与实际实验中使用的 4mm 内径的铜管相对应。本节着重研究对流沸腾，非共沸有机工质在管内呈现分层流动状态，下层为液相工质，上层为气相工质，入口厚度均为 2mm，且与水套呈现逆向流动状态，因此左侧为入口，右侧为出口，边界条件分别是质量流入口和压力出口，整个计算域的长度为 500mm，与实际实验测试段中 6 段之一相对应。物理模型中忽略了铜管的厚度。

实验中使用的非共沸有机工质是 R601 和 R600a，两者质量分数比为 0.25/0.75。模拟中的工质也采用质量分数比为 0.25/0.75 的 R601 和 R600a 二元混合工质。边界条件如表 3-6 所示。

表 3-6　边界条件

参数	案例 1	案例 2	案例 3	案例 4
热水入口温度/℃	60	60	60	60
热水流量/(kg/s)	0.147	0.157	0.166	0.186
工质质量流速/[kg/(m^2·s)]	175	167	159	159
蒸发压力/kPa	490.7	484.5	478.6	474.4
入口干度	0.3	0.3	0.34	0.37
	0.42	0.44	0.49	0.54
	0.58	0.6	0.66	0.71
不同干度下气相入口流量/(kg/s)	6.59×10^{-4}	6.29×10^{-4}	6.79×10^{-4}	7.39×10^{-4}
	9.23×10^{-4}	9.23×10^{-4}	9.79×10^{-4}	1.08×10^{-3}
	1.27×10^{-3}	1.26×10^{-3}	1.32×10^{-3}	1.42×10^{-3}
不同干度下液相入口流量/(kg/s)	1.54×10^{-3}	1.47×10^{-3}	1.32×10^{-3}	1.26×10^{-3}
	1.27×10^{-3}	1.17×10^{-3}	1.02×10^{-3}	9.19×10^{-4}
	9.23×10^{-4}	$8.39E\times10^{-4}$	6.79×10^{-4}	5.79×10^{-4}

2. 网格独立性测试

本节选用相界面平均蒸发速率和 y 等于 20mm 时的平面上 R600a 的质量分数为检测网格独立性的参数。由表 3-7 可以看出，只有后两种数目的网格可以正确计算出距离下壁面 20mm 处的气相中 R600a 和 R601 的质量分数，Banerjee[40]使用了第一种网格数目，为了计算的精确性，本节选择 600 个×70 个的网格进行计算。

表 3-7　相界面处的平均蒸发速度

平均蒸发速度/[kg/(m³·s)]	网格数		
	417 个×32 个	500 个×60 个	600 个×70 个
R600a	0.1990	0.3313	0.4973
R601	0.1900	0.3187	0.3719

3. 源项及求解

流体体积(volume of fluid，VOF)方程分为气液两相，这两相的源项表征质量流速，形式如下：

$$S_1 = -\sum_{i=1}^{N} m_i''' \tag{3-56}$$

$$S_v = \sum_{i=1}^{N} m_i''' \tag{3-57}$$

其中，S_1 为液相源项；S_v 为气相源项；m''' 为单位体积内的质量流量。

动量方程的源项如下：

$$S_m = (1-2\alpha_1)\sum_{i=1}^{N} m_i''' u \tag{3-58}$$

其中，S_m 为动力方程源项；α_1 为液相所占的体积分数；u 为流速。

能量方程的源项如下：

$$S_e = \rho \sum_{i=1}^{N} \frac{m_i'''}{\rho_1} r_{fg}^i \tag{3-59}$$

其中，S_e 为能量方程源项；ρ 为密度；r_{fg} 为汽化潜热。

气相组元的组分输运方程源项如下：

$$S^i = m_i''' \tag{3-60}$$

液相组元的组元输运方程如式(3-61)所示，液相中只有两种组元，因此方程(3-59)中的 N 取 2。

$$S^i = m_{isobutane}''' - m_{pentane}''' \tag{3-61}$$

求解方式选择 SIMPLEC 方法，二阶迎风格式离散，湍流模型使用 k-Ω 模型。

4. 结果分析

图 3-42 中纵坐标表示换热系数，横坐标表示干度。同一图例的点代表同样的案例，点的颜色相同但形状不同用来区别实验和模拟。由图 3-42 可以看出，随着干度的上升，非共沸有机工质的换热系数上升，不同的条件下上升的幅度可能不同。对于水平管内流动沸腾，当流体温度等于饱和温度，壁面具有一定过热度时，壁面上的气化核心会产生大量的气泡，饱和流动沸腾开始，干度小于 0.2 时核态沸腾机理占主导，与本节研究的对流沸腾机理不同，因此未在图中体现。模拟和实验结果在干度小于 0.5 时较为准确，干度大于 0.5 时偏差较大。案例 4(热水入口温度为 65℃，流量为 0.186kg/s，工质质量流速为 159kg/(m²·s))的模拟和实验结果最为接近。说明上述方法对预测混合工质流动沸腾的换热系数具有较好的结果。

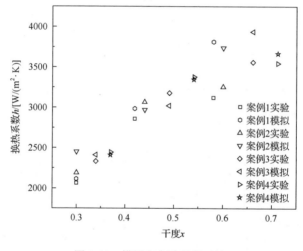

图 3-42   模拟和实验结果对比

3.4.6   R410A 流动沸腾换热数值模拟

本节模拟水平管内 R410A 流动沸腾的换热系数，如图 3-43 所示。内径和外径分别为 6mm 和 8mm，长度为 1200mm。考虑到求解的精度和稳定性，水平管采用结构化网格。

图 3-43   水平管结构

本节运用欧拉-欧拉两相流模型模拟两相流流动,气液相间的相变现象运用热相变模型(thermal phase change model)进行模拟。

在对 R410A 流动沸腾传热进行正式数值研究之前,通过文献[41]在不同蒸发压力下的实验数据(蒸发压力 P=4.83bar、热流密度 q=15kW/m²;蒸发压力 P=11.5bar,热流密度 q=18.1kW/m²),验证了数值模型的有效性。为验证网格独立性,选取三个网格(485793、925888、1281280)进行模拟。考虑到网格无关的解和计算速度,最终选择 925888 个网格进行仿真,并在图 3-44 中示出了模拟和实验结果的比较。从图中可以看出,模拟与实验结果吻合良好。

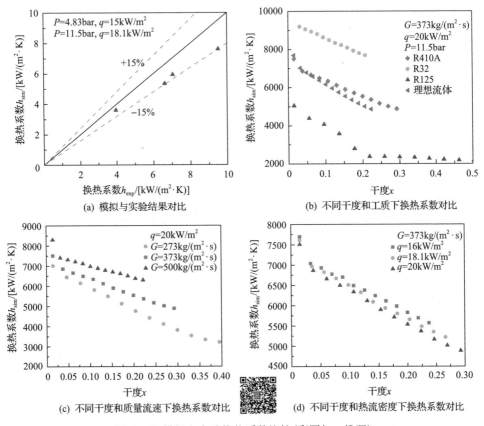

图 3-44　模拟和实验换热系数比较(彩图扫二维码)

在数值模型验证的基础上,研究 R410A 在饱和流动沸腾过程中的传热特性,模拟 R410A 与 R32 和 R125 的流动沸腾特性。R410A 是 50% R32 和 50% R125 的混合物。另外定义了一个理想流体,该流体由 50% R32 和 50% R125 组成,其热物性由线性差值得到。

图 3-44(b)示出了 R410A、R32、R125 和理想流体的流动沸腾换热系数,其

质量流速 G=373kg/$(m^2 \cdot s)$，热流密度 q=20kW/m^2，蒸发压力 P=11.5bar。结果表明，R32 的换热系数最高，R125 的换热系数最低。R410A 和理想流体的换热系数介于 R32 与 R125。与理想流体相比，R410A 具有更高的换热系数。由于条件相同，这些流体的换热系数之间的差异主要是由热物性的差异引起的。

图 3-44(c) 显示了换热系数随着干度的增加而减小，但随着质量流速的增加而增大，这是由于核态沸腾和对流蒸发的相互作用。一方面，由于干度的增加，核态沸腾被抑制。另一方面，对流蒸发是通过增加质量流速来增强的。

图 3-44(d) 显示了在恒定质量流速下流动沸腾过程中热流密度对换热系数的影响。从图中可以看出，随着核态沸腾的抑制，换热系数随干度的增加而减小。然而，热流密度对换热系数的影响并不明显，这与 Yu 等[42]的结果相似。可能是由于不同热流密度之间的热流差较小，而核态沸腾的影响小于对流蒸发的影响。

3.5　本章小结

本章系统研究了非共沸有机工质的相变传热窄点问题，建立了非共沸有机工质蒸发过程非平衡模型，分析了热力学参数对蒸发过程组分迁移的影响规律，可以得到如下结论。

(1)若 $\zeta_{R2}>1$，则 $\zeta_{RM}>1$，即两干工质混合后仍为干工质。

(2)若 $\zeta_{R1}<1$，则 $\zeta_{RM}<1$，即两湿工质混合后仍为湿工质。

(3)若 $\zeta_{RM}=1$，则 $\zeta_{R1}>1>\zeta_{R2}$，即等熵混合工质只能由干、湿工质混合而成。

(4)质量流速的增加会减少气相中传热和传质阻力。

(5)热流密度的增加会增加气相中传热和传质阻力。

(6)蒸发压力的增加会小幅减少气相、液相的传热传质系数，但是总体上蒸发压力对其影响不大。

(7)干度较大时，随着蒸发的进行，干度越大，液膜越薄，传热热阻越小，换热系数越大。

(8)非平衡条件下的沿程低沸点组分要高于平衡条件下的沿程低沸点组分。

(9)质量流速的增加会降低气相中传热和传质阻力；热流密度的增加会增加气相中传热和传质阻力；不同入口组分下，组分差随着干度的变化率趋势不同；蒸发压力的增加会小幅减少气相的传热传质阻力，但是总体上蒸发压力对其影响不大。

参 考 文 献

[1] 黄为民. 热工设备和系统的设计优化[M]. 北京: 高等教育出版社, 1998.

[2] Venkatarathnam G, Girish M, Srinivasa M S. Occurrence of pinch points in condensers and evaporators for zeotropic refrigerant mixtures [J]. International Journal of Refrigeration, 1996, 19(6): 361-368.

[3] Jin X, Zhang X S. Identification of pinch point in countercurrent heat exchanger for zeotropic refrigerant mixtures [J]. Journal of Chemical Industry and Engineering, 2009, 60(4): 848-854.

[4] Zhao L, Gao P. Influence of zeotropic mixtures' temperature gliding on the performance of heat transfer in condenser or Evaporator [J]. Transactions of Tianjin university, 2005, 11(6): 40-406.

[5] Gao P, Zhao L. Investigation on incomplete condensation of non-azeotropic working fluids in high temperature heat pumps[J]. Energy Conversion and Management, 2006(47): 1884-1893.

[6] 朱禹, 赵力, 高攀. 非共沸工质非完全冷凝实验现象的假想及判据的验证[J]. 制冷学报, 2007, 28(5): 15-19.

[7] 赵力, 朱禹, 高攀, 等. 非共沸制冷剂非完全冷凝现象的假想及判据[J]. 化工学报, 2007, 58(11): 2727-2732.

[8] Chen H J, Goswami D Y, Stefanakos E K. A review of thermodynamic cycles and working fluids for the conversion of low-grade heat [J]. Renewable and Sustainable Energy Reviews, 2010, 14(9): 3059-3067.

[9] Saleh B, Koglbauer G, Wendland M, et al. Working fluids for low-temperature organic Rankine cycles [J]. Energy, 2007, 32(7): 1210-1221.

[10] Wang X D, Zhao L. Analysis of zeotropic mixtures used in low-temperature solar Rankine cycles for power generation [J]. Solar Energy, 2009, 83(5): 605-613.

[11] Liu B T, Chien K H, Wang C C. Effect of working fluids on organic Rankine cycle for waste heat recovery[J]. Energy, 2004, 29(8): 1207-1217.

[12] Hung T C, Shai T Y, Wang S K. A review of organic Rankine cycles (ORCs) for the recovery of low-grade waste heat [J]. Energy, 1997, 22(7): 661-667.

[13] Acdi O. Handbook for the Montreal Protocol on Substances that Deplete the Ozone Layer[M]. Nairobi: Ozone Secretariat, 2012.

[14] Bertinat M P. High-temperature heat-pump fluids[J]. Physics in Technology, 1988, 19(3): 109-113.

[15] McQuarrie D A. Statistical Mechanics[M]. Sausalito: University Science Books, 2000.

[16] Hirschfelder J O, Curtiss C F, Bird R B. Molecular Theory of Gases and Liquids [M]. New York: Wiley, 1954.

[17] Invernizzi C, Iora P, Silva P. Bottoming micro-Rankine cycles for micro-gas turbines[J]. Applied Thermal Engineering, 2007, 27(1): 100-110.

[18] 马一太. 混合工质热泵循环节能及高温压缩式热泵变速容量调节的研究[D]. 天津: 天津大学, 1989.

[19] 许雄文. 非共沸混合工质制冷系统工质浓度变化及其性能优化研究[D]. 广州: 华南理工大学, 2012.

[20] 杨昭, 吕灿仁. 混合工质变浓度容量调节特性及节能机理的研究[J]. 工程热物理学报, 1998, 19(1): 13-16.

[21] 张丽娜. 变浓度热泵系统的理论与实验研究[D]. 杭州: 浙江大学, 2007.

[22] Lemmon E W, Huber M L, McLinden M O. NIST Standard Reference Database 23: Reference Fluid Thermodynamic and Transport Properties-REFPROP[M]. Boulder: Thermophysical Properties Division, National Institute of Standards and Technology, 2010.

[23] McLinden M O, Radermacher R. Methods for comparing the performance of pure and mixed refrigerants in the vapour compression cycle[J]. International Journal of Refrigeration, 1987, 10(6): 318-325.

[24] Alefeld G, Radermacher R. Heat Conversion Systems[M]. Boca Raton: CRC Press, 1993.

[25] Rajapaksha L. Influence of special attributes of zeotropic refrigerant mixtures on design and operation of vapour compression refrigeration and heat pump systems[J]. Energy Conversion and Management, 2007, 48(2): 539-545.

[26] 高攀. 中高温热泵非共沸混合工质的理论与实验研究[D]. 天津: 天津大学, 2007.

[27] Mulroy W J, Domanski P A, Didion D A. Glide matching with binary and ternary zeotropic refrigerant mixtures Part 1. An experimental study [J]. International Journal of Refrigeration, 1994, 17(4): 220-225.

[28] Domanski P A, Mulroy W J, Didion D A. Glide matching with binary and ternary zeotropic refrigerant mixtures part 2: A computer simulation [J]. International Journal of Refrigeration, 1994, 17(4): 226-230.

[29] Venkatarathnam G, Murthy S S. Effect of mixture composition on the formation of pinch points in condensers and evaporators for zeotropic refrigerant mixtures [J]. International Journal of Refrigeration, 1999, 22(3): 205-215.

[30] 金星, 张小松. 非共沸制冷剂在逆流换热器中温度窄点出现的判别方法[J]. 化工学报, 2009, 60(4): 848-854.

[31] Gong M Q, Luo E C, Wu J F, et al. On the temperature distribution in the counter flow heat exchanger with multicomponent non-azeotropic mixtures [J]. Cryogenics, 2002, 42(12): 795-804.

[32] 冯永斌, 晏刚, 钱文波. 非共沸混合制冷剂组分对冷凝器换热特性的影响[J]. 低温工程, 2009(6): 52-56.

[33] 赵力. 基于传热窄点的非共沸混合工质优选方法[J]. 天津大学学报, 2005, 38(11): 1001-1005.

[34] Zhao L, Gao P. Evaluation of zeotropic refrigerants based on nonlinear relationship between temperature and enthalpy [J]. Science in China Series E, 2006, 49(3): 322-331.

[35] 宋卫东. 非共沸工质在圆管中的蒸发传热特性与组分迁移研究[D]. 天津: 天津大学, 2012.

[36] Fronk B M, Garimella S. In-tube condensation of zeotropic fluid mixtures: A review[J]. International Journal of Refrigeration, 2013, 36(2): 534-561.

[37] Shock R A W. Evaporation of binary mixtures in upward annular flow[J]. International Journal of Multiphase Flow, 1976, 2(4): 411-433.

[38] Colburn A P, Drew T B. The Condensation of Mixed Vapors [M]. New York: American Institute of Chemical Engineers, 1937.

[39] Price B C, Bell K J. Design of Binary Vapor Condensers using the Colburn-Drew Equations [D]. Stillwater: Oklahoma State University, 1973.

[40] Banerjee R. Turbulent conjugate heat and mass transfer from the surface of a binary mixture of ethanol/iso-octane in a countercurrent stratified two-phase flow system [J]. International Journal of Heat and Mass Transfer, 2008, 51(25-26): 5958-5974.

[41] Greco A, Vanoli G P. Flow-boiling of R22, R134a, R507, R404A and R410A inside a smooth horizontal tube [J]. International Journal of Refrigeration, 2005, 28(6): 872-880.

[42] Yu J, Ma H, Jiang Y. A numerical study of heat transfer and pressure drop of hydrocarbon mixture refrigerant during boiling in vertical rectangular minichannel [J]. Applied Thermal Engineering, 2017, 112: 1343-1352.

第4章 非共沸有机工质的两相流动及组分分离

4.1 引　　言

能源和环境协同发展的迫切要求促使我国更加重视对太阳能、地热能等可再生能源的利用并着力提升其利用效率。然而，如何提高热力循环效率仍是一个关键挑战。非共沸有机工质的温度滑移特性可提高热力循环温度匹配并减少循环的不可逆损失[1]，液体混合物的组成可以调节非设计工况下[2]热力学循环性能，从而实现热力学循环性能最优。构造更有效的循环结构是提高循环性能的另一种方法。目前，文献中存在多种循环结构，如新型喷射式冷电联合循环[3]、自复叠太阳能 ORC[4]和气相膨胀压缩制冷循环[5]。为提高循环性能，这些系统借助分离器来控制和分配系统中工作流体的流动。目前工程中有多种分离器，如重力沉降分离器、离心分离器、精馏塔及 T 形管[6]。其中，T 形管具有结构简单、体积小、维护方便、成本低等优势，已成功地应用于热力学系统[7, 8]。但 T 形管中非共沸有机工质两相流的流动特性及相和组分分离规律尚不明确，本章给出部分研究成果。

4.2　有机工质流动过程中的压降特性

在直膨式系统的运行过程中，当太阳辐照突然减弱(如云遮挡)时，集热管内两相区长度增加、压降减小，此时泵的扬程不变，则管路流量增大、两相区继续扩大，导致管路压降继续减小，形成正反馈，从而流量迅速发生变化。流量漂移可能造成管道出口工质不完全相变，影响后续热功转换部件的正常工作，还可能引起壁面温度脉动、造成热疲劳。

流量漂移是由管路压降-质量流速曲线的负斜率区引发的[9-11]，因此本节对有机工质在水平管内沸腾过程的压降特性进行研究。如图 4-1 所示，流体位于 A 点，如果流量发生扰动，流体将偏离原来的工况，在 B 或 C 点运行。确定管内流动沸腾的不稳定区域，分析相变过程中的压降特性，明确有机工质出现流量漂移的工况，有利于提出平抑或避免流量漂移的方法。通过整理分析可知，目前主要是以水为代表的研究(表 4-1)，而以有机工质为研究对象进行流量漂移的研究远远不够，不能为工程实际应用提供有力支持，因此迫切需要我们进一步对有机工质发生的流量漂移现象进行研究。

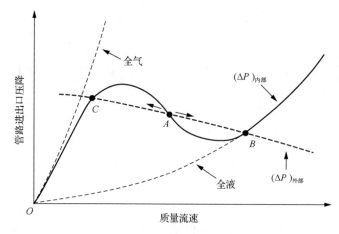

图 4-1 流量漂移示意图

表 4-1 流量漂移研究

作者	方法	研究对象	实验器材	尺寸规格
王建军等[12]	模拟、理论	水	竖直圆管	—
刘长鑫等[13]	实验、理论	R134a	水平圆管	—
陈冲等[14]	实验、理论	水	窄矩形通道	2mm×40mm×1000mm
杨东雪和高璞珍[15]	模拟、理论	水	竖直圆管	—
张翔[16]	模拟、理论	水	水平矩形	10mm×30mm×3000mm
尹殿晨等[17]	理论	水	竖直圆管	—
Farhadi[18]	实验、模拟	水	竖直圆管	$L/D=20\sim300$
Ruspini 等[19]	模拟、理论	水	水平圆管	$L=1000mm$ $D_H=5mm$
周涛等[20]	实验	水	窄矩形通道	—
杨星团等[21]	实验	水	竖直圆管	—
朱宏晔等[22]	模拟	水	水平螺旋管	—
夏庚磊等[23]	模拟	水	水平圆管	$L=1500mm$
徐济鋆等[24]	理论	水	竖直圆管	—
Qi 等[25]	实验	水	窄矩形通道	—
Zhang 等[26]	实验、理论	水、FE-7100	水平圆管	$D_H=0.080\sim0.140mm$

　　故本节首先对 R32、R410A、R407C 在水平管中流动沸腾的压降特性进行理论建模，然后以 R32 为研究对象分析热流密度、饱和温度、长径比、入口过冷度对其发生流量漂移的影响，最后对比 R32、R410A、R407C 等有机工质在相同工况下发生流量漂移的情况。

对于有机工质，为使其计算结果更准确，单相区(单相液体区和单相气体区)的摩擦压降关联式使用式(4-1)和式(4-2)，气液两相区的加速压降使用式(4-3)，为提高模拟曲线准确度，选择已有的专门针对 R32、R410A、R407C 提出的经验公式。

$$\Delta P_1 = \int_0^{L_1} \frac{fG^2}{2\rho_1 D} \mathrm{d}L \tag{4-1}$$

$$\Delta P_v = \int_{L_1+L_{tp}}^{L} \frac{fG^2}{2\rho_v D} \mathrm{d}L \tag{4-2}$$

$$\Delta P_{mom} = -G^2 \left\{ \left[\frac{x^2}{\rho_v \varepsilon} + \frac{(1-x)^2}{\rho_1(1-\varepsilon)} \right]_{out} - \left[\frac{x^2}{\rho_v \varepsilon} + \frac{(1-x)^2}{\rho_1(1-\varepsilon)} \right]_{in} \right\} \tag{4-3}$$

式(4-1)～式(4-3)中，ΔP_1 为单相液相区压降；ΔP_v 为单相气相区压降；ΔP_{mom} 为两相区加速压降；L 为长度；D 为直径；f 为摩擦因子；G 为质量流速；x 为干度；ε 为空泡系数；下标 v 表示气相，1 表示液相，tp 表示两相，in 表示入口，out 表示出口。

R32 气液两相区摩擦压降的计算参考 Xu 和 Fang[27]的经验关联式，此经验关联式基于研究对象包括 R32 在内的 13 种工质，在 $D=0.81\sim19.1$mm，$G=25.4\sim1150$kg/(m$^2\cdot$s)，$q=0.6\sim150$kW/m^2 的工作条件下提出，其预测整个实验数据的平均绝对相对偏差(mean absolute relative deviation，MARD)为 25.2%，因此可用于本模拟，具体关联式如下，其中，g 为重力加速度，下标 vo 表示仅为气相时，lo 表示仅为液相时。

当 $Re>2300$ 时，摩擦因子 f 由式(4-4)计算[28]：

$$f = 0.25 \left[\lg \left(\frac{150.39}{Re^{0.98865}} - \frac{152.66}{Re} \right) \right]^{-2} \tag{4-4}$$

全相摩擦倍增因子 ϕ_{lo}^2 由式(4-5)计算：

$$\phi_{lo}^2 = \left\{ Y^2 x^3 + (1-x)^{1/3} \left[1 + 2x(Y^2 - 1) \right] \right\} \left[1 + 1.54(1-x)^{0.5} La^{1.47} \right] \tag{4-5}$$

Laplace 常数 La 计算如下，其中，σ 为表面张力：

$$La = \left\{ \frac{\sigma}{g(\rho_1 - \rho_v)} \right\}^{1/2} \Big/ D \tag{4-6}$$

因此

$$\phi_{lo}^2 = \left(\frac{\Delta P}{\Delta L} \right)_{tp} \Big/ \left(\frac{\Delta P}{\Delta L} \right)_{lo} \tag{4-7}$$

$$Y^2 = \left(\frac{\Delta P}{\Delta L}\right)_{\text{vo}} \bigg/ \left(\frac{\Delta P}{\Delta L}\right)_{\text{lo}} \tag{4-8}$$

通过式(4-5)～式(4-8)即可求得两相区摩擦压降 ΔP_{tp}。

R410A 两相区摩擦压降的计算采用 Choi 等[29]提出的经验关联式,此理论关联式是以 R410A 为研究对象,以水力直径为 1.5mm 和 3.0mm、管道长度为 1500mm 和 3000mm、饱和温度为 10℃、质量流速为 300～600kg/(m²·s)、热流密度为 10～40kW/m² 为工作条件,基于 Lockhart-Martinelli 方法提出的一种平均偏差为 4.02% 的压降预测关联式,计算关联式如下:

$$\left(\frac{\Delta P}{\Delta L}\right)_{\text{tp}} = \left(\frac{\Delta P}{\Delta L}\right)_{\text{l}} + C\left[\left(\frac{\Delta P}{\Delta L}\right)_{\text{l}}\left(\frac{\Delta P}{\Delta L}\right)_{\text{v}}\right]^{1/2} + \left(\frac{\Delta P}{\Delta L}\right)_{\text{v}} \tag{4-9}$$

$$C = 5.5564 Re_{\text{tp}}^{0.2837} We_{\text{tp}}^{-0.288} \tag{4-10}$$

$$We_{\text{tp}} = \frac{G^2 D}{\sigma \rho_{\text{tp}}^2} \tag{4-11}$$

$$\rho_{\text{tp}} = \left(\frac{x}{\rho_{\text{v}}} + \frac{1-x}{\rho_{\text{l}}}\right)^{-1} \tag{4-12}$$

由式(4-11)和式(4-12)可得出 We_{tp}。

两相区流体雷诺数 Re_{tp} 由式(4-13)计算得出

$$Re_{\text{tp}} = \frac{GD}{\mu_{\text{tp}}} \tag{4-13}$$

两相区平均动力黏度 μ_{tp} 由式(4-14)计算[30]得出

$$\mu_{\text{tp}} = \mu_{\text{l}}\left[1 - \frac{x\rho_{\text{l}}}{x\rho_{\text{l}} + (1-x)\rho_{\text{v}}}\right]\left[1 + \frac{0.25x\rho_{\text{l}}}{x\rho_{\text{l}} + (1-x)\rho_{\text{v}}}\right] + \mu_{\text{v}}\frac{x\rho_{\text{l}}}{x\rho_{\text{l}} + (1-x)\rho_{\text{v}}} \tag{4-14}$$

R407C 两相区摩擦压降的计算采用 Garcia 等[31]提出的关联式:

$$\left(\frac{\Delta P}{\Delta L}\right)_{\text{tp}} = f\frac{G^2}{2\rho_{\text{tp}}D} \tag{4-15}$$

当 $Re<2300$ 时,摩擦因子 f 由式(4-16)计算;当 $Re \geqslant 2300$ 时,摩擦因子 f 由式(4-17)计算:

$$f = \frac{16}{Re} \tag{4-16}$$

$$f = \frac{0.079}{Re^{0.25}} \tag{4-17}$$

两相区流体密度 ρ_{tp} 由式 (4-12) 计算求得，两相区流体雷诺数 Re_{tp} 由式 (4-13) 计算得出，其中平均动力黏度 μ_{tp} 由式 (4-18) 计算[32]得出

$$\mu_{tp} = x\mu_v + (1-x)\mu_l \tag{4-18}$$

不同的有机工质在相同的工况下的压降特性也不尽相同。为探究不同有机工质发生的流量漂移特性，对以下工况时进行讨论：饱和温度为 60℃，水力直径为 0.01m，管道长度为 2m，入口过冷度为 5K，热流密度为 40kW/m^2。

由图 4-2 可以看出，随着质量流速的增加，压降特性曲线将会出现负斜率区，R410A 的负斜率区出现的范围在质量流速为 1530～2400kg/(m^2·s)，管路压降为 8105.42～2281.20Pa；R407C 的负斜率区出现的范围在质量流速为 2290～3350kg/(m^2·s)，管路压降为 4808.60～3817.66Pa。R410A 最早出现负斜率区，而 R134a 相对最迟。同时 R32 的负斜率区最早消失，而 R134a 最后消失。相对其他有机工质，R410A 的管路进出口压降极值相差较大，R134a 负斜率区出现的范围较大，这两种工质的流量漂移现象较为突出。而 R32 的负斜率区范围相对较小，压降变化较为平缓。分析可得出，R32 的综合性能更为优良，为防止流量漂移现象的出现，可选择有机工质 R32，在此工况下[$G > 2500$kg/(m^2·s)]，管道运行相对安全。

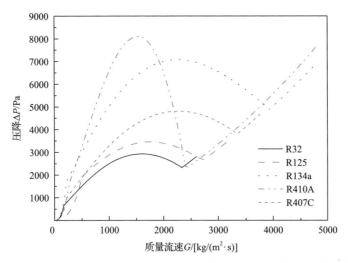

图 4-2　R32、R125、R134a、R410A、R407C 管路进出口压降随质量流速的变化

4.3　T 形管组元分离

4.3.1　T 形管分类

T 形管在工业领域应用非常广泛，根据其结构可以分为两类：混合式 T 形管与分流式 T 形管，如图 4-3 所示。对于混合式 T 形管，1 和 2 为入口，3 为出口；对于分流式 T 形管，1 为入口，2 和 3 为出口。而分流式 T 形管又可以分为两类：撞击式 T 形管与顺流式 T 形管，如图 4-4 所示。图 4-3 和图 4-4 中，x 为干度，D 为管内径，ΔP_{12} 和 ΔP_{13} 分别为入口 1 与两个出口 2、3 之间的压降。顺流式 T 形管的入口管与其中一个出口管的方向在同一条直线上，即 $\delta = 180°$ 或 $\delta + \theta = 180°$。在文献[33]中，当 $\delta \neq 180°$ 且 $\delta + \theta \neq 180°$ 时，称为 Y 形管，而本书统称为 T 形管。

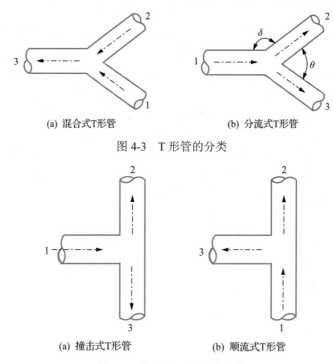

(a) 混合式T形管　　　　　　　　　　(b) 分流式T形管

图 4-3　T 形管的分类

(a) 撞击式T形管　　　　　　　　　　(b) 顺流式T形管

图 4-4　分流式 T 形管的分类

图 4-5 为一个典型的 T 形管以及与之相关的参数。其中，下标 1 为入口，2 和 3 为两个出口。质量流量 m 由两部分组成：气体与液体。它们之间的关系可表示为

$$G_i = G_{Vi} + G_{Li}, \quad i = 1, 2, 3 \tag{4-19}$$

其中，G_V 与 G_L 分别为气体质量流量与液体质量流量。图 4-3(b) 与图 4-5 中的四个

角度分别为：入口 1 与出口 2 之间的夹角 δ、两个出口 2 和 3 之间的夹角 θ、T 形管平面与水平方向的夹角 α、T 形管平面与竖直方向的夹角 β。本节常用的参数分别为入口液体表面速度 u_L、入口气体表面速度 u_V、气体质量分流比 F_V、液体质量分流比 F_L、质量分流比 F，以及管径比 D_r，分别表示为

$$u_{Li} = \frac{G_{Li}}{\pi \rho_{Li} D_i^2} \tag{4-20}$$

$$u_{Vi} = \frac{G_{Vi}}{\pi \rho_{Vi} D_i^2} \tag{4-21}$$

$$F_{Li} = \frac{G_{Li}}{G_{L1}} \tag{4-22}$$

$$F_{Vi} = \frac{G_{Vi}}{G_{V1}} \tag{4-23}$$

$$F_i = \frac{G_i}{G_1} \tag{4-24}$$

$$D_r = \frac{D_3}{D_1} = \frac{D_2}{D_1} \tag{4-25}$$

其中，ρ_{V1} 和 ρ_{L1} 分别为入口工质的气相密度与液相密度。

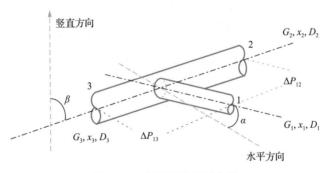

图 4-5　T 形管及其相关参数

4.3.2　顺流式 T 形管组元分离实验

基于建立的水平 T 形管实验台，探讨水平 T 形管的组元分布不均匀情况。实验系统主要由一个试验段（水平 T 形管）、三个冷凝器、两个针型阀、工质罐、干燥过滤器、变速齿轮泵（流量为 0.1～7L/min）、电预热器和质量流量计组成，如

图 4-6 所示。变速齿轮泵将液体混合物从工质罐泵到预热段，变速齿轮泵的流量由连接到变速齿轮泵的变频器控制。然后使用电预热器将液体混合物加热到两相状态，该电预热器由四个独立加热部分组成，总加热功率为 4.8kW。混合两相流在水平 T 形管分离，分离后，每个出口的工作流体流入冷凝器，并通过冷却水冷凝到过冷态。两个针型阀控制液体质量流量和控制分支的质量流量。最后两流混合，完全凝聚在冷凝器 3，再流回工质罐完成周期。

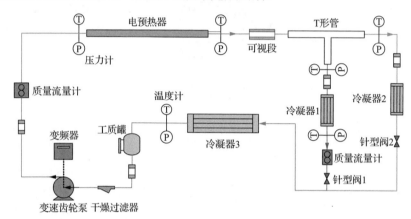

图 4-6　实验系统图

试验段各分支水平放置，在本节所考虑的 T 形管结构中，入口、出口和分支管的长度均为 400mm，进水管内径始终固定在 8mm。为揭示 T 形管几何参数对分离性能的影响，变化入口管径比为 0.75、1 和支管倾角为 45°、90°、135°。此外，为保证制冷剂气液两相流进入 T 形管前充分发展，在入口之前安装一个 1100mm 长直管段。同时，为了在 T 形管入口观察流型，加入一个透明玻璃管(石英玻璃 $L = 180$mm，$D_i = 8$mm，$D_o = 15$mm)，通过法兰盘连接玻璃管和铜管。

实验测量的参数包括质量流量、混合物组成、电预热器的功率、温度和压力。质量流量的测量采用三个科里奥质量流量计。主回路质量流量计测定 T 形管入口质量流量，分支质量流量计测定分支出口质量流量。通过数字功率计测量电预热器功率。用 T 型热电偶和压力传感器测量混合物在实验系统的不同位置的温度和压力，从而计算混合物的焓。

工作流体为 R134a/R600a 混合工质。由于该混合工质的组成与特定的压力和温度条件下的密度具有对应关系，基于液体密度的测量计算入口和分支出口的混合工质的质量流量可采用科里奥质量流量计实现[34]。这种混合工质组成的测定方法与传统的气相色谱法相比便于实践，它可以实现循环运行系统中混合组分的实时测量。事实上，这种方法已用于竖直撞击式 T 形管[35]的组元分离研究。从相应的实验数据[36]和基于 Helmholtz 能量方程开发的商业软件 REFPROP[37]中获得混合工质 R134a/R600a 的物性。由图 4-7 可以看出，在混合工质 R134a/R600a 的相变过程中，蒸气和液体之间通常存在组分差异，这是因为 R134a 比相同温度下 R600a 更容易蒸发。然而，在质量分数为 0.8 左右时存在一个共沸点，这意味着 R134a 和 R600a 同时蒸发且蒸气组成等于液体组成。上述研究过程中，所有的电流和电压信号每 10s 使用数据采集系统安捷伦 34980a 收集，各测量仪器的精度和范围见表 4-2。

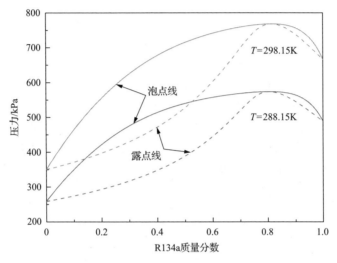

图 4-7　混合工质 R134a/R600a 相图

表 4-2　测量仪器范围和精度

参数	说明	范围	精度
压力	压力传感器	0~1.6MPa	±0.25%F.S.
温度	T 型热电偶	−200~350℃	±0.1℃
密度	科里奥质量流量计	0~4000kg/m³	±1kg/m³
工质流量	科里奥质量流量计	0~170kg/h	±0.11%F.S.
冷却水流量	电磁流量计	0~8m³/h	±0.3%F.S.
电加热功率	数字功率计	0~5A	±0.5%F.S.

注：F.S.表示满量程（full scale）。

　　根据表 4-3 给定的实验参数和范围进行 189 组实验，研究入口干度、入口质量流速和分流比对支管的组分分布的影响，给出混合工质组成和分离效率随流动参数的变化趋势。基于 $\beta=90°$ 的 T 形管对比三种混合工质在不同入口组分下的组分分布。此外，还讨论管径比和支管倾角对分离效率的影响。

表 4-3　混合工质组分及实验条件

混合工质	$C_{R134a,in}$	x_1	$G_1/[kg/(m^2 \cdot s)]$	F	D_r	$\beta/(°)$
M_1	0.3030	0.1～0.9	200, 300	0.3, 0.5	1.0	90
M_2	0.5202	0.1～0.9	200, 300	0.3, 0.5	1.0	90
M_3	0.7053	0.1～0.9	200, 300	0.3, 0.5	1.0	90
M_4	0.4849	0.1～0.9	200, 300	0.3, 0.5	0.75	90
M_5	0.4995	0.1～0.9	200, 300	0.3, 0.5	1.0	45
M_6	0.5155	0.1～0.9	200, 300	0.3, 0.5	1.0	135

　　为了评价实验结果并优化 T 形管组分分离的操作条件，在液-液分离效率的基础上提出了分离效率，如图 4-8 所示。横坐标是组分 R134a 的分流比 F_{R134a}，纵坐标是组分 R600a 的分流比 F_{R600a}。组分等分线用 (0,0) 和 (1,1) 之间的对角线表示。如果数据点在这条线上，则表示混合工质的出口成分与入口成分相同。这条线将图形区域分成两部分：下部表示 R134a 优先流入分支，反之亦然。完全分离发生在 (0,1) 或 (1,0)。离等分线越远，分离效果越好。因此，组分分离的良好度量可以用等分线到数据点的距离 L 来表示。

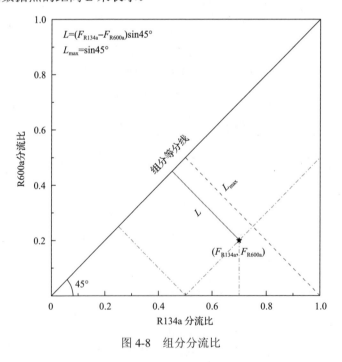

图 4-8　组分分流比

1. 不同工况下的组分分离结果

图 4-9 给出了在不同入口质量流速及分流比下，三种混合工质 M_1、M_2 和 M_3

的支管出口 R134a 质量分数随入口干度的变化。由图可知，R134a 质量分数曲线在入口干度为 0.2 附近存在拐点。在拐点之前，R134a 质量分数随干度的增加而增加；而在拐点之后，随着入口干度的增加，R134a 质量分数逐渐减小。这种曲线分布可能由 T 形管入口流型随两相干度的变化所致。在上述三种混合工质中，M_1 的 R134a 质量分数变化需特别关注。当 M_1 的入口质量流速为 200kg/($m^2 \cdot$s) 时，R134a 质量分数随着入口干度的增加一直减小，不存在拐点。此外，从图 4-9 也可知，对于非共沸有机工质 M_1、M_2，当分流比为 0.3 时，R134a 质量分数将在入口干度为 0.2～0.6 内急剧减小；然而，当分流比为 0.5 时，R134a 质量分数急剧减小所对应的入口干度却为 0.2～0.4。与 M_1 和 M_2 相比，非共沸有机工质 M_3 在相应的入口干度范围内 R134a 质量分数减小较缓。这种差异可由 R134a/R600a 的相平衡来解释。R134a/R600a 在 R134a 质量分数为 0.8 附近存在

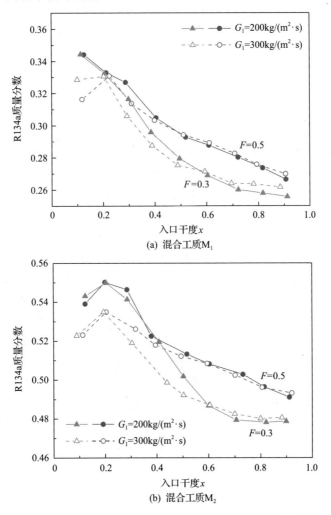

(a) 混合工质 M_1

(b) 混合工质 M_2

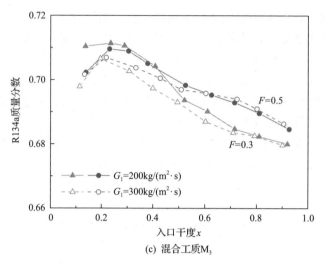

图 4-9　T 形管支管出口 R134a 的质量分数

共沸点，这意味着气液两相中 R134a 的组分相近。因此，M_3 的气液组分差异要小于 M_1 和 M_2，从而导致 M_3 的 R134a 质量分数减小缓慢。此外，对于所考虑的三种混合工质，当入口干度接近 1.0 时，可观察到 R134a 质量分数随入口干度的增加而缓慢减小。

在一定的入口质量流速下，图 4-9 也表明分流比对出口质量分数的影响与入口干度有关。当入口质量流速为 $200kg/(m^2 \cdot s)$ 时，在 M_1 入口干度小于 0.2、M_2 和 M_3 入口干度小于 0.4 的工况下，分流比对组分分离的影响可以忽略不计。此后，随着入口干度的增加，分流比的影响先增强后减弱。然而，当入口质量流速为 $300kg/(m^2 \cdot s)$ 时，分流比在拐点之前对三种混合工质的分离都无明显影响。在拐点之后，分流比越大，则支管出口的 R134a 质量分数就越大。这主要是因为随着分流比的增加，更多富含 R134a 的气体将沿支管流出，从而使得出口的 R134a 质量分数增加。

入口质量流速对 T 形管组分分布的影响与入口干度及分流比都有关。在给定入口干度及分流比的条件下，较小的入口质量流速通常能得到较高的支管出口质量分数。随着入口干度的增加，入口质量流速对组元分离的影响逐渐减弱。在大入口干度下，不同入口质量流速所对应的 R134a 质量分数几乎相同。当分流比为 0.3 时，在入口干度小于 0.6 的情况下可观察到入口质量流速对组元分离的影响，而当分流比为 0.5 时，入口质量流速对组元分离的影响需在入口干度小于 0.4 的情况下才可观察到。值得注意的一点是入口质量流速在拐点处对非共沸有机工质 M_1 的组元分离几乎没有影响。

基于图 4-9 中支管出口的 R134a 质量分数，计算相应的组元分离效率。入口干度、入口质量流速及分流比对分离效率的影响如图 4-10 所示。根据分离效率定义可知，在相同的分流比下，R134a/R600a 的分离效率是支管出口 R134a 质量分数的线性函数。因此，图 4-10 中分离效率随入口干度的变化与图 4-9 中 R134a 质量分数随入口干度的变化相似。对于所考虑的三种混合工质 M₁、M₂ 和 M₃，在入口干度为 0.2 附近，存在分离效率的拐点。由图 4-10 可知，在拐点之前，分离效率随入口干度的增加而增加，而在拐点之后，随着入口干度的增加，分离效率逐渐减小，并由正变为负。这意味着在大入口干度下，R600a 更易进入支管，出口的 R134a 质量分数小于 T 形管入口。根据图 4-10 所示的分离效率曲线可得，在实验工况下，等组元分离(分离效率为 0)所对应的入口干度为 0.3～0.4。对于 T 形管的组元分离，分离效率的绝对值越大，就意味着 T 形管的分离能力越强。

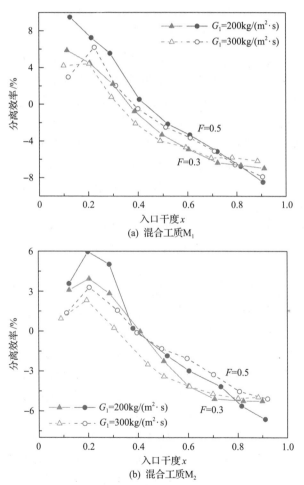

(a) 混合工质 M₁

(b) 混合工质 M₂

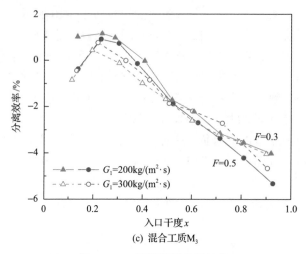

图 4-10　T 形管组元分离效率

　　在相同的入口质量流速下，较大的分流比通常能获得较大的分离效率。当分离效率为正时，分流比的增加可增强 T 形管的分离能力，而当分离效率为负时，低分流比反而能得到较大的组元分离，如图 4-10 所示。此外，当入口干度大于 0.8 时，在分流比为 0.5 处的分离效率绝对值大于在分流比为 0.3 处的值。至于入口质量流速对分离效率的影响，当分离效率为正时，在入口质量流速为 $200kg/(m^2 \cdot s)$ 下的分离效率大于在入口质量流速为 $300kg/(m^2 \cdot s)$ 下的值。然而，当分离效率为负时，其绝对值随着入口干度的增加先在 $300kg/(m^2 \cdot s)$ 下取得较大值，而后在 $200kg/(m^2 \cdot s)$ 下取得较大值。

　　图 4-11 基于非共沸有机工质 M_2 的实验数据，给出 R134a 质量分数和分离效率随着入口干度的变化趋势。此外，T 形管入口处气液两相中 R134a 的质量分数也在图 4-11 中给出。由图可知，当入口干度小于 0.38 时，在支管出口的 R134a 质量分数($C_{R134a,out}$)大于 T 形管入口的质量分数($C_{R134a,in}$)，同时分离效率也为正。在入口干度为 0.1～0.38 时，随着入口干度的增加，$C_{R134a,out}$ 先增加后降低至 $C_{R134a,in}$。相应地，分离效率也随着入口干度的增加先增加后逐渐下降至 0.2%。这是因为富含 R134a 的气体具有比液体小的惯性动量。在低入口干度下，为了保证分流比，几乎所有的气体将沿支管流出，从而使得 R134a 在支管的组分大于入口组分。然而，当入口干度大于 0.38 时，$C_{R134a,out}$ 将小于 $C_{R134a,in}$，分离效率变为负。随着入口干度的增加，$C_{R134a,out}$ 和分离效率都稳步下降。这是因为入口干度越大，气液两相中 R134a 质量分数就越小，如图 4-11 所示。此外，随着入口干度的增加，气相中 R600a 质量分数将增加。由于 R600a 比 R134a 具有更小的气体密度和气体动力黏度，如图 4-12 所示的混合工质 M_2 在 T 形管分离时，R600a 气体比 R134a 气体更易改变方向进入支管。另外，在被支管气体携带的液体中，R600a 的质量

分数也大于 R134a。综上所述，当入口干度大于 0.38 时，R600a 比 R134a 更易沿支管流出。

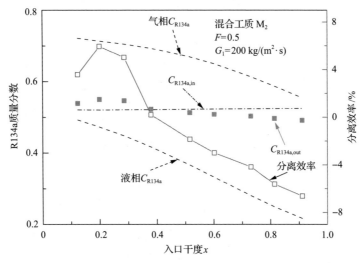

图 4-11　R134a 质量分数与分离效率的关系

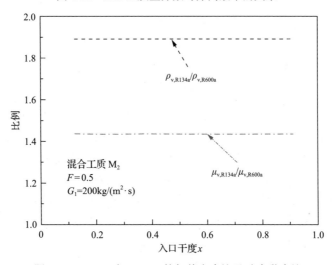

图 4-12　R134a 与 R600a 的气体密度比及动力黏度比

2. 混合工质入口组分对组分分离的影响

在分流比为 0.5 及入口质量流速为 200kg/(m²·s) 的工况下，比较了不同入口质量分数的混合工质的分离效率，如图 4-13 所示。可以看出，随着入口干度的增加，三种混合工质的分离效率变化趋势基本相似。唯一的区别在于入口干度为 0.2

的拐点处。对于混合工质 M_1，分离效率曲线不存在拐点。此外，当入口干度小于 0.4 时，混合工质 M_1、M_2 具有正的分离效率，而 M_3 的分离效率在入口干度为 0.1 处为负。对于 M_1、M_2 和 M_3，在入口干度大于 0.4 下，分离效率均为负。当分离效率为正时，在三种混合工质中，M_1 具有最大值，而 M_3 具有最小值。然而，当分离效率为负时，在入口干度为 0.4~0.6 时，入口质量分数对分离效率的影响较小。当入口干度大于 0.6 时，三种混合工质的分离效率绝对值满足 $M_1>M_2>M_3$。这意味着在相同的实验工况下，M_1 的组元分离能力大于 M_2 和 M_3 的组元分离能力。

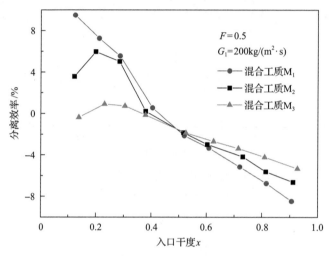

图 4-13　混合工质组分对分离效率的影响

图 4-13 所示的不同混合工质间的分离效率差异可通过进入支管的混合工质气体量及气液两相的 R134a 组分差异来解释。进入支管的气体量反映的是顺流式 T 形管的气液分离性能。由于混合工质的组元分离总是伴随着气液分离，可通过提高气液两相的分离效率来增强 T 形管的组元分离能力。同时，考虑到混合工质的热力学性质是其质量分数的函数，故三种不同质量分数的 R134a/R600a 具有不同的气液分离性能。在分流比为 0.5 及入口质量流速为 $200kg/(m^2 \cdot s)$ 的工况下，图 4-14 给出了三种混合工质液/气密度比及动力黏度比。可以看出，对于所考虑的三种混合工质，M_1 在整个气液两相区内具有最大的密度比及动力黏度比。同时，M_2 和 M_3 的比值差异较小。在 T 形管的相分离中，当入口工况固定时，较大的密度比意味着液相工质在主管轴向上具有较高的动量，而较大的动力黏度比则意味着将液相工质带入支管的阻力较高。因此，相比于 M_2 和 M_3，M_1 在 T 形管中具有更好的气液分离效率，从而使得 M_1 的组元分离性能在三种混合工质中最高。此外，在气相工质中，由于 R134a 的密度及动力黏度均大于 R600a，如图 4-12 所示，故气体 R600a 更易流入支管。这就是大入口干度下分离效率为负的原因。

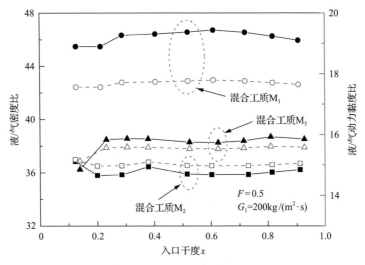

图 4-14　混合工质 M_1、M_2 和 M_3 的液/气密度比及动力黏度比

对于密度比及动力黏度比相差不大的混合工质 M_2 和 M_3，组元分离的差别主要由气液两相的组分差异决定，如图 4-15 所示。由图可知，在整个两相区内，M_2 的气液组分差高于 M_3。因此，当进入支管的气体量一定时，具有较高组分差的混合工质 M_2 将使更多的 R134a 沿支管流出，从而提高 T 形管的组元分离能力。对于混合工质 M_1 和 M_2，当入口干度小于 0.5 时，M_1 的气液组分差较大，而随着入口干度的增加，M_1 的气液组分差逐渐减小。当入口干度大于 0.6 时，M_2 的气液组分差将大于 M_1。然而，由于 M_1 在两相区内的密度比及动力黏度比远大于 M_2 的值，M_1 分离效率的绝对值依然高于 M_2。

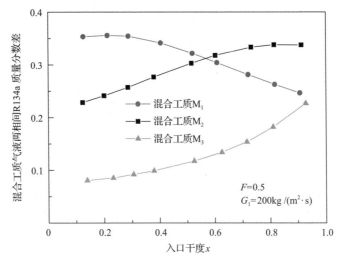

图 4-15　混合工质 M_1、M_2 和 M_3 的气液两相间组分（R134a 质量分数）差

3. 不同构型的 T 形管组分分离结果

图 4-16 在分流比为 0.5 及入口质量流速为 $200\text{kg}/(\text{m}^2 \cdot \text{s})$ 的工况下，展示了具有不同管径比的 T 形管分离效率。由于 T 形管的入口直径为 8.0mm，为了避免管径太小对组元分离造成的微尺度效应，实验中只考虑了管径比为 1.0、0.75 两种结构的 T 形管。此外，该两类 T 形管所对应的混合工质分别为 $M_2(C_{\text{R134a,in}}=0.5202)$ 和 $M_4(C_{\text{R134a,in}}=0.4849)$。由上述讨论的质量分数对组元分离的影响可知，在对不同管径的 T 形管分离性能进行分析时，可忽略 M_2 和 M_4 之间的入口组分差异。从图 4-16 中可看出，对于不同管径比的 T 形管，分离效率随入口干度的变化趋势相似。当入口干度小于 0.4 时，两 T 形管的分离效率均为正。在此入口干度范围内，管径比对 T 形管的分离效率具有重要影响。管径比越大，T 形管的分离性能通常就越好。这是因为在小入口干度下，为了保证支管分流比，几乎所有的入口气体将沿支管流出，而支管直径的减小将使得出口气体的速度增加，从而携带更多含有 R600a 的液体进入支管，这就使得正分离效率减小。此外，从图 4-16 中还可看出，当入口干度大于 0.4 时，管径比对负分离效率几乎没有影响。这可解释为随着入口干度的增加，入口的液体含量逐渐减少，使得管径比对 T 形管的气液分离具有更小的影响。

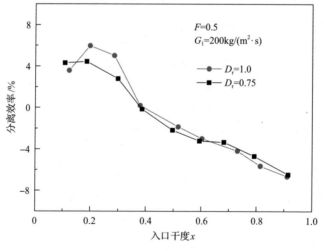

图 4-16　管径比对分离效率的影响

对于支管倾角 β 为 45°、90°、135°的 T 形管，其分离效率曲线如图 4-17 所示。与在管径比中的讨论类似，由于不同支管倾角 T 形管所用混合工质的入口组分差异较小，其对分离效率的影响在支管倾角的分析中可以忽略不计。虽然支管倾角不同的三个 T 形管具有相似的分离效率曲线，但是支管倾角对 T 形管的分离效率依然具有重要影响。当入口干度在 0.1 附近时，支管倾角为 45°和 135°的 T 形管具有负分离效率，而支管倾角为 90° 的 T 形管分离效率为正。此后，随着入口干度的增加，三个支管倾角的分离效率都先增加至最大值，然后由正向负逐渐减少。当组分等分(分离效率为 0)时，支管倾角 45°、90° 和 135° 所对应的入口干度分别在 0.7、0.4、0.6 左右。当分离效率为负时，支管倾角为 90° 的 T 形管具有最大的分离效率绝对值，而支管倾角为 45° 的 T 形管具有最小的分离效率绝对值。另外，对于所考虑的三种 T 形管，从整体上看，支管倾角为 90° 的 T 形管具有最好的组元分离能力。

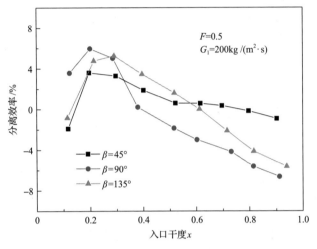

图 4-17　支管倾角对分离效率的影响

4.3.3　撞击式 T 形管组元分离实验

本节针对非共沸有机工质 R134a/R245fa 以及 R290/R600a 在竖直撞击式 T 形管内的组元分布特性进行实验研究，如图 4-18 所示。两种不同尺寸的撞击型 T 形管 TJ1 和 TJ2 参数如表 4-4 所示。实验过程中利用科里奥质量流量计对二元混合工质过冷液的密度进行实时采集，并根据密度、温度和压力数据反算二元混合工质的组成。在此基础上，考察 T 形管入口质量流速、入口干度、循环浓度、出口管径、出口流量等参数对非共沸有机工质组元分布特性的影响规律，并对撞击式 T 形管相分离效率与组元分离效率之间的关系进行讨论。

针对撞击式 T 形管内有机工质气液两相混合物流动特性的实验研究由两部分组成：第一部分以纯工质 R134a 为对象，研究气液两相流在 T 形管出口处的相分布特性；第二部分以非共沸有机工质 R134a/R245fa 及 R290/R600a 为对象，研究混合工质气液两相流在 T 形管出口处的组元分布特性。上述纯工质在制冷及热泵系统中应用广泛，而上述两种混合工质分别在高温热泵与常规热泵中表现出良好的循环特性。此外，两种混合工质均由干工质与湿工质混合而成，在一定条件下可以形成等熵混合工质。因此选择针对上述工质开展实验研究。

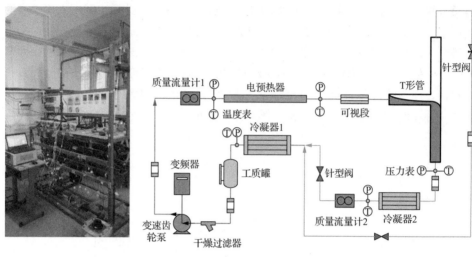

图 4-18　实验系统原理图及照片

表 4-4　撞击式 T 形管几何参数

几何参数	单位	TJ1	TJ2
入口管径(D_i)	mm	8.0	8.0
出口管径(D_o)	mm	17.5	47.8
管径比(D_i/D_o)	—	0.457	0.167
水平管段管长(L_i)	mm	200	200
竖直管段管长(L_o)	mm	400	400

　　表 4-5 给出了纯工质与混合工质实验工况的范围。基于进出口管径比为 0.457 的 T 形管(TJ1)开展相分布特性实验,主要考察 T 形管入口干度与入口质量流速对于 T 形管出口工质干度的影响。在针对混合工质组元分布特性的研究中,增加了混合工质的循环浓度及 T 形管进出口管径比的影响。实验过程中,通过控制 T 形管下游的针型阀以调节各出口工质分流比,以研究不同流量控制模式下气液两相流的相分布及组元分布特性。其中,当采用三种固定工质分流比的控制模式

表 4-5　实验工况

测试流体	R134a	R134a/R245fa	R290/R600a
C_{in}	1	0.3215, 0.5146, 0.7075, 0.7094	0.5423, 0.5381
D_i/D_o	0.457	0.457, 0.167	0.457, 0.167
x_{in}	0.1~0.6	0.1~0.5	0.1~0.5
$G_{in}/[kg/(m^2 \cdot s)]$	100~600	200, 400, 600	100, 200, 400
流量控制模式		FR01, FR02, FR03, FR04	

FR01、FR02 和 FR03 时，T 形管下端分流比分别设为 0.1、0.3 和 0.5(纯工质实验时为 0.25、0.5 和 0.75)。在 FR04 模式下，T 形管各出口下游的针型阀均完全打开，出口流量不受控制，这里只给出基于混合工质的实验结果。

1. 基于 TJ1 的实验结果

1)液相支路中混合工质的组成

图 4-19～图 4-21 依次给出了不同流量控制模式下，混合工质 $R_1(C_{R134a}=0.7075)$、$R_2(C_{R134a}=0.5146)$ 及 $R_3(C_{R134a}=0.3215)$ 经分离后在液相支路中的组成随入口质量流速与入口干度的变化趋势。鉴于不同循环浓度条件下液相支路中混合工质的组成随入口条件的变化规律相似，本节重点针对混合工质 R_1 的实验结果进行分析。

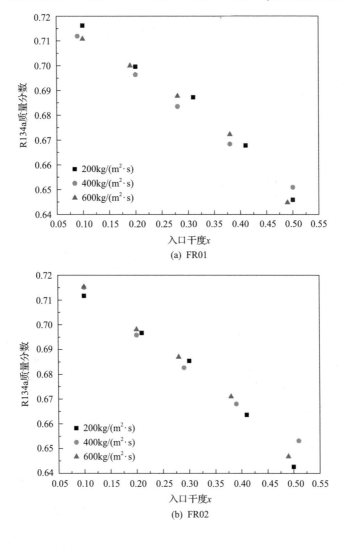

(a) FR01

(b) FR02

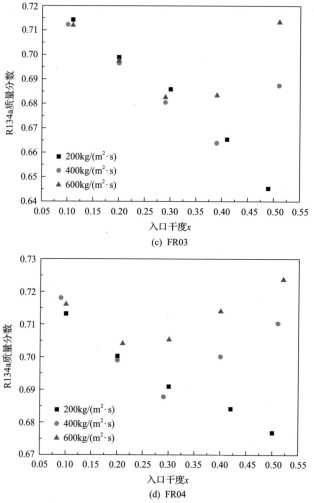

(c) FR03

(d) FR04

图 4-19　不同流量控制模式下入口质量流速及入口干度对液相支路中混合工质组成的影响

(C_{R134a}=0.7075)

图 4-19 描述了不同流量控制模式下混合工质 R_1 流经 T 形管后液相支路中混合工质组成的变化情况。在 200kg/(m²·s) 的入口质量流速下，液相支路混合工质中 R134a 的质量分数随入口干度的增大而逐渐减小，这一变化趋势不因流量控制模式的变化而改变。而对于 400kg/(m²·s) 和 600kg/(m²·s) 两种入口质量流速，当 T 形管下端分流比达到 0.5 时，液相支路中 R134a 的质量分数将随入口干度的增加表现出先减小后增大的变化趋势。如图 4-19 所示，在 FR03 模式下，对于 400kg/(m²·s) 和 600kg/(m²·s) 两种入口质量流速条件，液相支路中 R134a 的质量分数分别在入口干度为 0.39 和 0.29 附近达到最小值。与 FR03 模式相比，FR04 模式下 T 形管下端出口流量更大，但分流比会随入口干度的增加而由 0.91 逐渐下

降至0.58。随着下端出口流量的增大,液相支路中R134a质量分数的最小值较FR03模式下有所增大,同时与最小值相对应的入口干度值也更小。

从图4-19中还可以发现,在不同流量控制模式下,当入口干度约为0.1时,液相支路中R134a的质量分数均为0.71~0.72,该值略高于循环浓度0.7075。后面将对循环浓度随工况的变化情况进行讨论。当入口干度增加至约0.5时,在FR04模式下,液相支路中R134a的质量分数减小为0.6768,而在另外三种流量控制模式下,当入口质量流速为200kg/(m²·s)时,液相支路中R134a质量分数的最小值可在相同入口干度条件下达到0.645。总体上,当T形管下端分流比较低时(FR01模式和FR02模式),入口质量流速对于液相支路中R134a质量分数的变化影响不大,此时R134a的质量分数随入口干度的增加而持续减小;对于下端分流比较大的情况(FR03模式和FR04模式),增加入口质量流速或入口干度均可导致液相支路中R134a质量分数的增加。

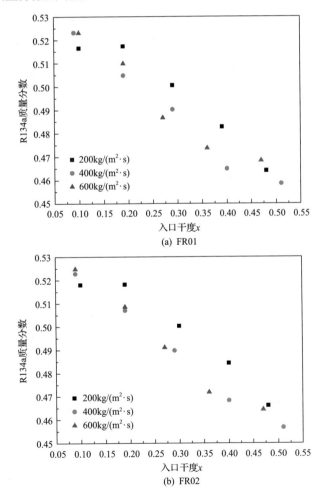

(a) FR01

(b) FR02

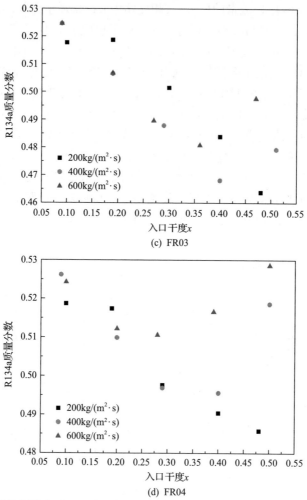

图4-20　不同流量控制模式下入口质量流速及入口干度对 T 形管下端出口混合工质组成的影响
(C_{R134a}=0.5146)

　　液相支路中 R134a 质量分数的这种变化趋势在很大程度上受到了进入该支路的气相工质的影响。R134a 较之 R245fa 属于低沸点工质，因此 R134a 在气相混合工质中的质量分数将显著高于其在液相混合工质中的质量分数。随着入口干度的增加，R134a 在气相与液相混合工质中的质量分数均逐渐下降。根据图 4-19(a)和(b)可以推测，当 T 形管下端分流比小于 0.3 时，流入该出口的工质以液相混合工质为主，因此 R134a 的质量分数将随入口干度增大而减小。随着下端出口流量的增大，更多富含 R134a 的气相工质进入液相回路，入口质量流速与入口干度的增大将导致气相工质流量及气相混合工质中 R134a 质量分数的增大，导致液相支路中 R134a 的质量分数增大，如图 4-19(c)和(d)所示。

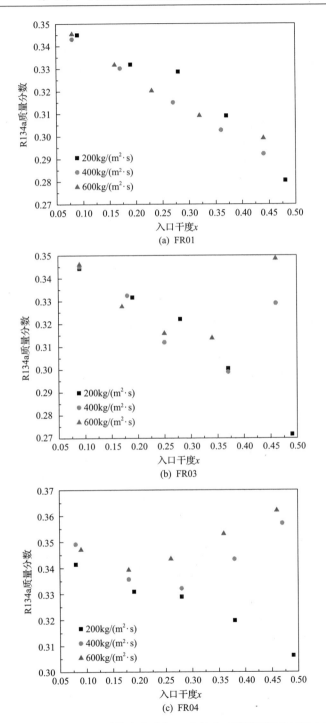

图 4-21　不同流量控制模式下入口质量流速及入口干度对 T 形管下端出口混合工质组成的影响

(C_{R134a}=0.3215)

2) 组元分离效率之差

　　T 形管对于混合工质组元的分离效果可通过出口处各组元分离效率之差体现。图 4-22 给出了不同入口条件与流量控制模式下，混合工质 R_1 在 T 形管下端出口处各组元分离效率之差的变化情况。如图 4-22(a)所示，当入口质量流速为 $200kg/(m^2 \cdot s)$ 时，在各流量控制模式下，T 形管下端出口处 R134a 与 R245fa 的组元分离效率之差均表现出随入口干度增大而减小的趋势，且差值逐渐由正值转变为负值。这表明随着入口干度的增大，T 形管下端出口逐渐表现出分离 R245fa 的倾向性。此外，组元分离效率之差的变化范围受 T 形管出口流量影响显著。在 FR01

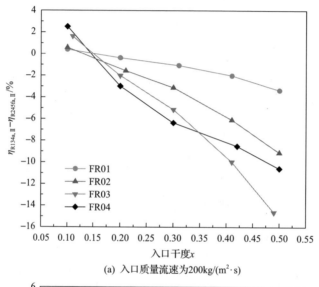

(a) 入口质量流速为 $200kg/(m^2 \cdot s)$

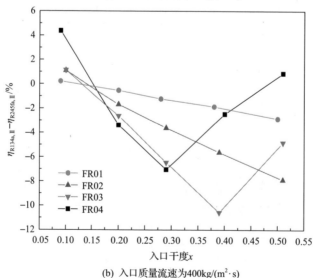

(b) 入口质量流速为 $400kg/(m^2 \cdot s)$

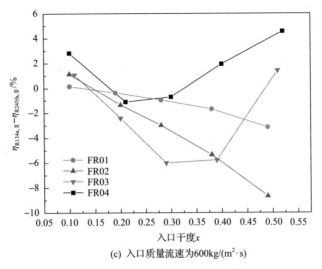

(c) 入口质量流速为600kg/(m²·s)

图 4-22 T 形管下端出口组元分离效率之差的变化(C_{R134a}=0.7075)

模式下，随着入口干度由 0.1 增加至 0.5，组元分离效率之差仅下降了约 3%，此时 T 形管下端出口并未表现出明显的分离倾向性。在 FR03 模式下，组元分离效率之差随入口干度增加而迅速减小，并在入口干度为 0.49 附近达到最小值-14.6%，此时下端出口对于分离 R245fa 的倾向性达到最大，即达到最大程度的组元分离。在 FR03 模式和 FR04 模式下，随着入口质量流速与入口干度的增加，组元分离效率之差表现出先减后增的变化趋势，这表明较大的分离负荷对 T 形管的组元分离效果产生不利影响。

值得注意的是，当入口质量流速为 200kg/(m²·s) 时，不论下端出口工质流量如何变化，组元分离效率之差几乎都在相同的入口干度下(约 0.15)达到零值点，如图 4-22(a)所示。对于 FR01 模式、FR02 模式和 FR03 模式，在相同入口干度条件下，随着下端出口工质流量的增大，组元分离效率之差表现出以零值点为圆心做顺时针旋转的变化趋势：当入口干度小于 0.15 时，三种流量控制模式下的组元分离效率之差均为正值，且在相同入口干度下，分离效率之差的绝对值随下端出口流量的增加而增加；当入口干度大于 0.15 时，三种流量控制模式下组元分离效率之差均为负值，且在相同入口干度下，组元分离效率之差的绝对值亦随下端出口流量的增加而增加。对于 FR04 模式，当入口干度小于 0.3 时，组元分离效率之差的变化也符合上述旋转特性。然而，随着入口干度超过 0.3，FR04 模式下的组元分离效率之差的绝对值较 FR03 模式下的反而更小，因而不符合上述旋转特性。这暗示在 200kg/(m²·s) 的入口质量流速条件下，T 形管下端出口存在一个最佳分流比(介于 0.3 与 0.5)，以使 T 形管的组元分离效率之差的绝对值达到最大。

　　对于 400kg/(m²·s) 和 600kg/(m²·s) 两种入口质量流速，当 T 形管下端出口流量较小时，组元分离效率之差也表现出一定的旋转特性，如图 4-22(b) 和 (c) 所示。而在 FR03 模式与 FR04 模式下，组元分离效率之差随入口干度的变化均出现最小值。随着入口质量流速及出口流量的增大，上述最小值逐渐增大，同时最小值所对应的入口干度值有所减小。仅就混合工质 R₁ 的实验结果而言，竖直撞击式 T 形管 TJ1 在入口干度为 0.5、入口质量流速为 200kg/(m²·s) 及下端分流比为 0.5 的工况条件下实现最大程度的组元分离。随着入口质量流速的增加，下端出口组元分离效率之差的最小值由 –14.6% 增加为 –8.7%，同时最小值所对应的出口流量也相应减小，这表明组元分离效果变差。

　　3）分离理想程度

　　以混合工质 R₁ 为例，图 4-23 对比了实际条件下与理想条件下的组元分离结果。图中空心图形为液相支路中 R134a 质量分数的实验结果，实心图形为基于气液相平衡假设计算得到的 R134a 在各相中的质量分数。可以看到，当入口质量流速一定时，改变 T 形管出口流量对于理想条件下的组元分布结果影响较小。在 200kg/(m²·s) 的入口质量流速下，不同流量控制模式下液相支路中 R134a 的质量分数随入口干度的增大持续减小，并且与理想条件下液相中 R134a 质量分数的差别也在逐渐增大。对于 FR03 模式与 FR04 模式，随着入口质量流速与入口干度的增大，液相支路混合工质的组成有向理想气相混合工质靠近的发展趋势，这说明此时已有相当多的气相工质流入液相支路，导致分离效率下降。由此可见，提高 T 形管的相分离效率有利于提升非共沸有机工质的组元分离效果，后面将对 T 形管相分离效率与组元分离效率之间的关系进行进一步讨论。由于混合工质 R₂ 与 R₃ 表现出类似的变化规律，故此处不再赘述。

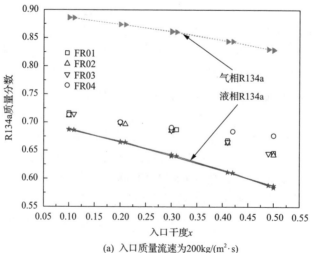

(a) 入口质量流速为200kg/(m²·s)

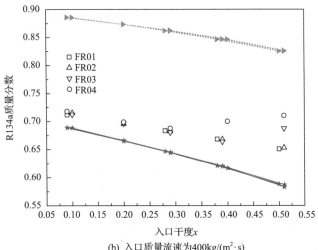

(b) 入口质量流速为400kg/(m²·s)

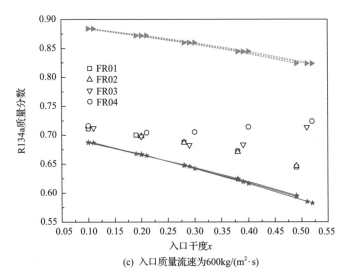

(c) 入口质量流速为600kg/(m²·s)

图 4-23　基于混合工质 R_1 的分离理想程度

2. 基于 TJ2 的实验结果

基于混合工质 $R_4(C_{R134a}=0.7094)$ 在 T 形管 TJ2 内的实验数据，图 4-24 对比了不同流量控制模式下，T 形管入口质量流速及入口干度对液相支路中混合工质组成的影响。可以看到，在 FR01 模式、FR02 模式以及 FR03 模式下，改变 T 形管入口质量流速并未影响液相支路混合工质组成随入口干度的变化：R134a 的质量分数随入口干度的增加而持续减小。在 FR04 模式下，对于 400kg/(m²·s) 和 600kg/(m²·s) 的入口质量流速，当入口干度达到约 0.3 时，液相支路中 R134a 的

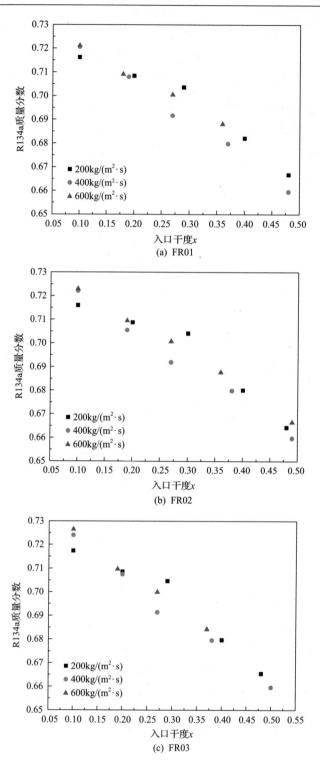

(a) FR01

(b) FR02

(c) FR03

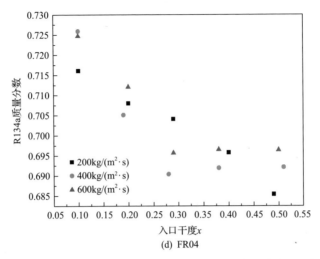

图 4-24　不同流量控制模式下入口质量流速及入口干度对 T 形管下端出口混合工质组成的影响
(C_{R134a}=0.7094)

质量分数不再随干度增加而减小,而是分别维持在 0.690 与 0.695 左右。对比图 4-24 与图 4-19 可以发现,T 形管出口管径的增加在一定程度上抵消了分离负荷或出口流量增大对组元分离效果造成的不利影响。

　　图 4-25 给出了不同入口质量流速及流量控制模式下,TJ2 下端出口组元分离效率之差随入口干度的变化情况。如图 4-25(a)所示,当入口质量流速为 200kg/(m²·s)时,在各流量控制模式下,组元分离效率之差均表现出随入口干度增大而减小的趋势,且差值逐渐由正值转变为负值。当入口质量流速增至 400kg/(m²·s)时,FR04 模式下的组元分离效率之差在入口干度为 0.28 附近达到最小值–7%。而当入口质量流速进一步增加至 600kg/(m²·s)时,组元分离效率的变化趋势在入口干度为 0.37 附近出现拐点,当入口干度超过 0.37 后组元分离效率之差的减小速度迅速减缓。可以看到,对于除 FR04 模式之外的其余三种流量控制模式,当入口质量流速给定时,各流量控制模式下的组元分离效率之差达到 0 时所对应的入口干度值几乎相同,且不同入口质量流速条件下对应于零值点的入口干度也十分接近(变化范围为 0.18~0.2)。整体上,对于上述三种流量控制模式,随着 T 形管下端出口流量的增大,组元分离效率之差呈现围绕零值点做顺时针旋转的变化趋势。在入口干度为 0.5、入口质量流速为 400kg/(m²·s)及下端出口流量比为 0.5 的条件下,混合工质 R₄ 在 TJ2 中达到最大程度的组元分离(组元分离效率之差约为–12%)。

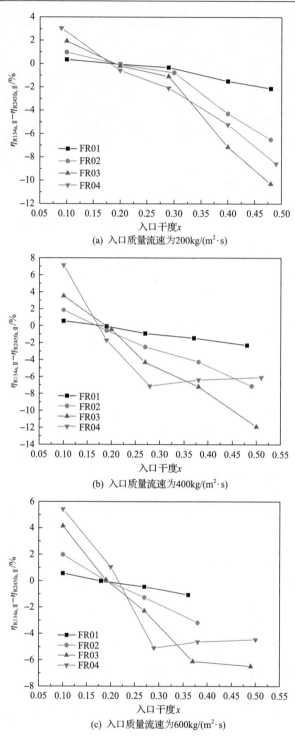

(a) 入口质量流速为200kg/(m²·s)

(b) 入口质量流速为400kg/(m²·s)

(c) 入口质量流速为600kg/(m²·s)

图 4-25 TJ2 下端出口各组元分离效率之差的变化(C_{R134a}=0.7094)

对 R290/R600a 的组元分离实验结果这里不做赘述。

3. T 形管入口流型

利用高速摄影相机对 T 形管入口处混合工质气液两相流的流型进行拍摄。图 4-26~图 4-28 分别给出了混合工质 R134a/R245fa(C_{R134a}=0.3215)、R134a/R245fa(C_{R134a}=0.7075)及 R290/R600a(C_{R290}=0.5423)在不同工况条件下的流型。

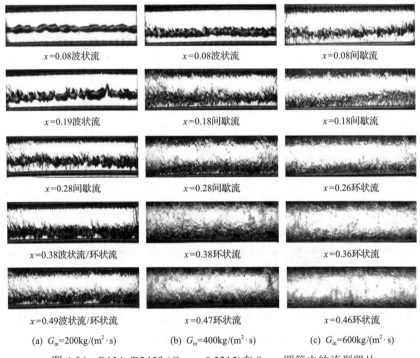

(a) G_{in}=200kg/(m²·s)　　(b) G_{in}=400kg/(m²·s)　　(c) G_{in}=600kg/(m²·s)

图 4-26　R134a/R245fa(C_{R134a}=0.3215)在 8mm 圆管内的流型照片

由图 4-26 及图 4-27 可以看出，在 200~600kg/(m²·s)的入口质量流速与 0.1~0.5 的入口干度变化范围内，两组 R134a/R245fa 混合工质具有相似的流型变化特征。在 200kg/(m²·s)的入口质量流速下，波状流为主要流型。当入口质量流速为 400kg/(m²·s)时，随着入口干度的增加，依次出现波状流、间歇流及环状流。而在 600kg/(m²·s)的入口质量流速条件下没有观察到波状流。由图 4-28 可以看出，在 100~400kg/(m²·s)的入口质量流速与 0.1~0.5 的入口干度变化范围内，对于混合工质 R290/R600a，实验中观察到的流型主要为弹状流、波状流、间歇流以及环状流。当入口干度约为 0.1 时，随着入口质量流速的增大，T 形管入口依次出现弹状流、波状流及间歇流。在入口质量流速为 200kg/(m²·s)的条件下，间歇流为主要流型。当入口质量流速与入口干度分别达到 400kg/(m²·s)与 0.37 时，入口流型发展为环状流。

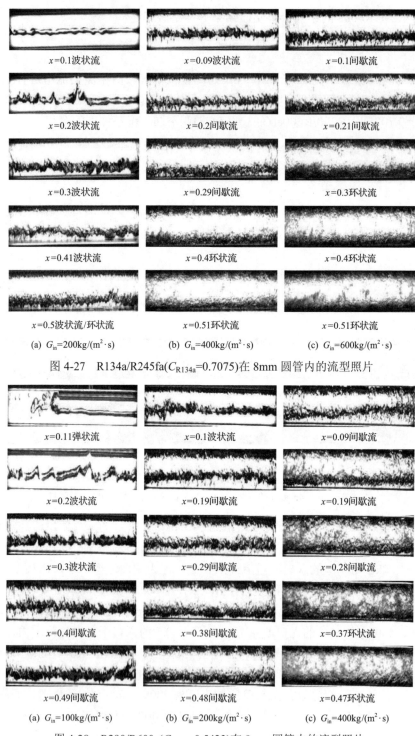

$x=0.1$波状流　　　　$x=0.09$波状流　　　　$x=0.1$间歇流

$x=0.2$波状流　　　　$x=0.2$间歇流　　　　$x=0.21$间歇流

$x=0.3$波状流　　　　$x=0.29$间歇流　　　　$x=0.3$环状流

$x=0.41$波状流　　　　$x=0.4$环状流　　　　$x=0.4$环状流

$x=0.5$波状流/环状流　　　　$x=0.51$环状流　　　　$x=0.51$环状流

(a) $G_{in}=200\text{kg/(m}^2\cdot\text{s)}$　　　(b) $G_{in}=400\text{kg/(m}^2\cdot\text{s)}$　　　(c) $G_{in}=600\text{kg/(m}^2\cdot\text{s)}$

图 4-27　R134a/R245fa($C_{R134a}=0.7075$)在 8mm 圆管内的流型照片

$x=0.11$弹状流　　　　$x=0.1$波状流　　　　$x=0.09$间歇流

$x=0.2$波状流　　　　$x=0.19$间歇流　　　　$x=0.19$间歇流

$x=0.3$波状流　　　　$x=0.29$间歇流　　　　$x=0.28$间歇流

$x=0.4$间歇流　　　　$x=0.38$间歇流　　　　$x=0.37$环状流

$x=0.49$间歇流　　　　$x=0.48$间歇流　　　　$x=0.47$环状流

(a) $G_{in}=100\text{kg/(m}^2\cdot\text{s)}$　　　(b) $G_{in}=200\text{kg/(m}^2\cdot\text{s)}$　　　(c) $G_{in}=400\text{kg/(m}^2\cdot\text{s)}$

图 4-28　R290/R600a($C_{R290}=0.5423$)在 8mm 圆管内的流型照片

利用文献[38]中的流型开发方法并结合本流型观察实验结果，开发各组混合工质在 8mm 光滑圆管内的流型图，分别如图 4-29 及图 4-30 所示。各组混合工质的热物性基于 REFPROP 物性数据库得到。需要指出的是，对于混合工质 R134a/R245fa，在入口质量流速为 200kg/(m²·s)、入口干度为 0.5 的工况下，实验中并未观察到清晰的环状流，而是观察到一种同时具备波状流与环状流特征的复合流型。除此以外，实验观测的流型能够与流型图较好地吻合。

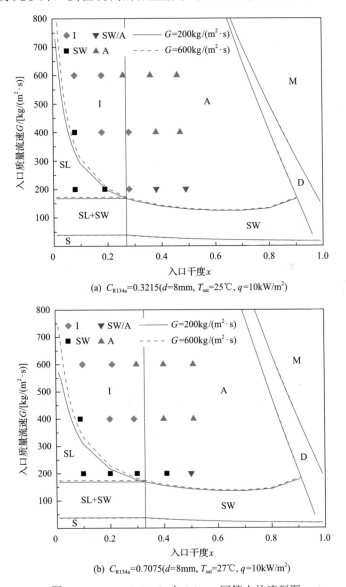

(a) $C_{R134a}=0.3215(d=8mm, T_{sat}=25℃, q=10kW/m^2)$

(b) $C_{R134a}=0.7075(d=8mm, T_{sat}=27℃, q=10kW/m^2)$

图 4-29　R134a/R245fa 在 8.0mm 圆管内的流型图

I 为间歇流；SW 为波状流；A 为环状流；M 为雾状流；D 为分散流；SL 为段塞流；S 为分层流；图 4-30 同此

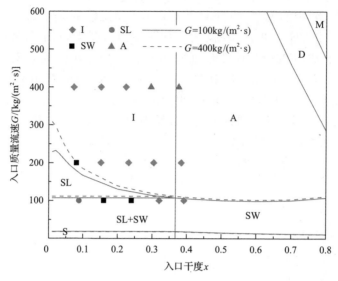

图 4-30　R290/R600a（C_{R290}=0.5423）在 8.0mm 圆管内的流型图（D=8mm，T_{sat}=21℃，q=10kW/m²）

4. 讨论

实验发现非共沸有机工质的充注浓度与循环浓度存在一定差别。图 4-31 给出了混合工质 R_1 的充注浓度与不同质量流速条件下的循环浓度。实验之前，先向系统充注了 2.0702kg 的高沸点工质 R245fa，之后充注了 6.312kg 的低沸点工质 R134a。因此可以得到混合工质 R_1 的充注浓度为 C_{R134a}=0.7002。工质充注完毕之后启动循环泵，以促进两种组元在系统内充分混合。经 48h 静置后，认为两组元已均匀混合，开始实验。

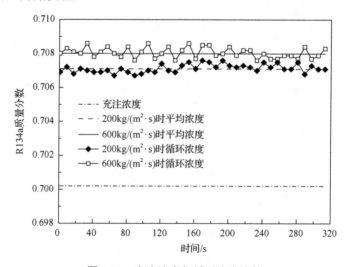

图 4-31　充注浓度与循环浓度比较

为了确定非共沸有机工质的循环浓度，在切断 T 形管气相回路并关闭电加热装置的条件下，测量液相支路中混合工质的密度、压力及温度数据。图 4-31 给出了在 $200\text{kg}/(\text{m}^2 \cdot \text{s})$ 与 $400\text{kg}/(\text{m}^2 \cdot \text{s})$ 的入口质量流速条件下，非共沸有机工质 R134a/R245fa 的循环浓度。可以看到，循环浓度稍高于充注浓度，且随着入口质量流速的增大，循环浓度由 0.7071 增加至 0.7080。液相积存[39]可能是导致本实验中非共沸有机工质循环浓度与充注浓度不同的原因。实验系统运行过程中，部分液相工质会聚集在储液罐及换热器内而不参与实际循环。由于液相工质中高沸点 R245fa 的含量更高，因而参与实际循环的 R134a 的比例增大，导致 R134a 的循环浓度增加。随着入口质量流速的增加，系统压力有所升高，促使 R245fa 由气相向液相迁移，从而引起循环浓度略微增加。当开启电加热装置后，液相支路冷凝器与电加热管段内积存的液相工质质量会发生变化，从而对非共沸有机工质的循环浓度产生影响。但考虑到上述液相体积的变化量远小于主回路冷凝器及储液罐中液相积存量，忽略加热量对于循环浓度的影响。在此基础上，采用不同入口质量流速条件下循环浓度的平均值作为循环浓度，并假设该浓度不因实验工况的改变而变化。

1) 循环浓度对组元分离的影响

图 4-32 给出了混合工质 R_1、R_2 及 R_3 在 TJ1 下端出口处的组元分布情况。该图以出口 II 处的 R134a 质量分数（又称 R134a 在出口 II 处的分流比）$F_{\text{R134a,II}}$ 为横坐标，以出口 II 处的 R245fa 质量分数（又称 R245fa 在出口 II 处的分流比）$F_{\text{R245fa,II}}$ 为纵坐标。过点(0,0)与点(1,1)的对角线将图中区域分为两个部分：位于对角线上方的点具有较高的 $F_{\text{R245fa,II}}$，说明在该工况下该出口倾向于分离出 R245fa；在对角

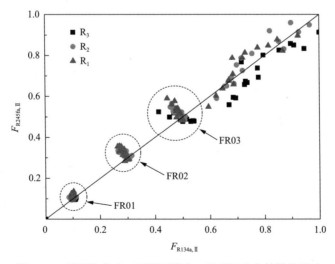

图 4-32　循环浓度对 T 形管下端出口处组元分布特性的影响

线下方的点具有较高的 $F_{R134a,II}$，表明在该工况下该出口倾向于分离出 R134a。对角线上的数据表示该工况下混合工质各组元均匀地分布于 T 形管各出口，组元分离效率之差为 0，混合工质流经 T 形管后没有发生组分变化。

由图 4-32 可以看出，在 FR01 模式和 FR02 模式下，三组混合工质在 T 形管下端出口处具有相似的组元分布特性，这说明当 T 形管下端出口流量较小时，循环浓度对于组元分布特性没有显著影响。在 FR03 模式下，混合工质 R_3 的组元分布特性与另外两组混合工质表现出较明显的差别。总体上，在上述三种流量控制模式下，对于三组混合工质，T 形管下端出口均表现出对 R245fa 的分离倾向性。在 FR04 模式下，不同工况条件对应的数据点分布较为分散。对于混合工质 R_1 与 R_2，大多数工况下 T 形管下端出口倾向于对 R245fa 的分离；而对于混合工质 R_3，大多数工况下该出口更倾向于分离出 R134a。

图 4-33 给出了不同入口质量流速条件下，组元分离的实际结果与理想结果之间的差别。图中，R134a 质量分数的实验数据由实心图形代表，而基于相平衡假设下的液相工质组成由图线表示。所有数据基于 FR03 模式下的实验结果。如图 4-33 (a) 所示，当入口质量流速为 200kg/(m²·s) 时，虽然液相支路中 R134a 的质量分数随入口干度增大而减小，但其与理想条件下液相混合工质中 R134a 的质量分数间的差距却逐渐增大。以混合工质 R_1 为例，当入口干度为 0.11 时，实际分离与理想分离之间的偏离程度达到 12.8%；当干度增加至 0.51 时，偏离程度已扩大至 53.8%。此外，在相同的入口条件下，偏离程度表现出随 R134a 循环浓度增加而减小的趋势。例如，当入口质量流速与干度分别为 200kg/(m²·s) 及 0.1 时，混合物 R_2 及 R_3 的偏离程度分别为 13.0% 与 16.7%，均大于 R_1 的偏离程度。

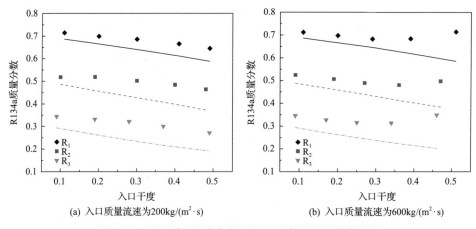

(a) 入口质量流速为 200kg/(m²·s)　　　　(b) 入口质量流速为 600kg/(m²·s)

图 4-33　不同循环浓度条件下组元分离效果的偏离程度

基于 FR03 模式下各组混合工质的实验数据，分析混合工质循环浓度对 T 形管组元分离效率之差的作用，结果如图 4-34 所示。如图 4-34 (a) 所示，当入口质量流速为 200kg/(m²·s) 时，不同循环浓度条件下的组元分离效率之差均随入口干度增大而由正值逐渐减小为负值。其中，混合工质 R_1 与 R_3 的组元分离效率之差在 0.49 的入口干度条件下达到最小值，分别为 –14.6% 与 –11.2%。整体上，R_2 的组元分离效率之差介于 R_1 与 R_3，并随入口干度的增加逐渐向 R_1 靠近。当入口质量流速增至 600kg/(m²·s) 时，各组混合工质的组元分离效率之差均表现出随入口干度增大而先减后增的变化趋势。此时，R_2 的组元分离效率之差更接近 R_1，当入口干度达到 0.36 时，R_2 将比 R_1 具有更低的组元分离效率之差。在整个入口干度变化范围内，R_3 的组元分离效率之差均显著地高于其他两组混合工质，且其差距随入口干度增加而扩大。

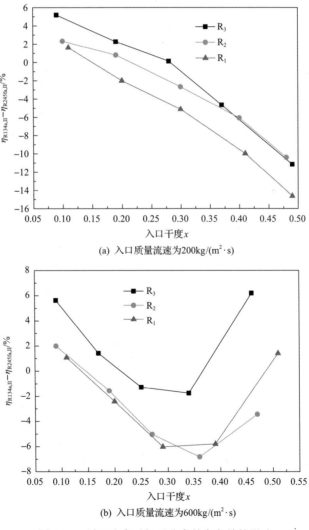

(a)　入口质量流速为 200kg/(m²·s)

(b)　入口质量流速为 600kg/(m²·s)

图 4-34　循环浓度对组元分离效率之差的影响

造成如图 4-32～图 4-34 所示的组元分布特性差异的因素包括进入液相支路的气相工质流量，以及气相与液相混合工质在组成上的差异，而这两点均不同程度地受到混合工质循环组分的影响。其中，进入液相支路的气相工质流量反映了 T 形管的相分离效率，而相分离效率是影响组元分布特性的重要因素。与液相工质不同，气相工质的流动受重力作用影响十分有限，T 形管入口与下端出口的压降是气相工质进入液相支路的主要驱动力。可以想见，进出口压降的增大将导致流入液相支路的气相工质增加。

基于 FR03 模式下各组混合工质的实验数据，图 4-35 给出了 T 形管入口与下端出口的压降随入口质量流速与入口干度的变化情况。可以看到，在绝大多数入口条件下，R_1 与 R_2 具有十分接近的压降。仅当入口质量流速为 $600kg/(m^2 \cdot s)$、入口干度超过 0.35 时，两者才表现出较为明显的差别。与 R_1 及 R_2 相比，R_3 在整个实验工况范围内具有较大的进出口压降。在 $200kg/(m^2 \cdot s)$ 的入口质量流速下，R_3 与另外两组混合工质在压降上的差别基本在 1.5kPa 左右；而在 $600kg/(m^2 \cdot s)$ 的入口质量流速下，上述差别已增加至 7.0kPa。

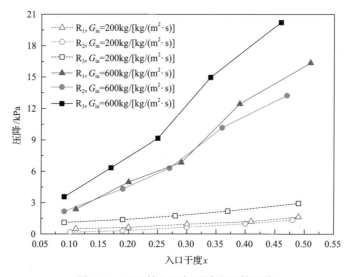

图 4-35　T 形管入口与下端出口的压降

不同循环浓度的混合工质在物性上的差别是造成压降不同的原因之一。如图 4-36(a) 所示，当入口干度一定时，液/气密度比与液相动力黏度均随混合工质中 R134a 质量分数的增加而减小。在三组混合工质中，R_3 具有最高的液相动力黏度，R_1 具有最小的液/气密度比。就液/气密度比而言，R_3 的值约为 R_2 的 1.4 倍，约是 R_1 的 1.6 倍。在入口干度及入口质量流速一定的条件下，较大的液/气密度比意味着较大的相间作用力，而较大的液相动力黏度意味着较大的流动阻力，因此 R_2 具有更低的 T 形管进出口压差。

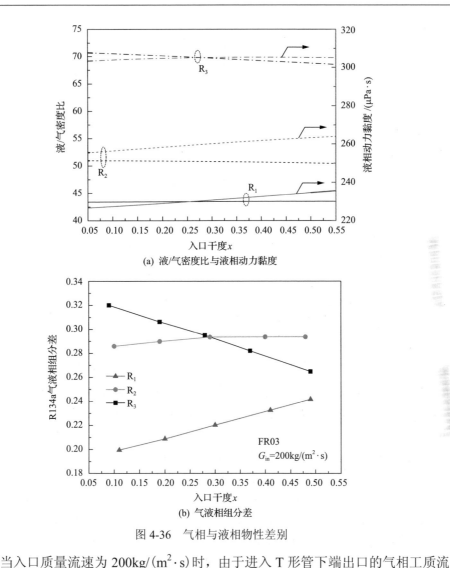

(a) 液/气密度比与液相动力黏度

(b) 气液相组分差

图 4-36　气相与液相物性差别

　　当入口质量流速为 200kg/(m²·s)时，由于进入 T 形管下端出口的气相工质流量不大，能够凸显混合工质气液相组分差的作用。根据图 4-36(b)，在整个入口干度范围内，R$_1$ 的气液相组分差最小。当入口干度约为 0.1 时，R$_2$ 与 R$_3$ 的气液相组分差分别为 0.29 和 0.32，而当入口干度增加至 0.3 时，R$_2$ 的气液相组分差将超过 R$_3$。当进入液相支路的气相工质流量一定时，较大的气液相组分差将导致流入更多的低沸点组元，因而削弱了组元分离效果。这也解释了在图 4-34(a)中，当入口干度超过 0.3 之后，R$_2$ 的组元分离效率之差稍高于 R$_3$ 的现象。

　　图 4-37(a)给出了循环浓度相近的 R134a/R245fa 混合工质 R$_1$ 与 R$_4$ 在出口管径不同的 T 形管中的组元分布情况。可以看到，图中大多数数据点位于过点(0,0)与点(1,1)的对角线上方。这说明在大多数入口条件下，两种 T 形管的下端出口都

倾向于分离出 R245fa。在 FR01 模式、FR02 模式及 FR03 模式下，两种 T 形管对应的数据点基本重合，但仍能观察到组元采出分率差异的最大值均在出口管径更小的 TJ1 内得到。在 FR04 模式下，组元采出分率差异的最大值仍在 TJ1 条件下得到，但与 TJ2 相比，分布在对角线附近的数据点增多。

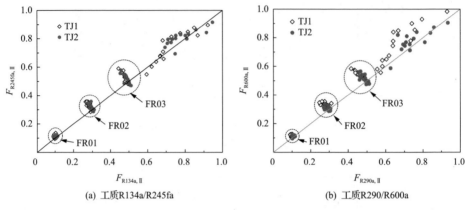

(a) 工质R134a/R245fa　　　　　　　(b) 工质R290/R600a

图 4-37　出口管径对 T 形管出口处组元分布的影响

图 4-37(b) 给出了循环浓度相近的 R290/R600a 混合工质 R_5(x_{R290} =0.5423) 与 R_6(x_{R290} =0.5381) 在出口管径不同的 T 形管中的组元分布情况。与混合工质 R134a/R245fa 的情况相似，在绝大多数入口条件下，两种 T 形管的下端出口都倾向于分离出高沸点组元(R600a)。可以看到，在各个流量控制模式下，组元采出分离比的最大值均基于 TJ1 得到。

基于 FR03 模式下的实验数据，分析出口管径对于混合工质 R134a/R245fa 的组元分离效率及相分离效率的影响，结果如图 4-38 所示。如图 4-38(a) 所示，当入口质量流速为 200kg/(m²·s) 时，不同 T 形管的组元分离效率之差均随入口干度的增大而由正值持续减小为负值，且在 0.2～0.5 的入口干度范围内，TJ1 的组元分离效率之差较大，组元分离效果较好。当入口质量流速为 400kg/(m²·s) 时，TJ1 的组元分离效率之差表现出随入口干度增大而先减后增的变化趋势，并在入口干度为 0.4 附近达到最小值–10.6%，而 TJ2 的组元分离效率之差仍保持减小趋势直至最小值–11.9%。在 600kg/(m²·s) 的入口质量流速下，TJ2 的组元分离效率之差的变化趋势在入口干度为 0.37 附近出现拐点，此后变化趋缓。总体上，TJ1 在分离负荷较低时具有更好的组元分离效果，而 TJ2 在分离负荷较高时表现出更好的分离效果。图 4-38(b)、(d) 及 (f) 给出了不同入口质量流速下 T 形管出口管径对混合工质液相分离效率的影响。在 200kg/(m²·s) 的入口质量流速下，两种 T 形管的液相分离效率均随入口干度的增大而增大；在 400kg/(m²·s) 的入口质量流速下，TJ1 的液相分离效率随入口干度的增大而先增后减，并在入口干度为 0.4 附近达到最大值83%；在 600kg/(m²·s) 的入口质量流速下，TJ1 与 TJ2 的液相分离效率分别在入口干度为 0.29 和 0.37 附近达到最大值。随着入口质量流速的增加，T 形管的液相分离效率的最大值逐渐减小。

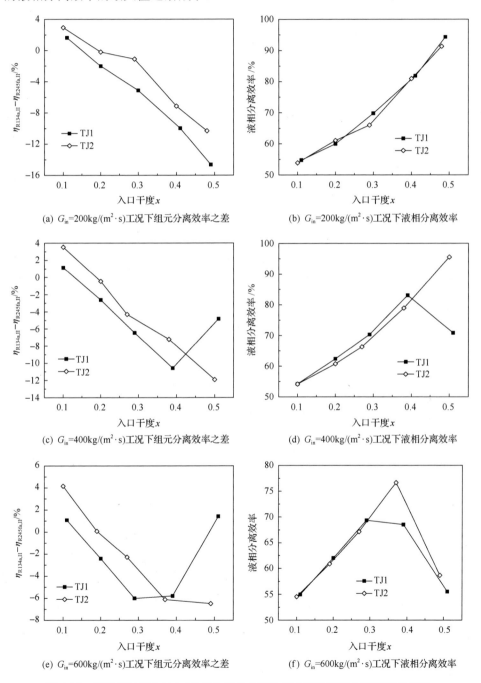

(a) G_{in}=200kg/(m²·s)工况下组元分离效率之差

(b) G_{in}=200kg/(m²·s)工况下液相分离效率

(c) G_{in}=400kg/(m²·s)工况下组元分离效率之差

(d) G_{in}=400kg/(m²·s)工况下液相分离效率

(e) G_{in}=600kg/(m²·s)工况下组元分离效率之差

(f) G_{in}=600kg/(m²·s)工况下液相分离效率

图 4-38　出口管径对 R134a/R245fa 组元分离效率之差及液相分离效率的影响

由图 4-38 可以发现，T 形管组元分离效率之差的变化与其液相分离效率的变化具有一定的同步性。例如，在 400kg/(m²·s) 的入口质量流速下，TJ1 的组元分离效率之差的最小值与液相分离效率的最大值均在入口干度为 0.39 处出现。总体上，T 形管液相分离效率的增加将导致各组元分离效率间的差异增大，提升组元分离效果。

图 4-39 给出了 FR03 模式下，T 形管出口管径对 R290/R600a 的组元分离效率之差及液相分离效率的影响。在不同入口质量流速条件下，TJ1 表现出较大的组元分离效率差异。随着入口质量流速的增加，TJ1 的组元分离效率之差的变化曲线在入口干度较大时出现拐点，而 TJ2 的组元分离效率之差始终保持随入口干度增大而减小的趋势。此外，混合工质 R290/R600a 的组元分离效率之差的绝对值也表现出随液相分离效率增加而增大的规律。

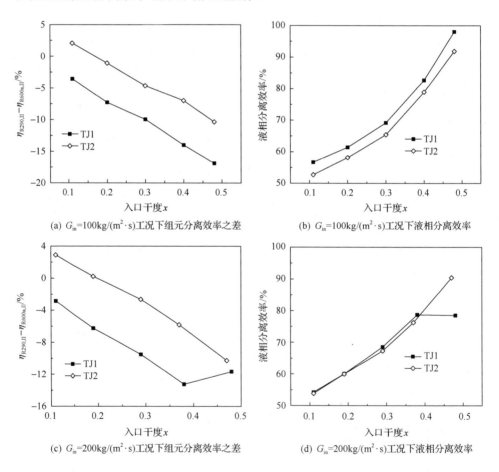

(a) G_{in}=100kg/(m²·s)工况下组元分离效率之差

(b) G_{in}=100kg/(m²·s)工况下液相分离效率

(c) G_{in}=200kg/(m²·s)工况下组元分离效率之差

(d) G_{in}=200kg/(m²·s)工况下液相分离效率

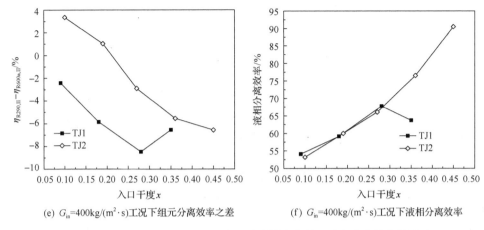

(e) $G_{in}=400kg/(m^2 \cdot s)$工况下组元分离效率之差　　　(f) $G_{in}=400kg/(m^2 \cdot s)$工况下液相分离效率

图 4-39　出口管径对 R290/R600a 组元分离效率之差及液相分离效率的影响

图 4-40 给出了不同入口质量流速条件下，T 形管入口与下端出口压降随入口干度的变化情况。可以看到，当入口质量流速为 200kg/($m^2 \cdot s$) 时，两种 T 形管内的压降均随入口干度的增加而增大，且在相同的入口干度条件下，TJ1 的压降较小。当入口质量流速增至 400kg/($m^2 \cdot s$) 时，TJ1 的压降将在 0.4～0.5 的入口干度范围内超过 TJ2。进一步增加入口质量流速将使 TJ1 的压降在更低的入口干度下超过 TJ2。结合图 4-40 与图 4-38 可以发现，T 形管的组元分离效率之差与 T 形管的压降之间存在一定联系：当 TJ1 的压降超过 TJ2 时，其组元分离效率间的差异将小于 TJ2。随着 T 形管压降的增大，进入液相支路的气相工质增多，由于气相工质中低沸点组元 R134a 的含量较高，各组元分离效率差异减小，组元分离效果变差。

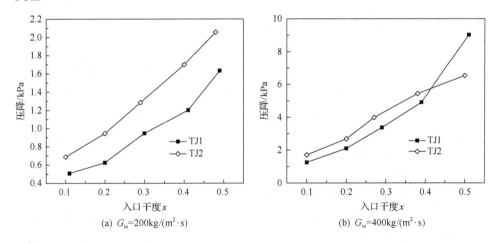

(a) $G_{in}=200kg/(m^2 \cdot s)$　　　　　　(b) $G_{in}=400kg/(m^2 \cdot s)$

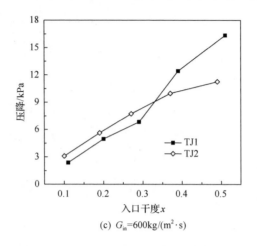

(c) $G_{in}=600\text{kg}/(\text{m}^2\cdot\text{s})$

图 4-40　T 形管压降随入口干度的变化(R134a/R245fa)

　　下面尝试对图 4-40 所示的 T 形管压降变化趋势进行解释。对于撞击式 T 形管，在其进出口管的结合部存在撞击区域，在此区域内，来流以一定的入射角撞击竖直管壁。当入口质量流速与入口干度一定时，增加出口管径将导致流体入射角增大，碰撞前后速度损失减小，因而压降较大。随着入口质量流速与入口干度的增大，来流中液相工质流量减小，同时气相工质流速快速增加，相间作用增强，导致能够有效撞击壁面的流体流量显著下降。在此情况下，根据伯努利方程可知，出口管径越小，压降越大。

　　2) 循环浓度对相分离的影响

　　图 4-41 对循环浓度不同的 R134a/R245fa 混合工质的液相分离效率进行了对比。如图 4-41(a) 所示，在 FR01 模式下，混合工质的循环浓度对液相分离效率几乎没有影响，在整个入口干度范围内各组混合工质具有非常接近的液相分离效率。在 FR03 模式下，随着 T 形管下端出口流量的增加，不同混合工质开始表现出在液相分离效率上的差异。如图 4-41(b) 所示，当入口质量流速为 400kg/(m²·s) 时，R_2 的液相分离效率总体上保持随入口干度增加而增大的趋势，但 R_1 与 R_3 的液相分离效率分别在入口干度为 0.39 与 0.36 时达到最大值。在入口干度超过 0.4 后，R_2 表现出最大的液相分离效率。当入口质量流速至 600kg/(m²·s) 时，各组混合工质的液相分离效率将在更低的入口干度下出现差异。总体上，在 FR01 模式下，循环浓度不影响混合工质的液相分离效率，而在 FR03 模式且入口干度较大的情况下，R_2 表现出较高的液相分离效率。

　　在 FR01 模式下，T 形管下端出口流量较小，大部分液相工质只能通过 T 形管上端出口流出，因而可以忽略气相工质对于 T 形管内液体回落的影响。而在 FR03 模式下，只有当入口干度增大到一定程度时，气相拽力对液相流动的影响才

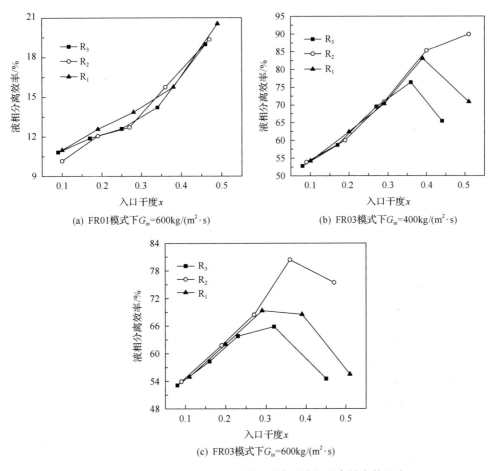

图 4-41 不同工况下混合工质循环浓度对液相分离效率的影响

可以显现。由前面可知，当混合工质中 R134a 质量分数较低(混合工质 R_3)时，T
形管内出现较大压降，促使部分液相工质汽化，造成液相分离效率下降。另外，
当混合工质中 R134a 质量分数较高(混合工质 R_1)时，气液相密度差异较小，从而
形成较为显著的相间作用，这可能是造成该混合工质液相分离效率下降的原因。

3) 相分离效率与组元分离效率的关系

对于非共沸有机工质气液两相流，也可建立基于气相弗劳德数($Fr_{G,III}$)的相分
布预测关联式。以此为基础，结合各组元工质在气液两相中的分布，可以对 T
形管出口处混合工质的组成进行预测。在理想的相分离条件下，气液各相的组
成可通过相平衡计算得到。但对于实际分离过程，由于 T 形管内压力并非定值，
需要考虑压力变化对各相组成的影响。下面以混合工质 R134a/R245fa 为例对此
进行说明。

　　受重力作用，富含 R245fa 的液相混合工质倾向于从 T 形管下端出口流出，因此理论上下端出口具有较高的 R245fa 组元分离比，即

$$F_{\text{R134a,II}} < F_{\text{R245fa,II}} \tag{4-26}$$

　　根据组元分离比的定义，可将式(4-26)改写为

$$\frac{G_{\text{II}}}{G_{\text{I}}}\frac{C_{\text{R134a,II}}-C_{\text{R134a,I}}}{C_{\text{R134a,I}}(1-C_{\text{R134a,I}})} < 0 \tag{4-27}$$

　　由式(4-27)可知，当 T 形管下端出口的 R134a 质量分数小于入口的值时，可认为下端出口倾向于分离出 R245fa。基于 FR03 模式下混合工质 R_3 的实验数据，图 4-42 给出了 T 形管入口与下端出口处 R134a 质量分数以及组元分离效率之差随入口干度的变化趋势。可以看到，当入口干度为 0.08 时，$C_{\text{R134a,II}} > C_{\text{R134a,I}}$，此时下端出口处组元分离效率之差为正值(8.6%)。随着入口干度的增加，$C_{\text{R134a,II}}$ 逐渐减小，并在入口干度为 0.38 处与 $C_{\text{R134a,I}}$ 出现交叉，与此同时组元分离效率之差也下降为负值。

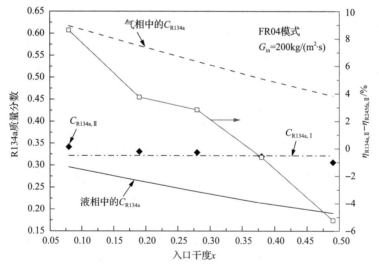

图 4-42　组分分离效率差与 R134a 质量分数随干度变化情况

　　此外，图 4-43 也给出了理想相分离过程中气液各相中 R134a 质量分数随入口干度的变化情况。虽然液相混合工质中 R134a 质量分数也随入口干度增大而减小，但其与 $C_{\text{R134a,II}}$ 之间的差值却逐渐增大。这表明分离过程的理想程度逐步下降。相分离过程的理想程度可通过下端出口的干度(x_{II})说明，入口干度越小，相分离理想程度越高。组元分离的理想程度 ξ 可表达为

$$\xi = \frac{C_{R134a,II} - C_{R134a,L}}{C_{R134a,v} - C_{R134a,L}} \tag{4-28}$$

其中，$C_{R134a,L}$ 与 $C_{R134a,v}$ 分别为 T 形管入口压力下达到相平衡时液相与气相中 R134a 的质量分数。

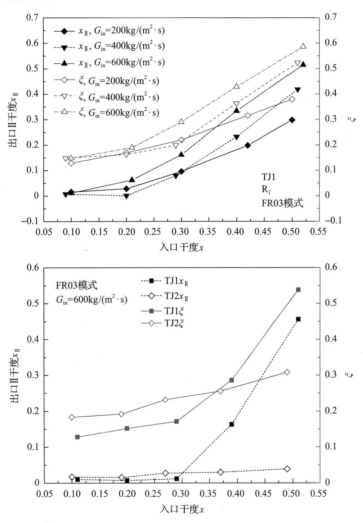

图 4-43　组元分离理想程度与相分离理想程度

由式 (4-28) 可知，ξ 越小，组元分离的理想程度越高。T 形管下端出口处 R134a 质量分数可通过式 (4-29) 计算：

$$C_{R134a,II} = \frac{G_{v,II} \cdot C_{R134a,v} - G_{l,II} \cdot C_{R134a,I}}{G_{v,II} - G_{l,II}} \tag{4-29}$$

将式(4-29)代入式(4-28)，可得

$$\xi = \frac{G_{v,II}(C'_{R134a,v} - C'_{R134a,L}) + G_{l,II}(C'_{R134a,L} - C_{R134a,L})}{(G_{v,II} + G_{l,II})(C_{R134a,v} - C_{R134a,L})} \tag{4-30}$$

其中，$C'_{R134a,v}$ 与 $C'_{R134a,L}$ 分别为在下端出口压力下达到相平衡时气相与液相中 R134a 的质量分数。

对于理想的分离过程，T 形管进出口压力相等，故有 $C'_{R134a,L} = C_{R134a,L}$ 和 $C'_{R134a,v} = C_{R134a,v}$ 关系成立。根据式(4-30)，此时组元分离理想程度 ξ 可通过相分离理想程度表达，即

$$\xi = \frac{G_{v,II}}{(G_{v,II} + G_{l,II})} = x_{II} \tag{4-31}$$

对于实际分离过程，T 形管进出口之间存在压降。压降将促使低沸点组元 R134a 由液相向气相迁移，故有 $C'_{R134a,v} > C_{R134a,v}$ 及 $C'_{R134a,L} < C_{R134a,L}$。此时组元分离理想程度与下端出口干度之间有如下关系：

$$\xi = \left(\frac{C'_{R134a,v} - C'_{R134a,L}}{C_{R134a,v} - C_{R134a,L}} \right) x_{II} + \frac{C'_{R134a,L} - C_{R134a,L}}{C_{R134a,v} - C_{R134a,L}} \tag{4-32}$$

由压力变化引起的液相混合工质中 R134a 质量分数的变化远小于气液两相混合工质组成上的差异。以混合工质 R_1 为例，当入口质量流速与入口干度分别为 $600 \text{kg}/(\text{m}^2 \cdot \text{s})$ 及 0.51 时，压降引起的液相混合工质中 R134a 质量分数的变化约为 0.001，而此时气液两相间 R134a 质量分数的差异为 0.24。因此，式(4-32)等号右边第二项可以忽略，即

$$\xi = \left(\frac{C'_{R134a,v} - C'_{R134a,L}}{C_{R134a,v} - C_{R134a,L}} \right) x_{II} \tag{4-33}$$

压降导致气相中 R134a 的质量分数增加，而液相中 R134a 的质量分数减小，因此组元分离理想程度会大于相分离理想程度。

实验结果也证明了上述关系，如图 4-43 所示。因此，为了提高撞击式 T 形管的组元分离效果，应该采取措施以减小 T 形管内的压降。因此，有必要对 T 形管的几何结构进行优化，并进一步探究工质输运特性对气液两相流过程的影响机制。

4.4　本章小结

本章主要研究和分析了混合工质流动沸腾过程中的压降特性,并与纯工质做比较。其次对非共沸有机工质 R134a/R600a、R134a/R245fa 和 R290/R600a 在顺流式 T 形管和撞击式 T 形管中的组元分离进行了实验研究并获得了组元分离规律。

揭示了 R32、R125、R134a、R410A、R407C 管路进出口压降随质量流速的变化。随着质量流速的增加,压降特性曲线将会出现负斜率区,R410A 的负斜率区出现的范围在质量流速为 1530~2400kg/(m²·s),R410A 最早出现负斜率区,而 R134a 相对最迟。同时 R32 的负斜率区最早消失,而 R134a 最后消失。相对其他有机工质,R410A 的管路进出口压降极值相差较大,R134a 负斜率区出现的范围较大,这两种工质的流量漂移现象较为突出。而 R32 的负斜率区范围相对较小,压降变化较为平缓。分析得出,R32 的综合性能更为优良,为防止流量漂移现象的出现,可选择有机工质 R32,在此工况下[$G > 2500 kg/(m^2 \cdot s)$],管道运行相对安全。

对于顺流式 T 形管实验条件,得出以下结论,入口干度对非共沸有机工质的组元分离效果显著。通常,在入口干度为 0.2 附近存在一个分离点;对于所考虑的混合工质,分离效率的差异归因于进入支管的混合工质气体量及气相和液相的 R134a 质量分数差异;在实验条件下,当入口干度小于 0.4 时,管径比的增大会导致较高的正分离效率。当入口干度大于 0.4 时,管径比对负效率的影响可以忽略不计。此外,支管倾角对 T 形管的组元分离效果影响显著。

对于撞击式 T 形管实验,引入组元采出分率的概念对混合工质在 T 形管内的组分分布特性进行评价,在此基础上完成了非共沸有机工质 R134a/R245fa 与 R290/R600a 在撞击式 T 形管内的组元分布特性的实验研究,明确入口质量流速、入口干度、出口流量、循环浓度及出口管径对组元分离特性的影响。基于 TJ1 的实验结果表明,在入口质量流速、入口干度及出流比分别为 200kg/(m²·s)、0.49 及 0.5 的条件下,R134a/R245fa(70.75/29.25)可实现最大程度的组元分离,组元分离效率之差达到–14.6%。循环浓度及出口管径通过改变 T 形管内的压降来影响组元分离效率,较小的 T 形管内压降有助于实现较好的组元分离效果。

参 考 文 献

[1] Abadi G B, Kim K C. Investigation of organic Rankine cycles with zeotropic mixtures as a working fluid: Advantages and issues[J]. Renewable & Sustainable Energy Reviews, 2017, 73: 1000-1013.

[2] Collings P, Yu Z, Wang E. A dynamic organic Rankine cycle using a zeotropic mixture as the working fluid with composition tuning to match changing ambient conditions[J]. Applied Energy, 2016, 171: 581-591.

[3] Yang X Y, Zhao L, Li H L, et al. Theoretical analysis of a combined power and ejector refrigeration cycle using zeotropic mixture[J]. Applied Energy, 2015, 160: 912-919.

[4] Bao J J, Zhao L, Zhang W Z. A novel auto-cascade low-temperature solar Rankine cycle system for power generation[J]. Solar Energy, 2011, 85(11): 2710-2719.

[5] Zheng N, Zhao L. The feasibility of using vapor expander to recover the expansion work in two-stage heat pumps with a large temperature lift[J]. International Journal of Refrigeration, 2015, 56: 15-27.

[6] Milosevic A S. Flash Gas Bypass Concept Utilizing Low Pressure Refrigerants[D]. Urbana-Champaign: University of Illinois at Urbana-Champaign, 2010.

[7] Tuo H, Hrnjak P. Flash gas bypass in mobile air conditioning system with R134a[J]. International Journal of Refrigeration, 2012, 35(7): 1869-1877.

[8] Azzopardi B J, Colman D A, Nicholson D. Plant application of a T-junction as a partial phase separator[J]. Chemical Engineering Research and Design, 2002, 80(1): 87-96.

[9] Wang T, Pang L, Yang Y. Study on two-phase flow instability of direct steam generation in solar thermal power[C]// International Conference on Renewable Power Generation (RPG 2015). Beijing: The Institution of Engineering & Technology, 2015: 1-5.

[10] Kakac S, Bon B. A review of two-phase flow dynamic instabilities in tube boiling systems[J]. International Journal of Heat and Mass Transfer, 2008, 51(3-4): 399-433.

[11] Ruspini L C, Marcel C P, Clausse A. Two-phase flow instabilities: A review[J]. International Journal of Heat & Mass Transfer, 2014, 71(3): 521-548.

[12] 王建军, 杨星团, 姜胜耀. 低压低干度自然循环静态流量漂移现象的模拟分析[EB/OL]. [2007-01-09]. http://www.paper.edu.cn/releasepaper/content/200701-96.

[13] 刘长鑫, 张济民, 徐涛, 等. 泵驱动两相流体回路流量漂移现象的实验研究[J]. 上海航天, 2017(4): 125-132.

[14] 陈冲, 高璞珍, 谭思超, 等. 窄矩形通道内 Ledinegg 不稳定性实验研究[J]. 原子能科学技术, 2014(8): 1411-1415.

[15] 杨东雪, 高璞珍. 两相自然循环流量漂移分岔特性数值模拟[J]. 中国科技论文, 2015, 10(11): 1343-1346.

[16] 张翔. 水平矩形沸腾通道的流量漂移模拟[J]. 资源节约与环保, 2016(6): 45-46.

[17] 尹殿晨, 陈文振, 郝建立. 竖直通道内两相流动的流量漂移[J]. 四川兵工学报, 2012(11): 138-140.

[18] Farhadi K. A model for predicting static instability in two-phase flow systems[J]. Progress in Nuclear Energy, 2009, 51(8): 805-812.

[19] Ruspini L C, Dorao C A, Fernandino M. Dynamic simulation of Ledinegg instability[J]. Journal of Natural Gas Science and Engineering, 2010, 2(5): 211-216.

[20] 周涛, 齐实, 宋明强, 等. 窄矩形通道内低压两相自然循环流量漂移实验研究[J]. 核动力工程, 2016, 37(4): 1-5.

[21] 杨星团, 姜胜耀, 张佑杰. 低压低干度自然循环流量漂移分析[J]. 核科学与工程, 2002, 22(1): 1-6.

[22] 朱宏晔, 杨星团, 居怀明, 等. 高温气冷堆螺旋管蒸汽发生器流量漂移不稳定性研究[J]. 核动力工程, 2012(4): 76-80.

[23] 夏庚磊, 郭赟, 彭敏俊. 强迫循环并联通道流量漂移现象研究[J]. 原子能科学技术, 2010(12): 1445-1450.

[24] 徐济鋆, 匡波, 姚伟. 两相自然循环系统的静态漂移特性及输热能力限分析[J]. 核动力工程, 2000(2): 97-103.

[25] Qi S, Zhou T, Li B, et al. Experimental study on Ledinegg flow instability of two-phase natural circulation in narrow rectangular channels at low pressure[J]. Progress in Nuclear Energy, 2017, 98: 321-328.

[26] Zhang T J, Tong T, Chang J, et al. Ledinegg instability in microchannels[J]. International Journal of Heat and Mass Transfer, 2009, 52 (25-26): 5661-5674.

[27] Xu Y, Fang X. A new correlation of two-phase frictional pressure drop for evaporating flow in pipes[J]. International Journal of Refrigeration, 2012, 35 (7): 2039-2050.

[28] Fang X, Xu Y, Zhou Z. New correlations of single-phase friction factor for turbulent pipe flow and evaluation of existing single-phase friction factor correlations[J]. Nuclear Engineering & Design, 2011, 241 (3): 897-902.

[29] Choi K, Pamitran A S, Oh C, et al. Two-phase pressure drop of R-410A in horizontal smooth minichannels[J]. International Journal of Refrigeration, 2008, 31 (1): 119-129.

[30] Beattie D R H, Whalley P B. A simple two-phase frictional pressure drop calculation method[J]. International Journal of Multiphase Flow, 1982, 8 (1): 83-87.

[31] Garcia J J, Garcia F, Bermúdez J, et al. Prediction of pressure drop during evaporation of R407 in horizontal tubes using artificial neural networks[J]. International Journal of Refrigeration, 2018, 85: 292-302.

[32] Cicchitti A, Lombardi C, Silvestri M, et al. Two-phase cooling experriments: Pressure drop, heat transfer and burnout measurements[J]. Energia Nucleare, 1960, 7: 407-429.

[33] Hwang S, Soliman H, Lahey J R. Phase separation in impacting wyes and tees[J]. International Journal of Multiphase Flow, 1989, 15 (6): 965-975.

[34] Yan G, Peng L, Wu S. A study on an online measurement method to determine the oil discharge ratio by utilizing Coriolis mass flow meter in a calorimeter[J]. International Journal of Refrigeration, 2015, 52: 42-50.

[35] Zheng N, Hwang Y, Zhao L, et al. Experimental study on the distribution of constituents of binary zeotropic mixtures in vertical impacting T-junction[J]. International Journal of Heat and Mass Transfer, 2016, 97: 242-252.

[36] Kunz O, Wagner W. The GERG-2008 wide-range equation of state for natural gases and other mixtures: An expansion of GERG-2004[J]. Journal of Chemical and Engineering Data, 2012, 57 (11): 3032-3091.

[37] Lemmon E W, Huber M L, McLinden M O. NIST Standard Reference Database 23: Reference Fluid Thermodynamic and Transport Properties-REFPROP[M]. Gaithersburg: National Institute of Standards and Technology, 2010.

[38] Wojtan L, Ursenbacher T, Thome J R. Investigation of flow boiling in horizontal tubes: Part I—A new diabatic two-phase flow pattern map[J]. International Journal of Heat and Mass Transfer, 2005, 48 (14): 2955-2969.

[39] 公茂琼, 齐延峰, 胡勤国, 等. 多元混合工质节流制冷机内工质组分浓度变化特征的实验研究[J]. 低温与特气, 2002, 20 (2): 16-19.

第5章 非共沸有机工质的应用

5.1 引　言

随着可再生能源技术的发展，中低温发电、制冷及供暖循环等技术中的热力学性能的提升成为掣肘此类技术发展的关键因素之一[1]。工质对于热力学循环(如ORC、热泵循环以及制冷循坏等)的性能提升具有举足轻重的作用。尽管目前在余热回收以及地热电站等热力循环系统中以纯工质的应用为主[2]，但纯工质在蒸发或冷凝过程中温度恒定。余热、地热以及太阳能驱动的热力系统中换热流体通常为显热换热，蒸发器及冷凝器中工质与换热流体间存在较大温差，从而不可逆损失较大，循环的热性能较差[3]。

相对于纯工质，非共沸有机工质主要具有以下优势：其一，非共沸有机工质相变过程中沸点变化，因此具有等压变温吸放热的特征，变温换热过程缓解了冷热流体间的温度不匹配，从而能够有效降低热力循环的㶲损[3]；其二，非共沸有机工质可通过组分浓度的调节实现与纯工质相同的热力学性质，同时满足工质环保性及安全性的要求，从而扩大了低温热力循环工质的筛选范围[2]，有效应对纯工质数量少、适用工况有限的问题；其三，非共沸有机工质在实际系统运行中存在组分迁移特性[4]，致使循环中各部件内部工质组分浓度发生变化，由此可进一步拓展非共沸有机工质应用技术的边界，实现基于组分调节的不同子循环集成，最终实现柔性分布式能源系统(distributed energy system，DES)。

本章基于前面非共沸有机工质理论机理的研究，以 ORC 和热泵循环系统为案例，开展非共沸有机工质在实际系统应用中的性能研究。主要内容涉及：非共沸有机工质组分配比对循环性能、系统规模以及经济性的影响；非共沸有机工质在系统变负荷运行乃至柔性 DES 中的应用前景；非共沸有机工质传热窄点的发生和位置变化规律揭示，以及控制策略的制定探讨等。

5.2 非共沸有机工质 ORC 应用案例

ORC 发电技术已在全球范围内商业化应用，但大多采用纯工质。非共沸有机工质在实际 ORC 发电系统中的应用较少，在我国仍处于研究和改进阶段。ORC 采用低沸点的制冷剂或碳氢化合物作为工质，因此可适用于热源温度较低的能源利用形式，与中低温太阳能热利用 300℃以下的温区相匹配。太阳能 ORC 热发电系统已受到各国学术界和工业界的广泛关注。非共沸有机工质的应用，为此类系统的性能优化、配置升维、变组分负荷调节甚至柔性能源系统的技术开发，提供了有效的途径并呈现出较大的发展潜力。

本节介绍非共沸有机工质 R245fa/R152a 在太阳能 ORC 系统中的应用。首先，理论分析不同组分配比下的循环性能。不同混合工质比例会导致其压力水平、传热性能以及相变过程温度变化等不同于纯工质，进而对循环系统的稳定性和经济性有很大影响，也对相应设备的设计提出了新的要求。其次，基于理论分析开展不同组分配比下系统循环性能的实验测试，并与纯工质 R245fa 进行对比。再次，针对非共沸有机工质下系统整体压力水平的提高，剖析相关设备耐压能力的更高要求；此外，由于混合工质的冷凝放热量增加，冷凝器的换热面积需增大，进一步分析系统整体的经济性。最后，探讨非共沸有机工质应用的背景下，系统变负荷运行、减少不可逆损失的新发展方向。

在此基础上，进一步介绍非共沸有机工质在柔性 DES 中的应用。首先，针对两种传统 DES 单一输出容量可变，以及多输出但容量固定的本质特征进行归纳，揭示 DES 能源供需不匹配的技术瓶颈。其次，提出采用非共沸有机工质并基于工质组分"分离-混合"机制实现的柔性 DES，并清晰地归纳此类系统的特征及定义。再次，详细讨论分离和混合部件在柔性 DES 中的应用，以及实现该类部件几何可控的控制机制。最后，通过案例分析，阐述此柔性 DES 的具体运行能效以及变工况下实现供需平衡的灵活性与可行性。

5.2.1　非共沸有机工质应用于太阳能 ORC 系统的理论分析

由于纯工质在 ORC 的相变过程中温度不变，工质与换热流体间的平均换热温差较大。首先，相对于纯工质，非共沸有机工质相变时具有温度滑移特征，可有效降低系统的不可逆性；其次，通过不同的组分配比可得到适用于不同蒸发温度范围内的工质，从而扩大工质选择范围，并实现变组分的负荷调节。

采用 R245fa/R152a 非共沸有机工质，两种组元均属于 HFC 系列，为环保型工质，具体物性参数如表 5-1 所示。图 5-1 为混合工质的露点温度和泡点温度随蒸发压力的变化。由图 5-1 可得，各组分的沸点及混合比例决定了混合工质的温度滑移，且同一组分下，温度滑移随蒸发压力的升高而减小。相比纯工质，由于混合工质有较大的温度滑移，非共沸有机工质适用于冷热源温度变化的 ORC 系统。

表 5-1　两种组元的物性参数

纯工质	分子结构简式	M /(g/mol)	T_{nb} /℃	P_c /MPa	T_c /℃	ODP	GWP	安全等级
R245fa	$CF_3CH_2CHF_2$	134.05	15.14	3.65	154.01	0	950	B1
R152a	CH_2CHF_2	66.05	−24.02	4.52	113.26	0	120	A2

在换热过程中，传热介质和工质的温度曲线趋于平行，可减小二者的传热温差，降低能耗以及系统的不可逆损失。

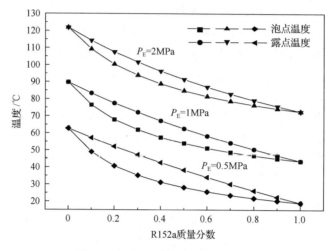

图 5-1　混合工质的露点和泡点温度

　　图 5-2 显示了 R245fa/R152a 质量分数配比的变化，混合工质的性质分别呈现出混合干工质($ds/dT>0$)、混合等熵工质($ds/dT\to\infty$)和混合湿工质($ds/dT<0$)的特征，并且随 R152a 质量分数增大，混合工质的临界温度降低、冷凝和蒸发过程中的相变潜热增大。在混合干工质情况下，由于膨胀机出口乏气为过热状态，可采用回热器回收乏气显热。已有研究指出在具有回热器的系统中，干工质的循环效率将会达到等熵工质的水平[5]。

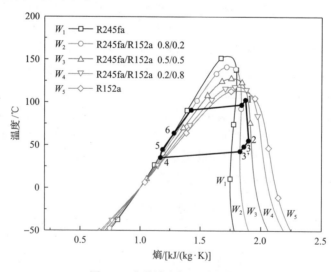

图 5-2　非共沸有机工质温熵图

图 5-3 为非共沸有机工质的回热系统原理图，循环的温熵图见图 5-2。

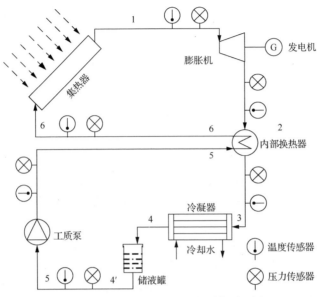

图 5-3 非共沸有机工质回热系统原理图

假设：

(1) 系统循环最高温度为 $T_1 = 100℃$，冷凝温度 $T_4 = 30℃$，且冷凝器工质出口状态为饱和液体。

(2) 混合过程中出现的湿工质在膨胀机出口干度为 $x_1 = 1$，以避免膨胀机末端出现湿膨胀，因此，混合湿工质在膨胀机入口有不同程度的过热度。

(3) 回热器中传热窄点温差 $\Delta T_p = 10℃$。

(4) 膨胀机效率 η_T 为 85%，工质泵效率 η_P 为 70%，内部换热器换热效率为 1。

(5) 忽略系统中管道设备散热及压损。

(6) 忽略循环中混合工质的组分迁移，设相变时温度滑移为线性。

(7) 工质流量 $\dot{m}$ 为单位工质流量(1kg/s)。

因此，循环输出功为

$$W_T = \eta_T \dot{m}(h_1 - h_2) \tag{5-1}$$

工质泵耗功为

$$W_P = \dot{m}\frac{(h_5 - h_4)}{\eta_P} \tag{5-2}$$

无回热的 ORC 吸热量为

$$Q_E = \dot{m}(h_1 - h_5) \tag{5-3}$$

带回热的 ORC 吸热量为

$$Q'_E = \dot{m}(h_1 - h_6) \tag{5-4}$$

无回热的 ORC 效率为

$$\eta_{ORC} = \frac{W_T - W_P}{Q_E} \tag{5-5}$$

带回热的 ORC 效率为

$$\eta'_{ORC} = \frac{W_T - W_P}{Q'_E} \tag{5-6}$$

上述计算过程中，h_1 为集热器出口焓值，h_2 为膨胀机出口焓值，h_4 为冷凝器出口焓值，h_5 为工质泵出口焓值，h_6 为内部换热器口焓值，工质的物性参数通过 REFPROP[6] 计算。系统蒸发温度为 70~120℃，工质的冷凝温度为 30℃。

1. 计算结果及热力过程分析

图 5-4 为设定工况下 R245fa/R152a 蒸发压力、冷凝压力和循环压比随 R152a 质量分数的变化。随着 R152a 质量分数增大，蒸发压力和冷凝压力逐渐升高。原因在于 R152a 的分子质量较小，临界压力高，造成整体压力水平上升。定义循环压比 $\beta_t = P_E / P_C$，P_E 为蒸发压力，P_C 为冷凝压力，则可看出 β_t 随 R152a 质量分数增大而下降。而结合图 5-2 中工质临界温度随 R152a 质量分数增大而下降，可推断 β_t 同样随临界温度降低而下降，与纯工质变化规律相同。需指出，R152a 质量分数小于 0.2 时，循环压比 β_t 明显下降，从 7.11 (R152a 质量分数为 0) 下降至 1.7 (R152a 质量分数为 0.2)；而 R152a 质量分数大于 0.2 时，循环压比平缓减小。可分析出，纯工质 R245fa 由于蒸发压力和冷凝压力较低，循环压比较大，因此对集热器和冷凝器的耐压强度要求较低。

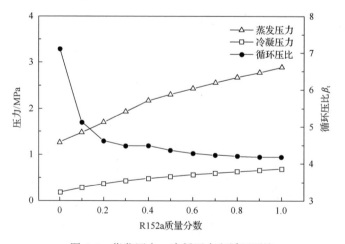

图 5-4　蒸发压力、冷凝压力和循环压比

图 5-5 显示，当 R152a 质量分数为 0.2 时输出功为最小值 28.58kJ/kg，其后输出功随 R152a 质量分数的增加而增大。当 R152a 质量分数大于 0.45 时，混合工质的输出功大于纯工质 R245fa。由此可见，根据热源温度的变化，可通过混合工质组分的调节实现变负荷运行。其次，纯工质的循环效率高于混合工质，且混合工质循环效率的变化规律与输出功一致，当 R152a 质量分数为 0.2 时出现循环效率最小值 10.59%；当 R152a 质量分数为 0 时出现循环效率最大值 12.62%。

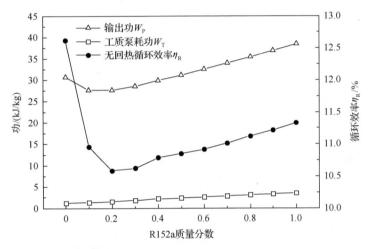

图 5-5　输出功、工质泵耗功及循环效率

尽管在循环效率方面，混合工质的效率低于纯工质 R245fa，但是随组分配比变化，混合工质的输出功比纯工质 R245fa 高。此外，混合工质由于在冷凝过程中存在较大的温度滑移，冷凝散热量大，若将此部分冷凝热进一步利用，可使其综合效率高于纯工质 R245fa。但是需指出，随着 R152a 在混合工质中的质量分数增大，工质泵耗功也将逐渐增大。

图 5-6 为不同 R152a 质量分数下混合工质由于呈现干工质、等熵工质和湿工质等不同特征，而导致膨胀机出口温度变化，形成不同的膨胀机乏气状态。当混合工质呈现干工质和等熵工质性质时，由于乏气为过热气，可利用回热器回收乏气显热和部分潜热。当 R152a 质量分数增加为 0.45 时，工质呈现湿工质性质，膨胀机乏气出口为饱和蒸气，此时采用回热器仅能回收冷凝潜热，由于存在温度滑移，乏气侧较小的降温即可产生较大的冷凝放热量，造成回热后液体温度高于乏气侧入口温度，因此回热无法进行。在设定工况下，仅对 R152a 质量分数介于 0～0.4 的混合工质分析其回热情况。

图 5-7 显示，当 R152a 质量分数为 0～0.4 时，回热后循环效率提高，R152a 质量分数为 0.1 时，循环效率最大提升 4.52%，且工质的回热量达到最大值

10.37kg/kJ；而纯工质 R245fa 的循环效率提升了 2.98%。因此，尽管混合工质的循环效率低于纯工质 R245fa，但当 R152a 质量分数低于 0.28 时，混合工质回热量大于纯工质。这意味着，如果将此部分回热量用于加热水，则混合工质能得到比纯工质高的出水温度。

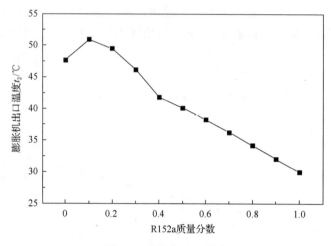

图 5-6　膨胀机出口温度

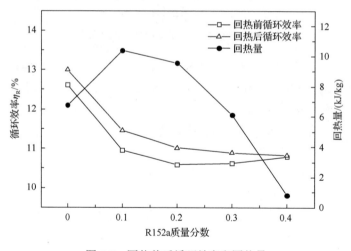

图 5-7　回热前后循环效率和回热量

2. 回热器内传热窄点分析

前述结果说明了非共沸有机工质的太阳能 ORC 在引入回热器后，循环效率显著提高。此外，为减小传热温差，需采用逆流式换热器。如图 5-8 所示，当 R245fa/R152a 的组分配比为 0.9/0.1 时，由于此时工质呈现干工质特性，膨胀机出口温度为 50.91℃，具有较大过热度，回热器利用的是乏气的显热，液体工质与乏气之间的传热窄点温差处于换热器一端，并且液体工质温度从 30.75℃升至 38.23℃，此时回热量为 10.37kJ/kg。当R245fa/R152a组分配比为 0.7/0.3 时(图 5-9)，膨胀机出口温度为 46.16℃，乏气过热度较小，且回热器传热窄点移动至回热器内部，此时回热器利用了乏气的显热和部分潜热，液体工质温升较小(31.02℃升至 35.16℃)，同时，回热量减小至 6.11kJ/kg。

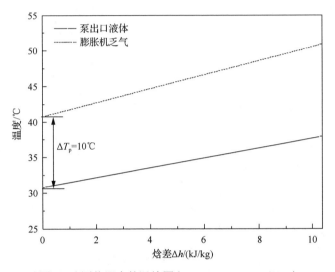

图 5-8　回热器中的温焓图(R245fa/R152a，0.9/0.1)

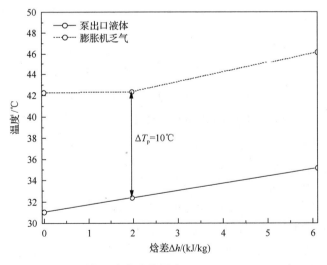

图 5-9　回热器中的温焓图(R245fa/R152a，0.7/0.3)

3. R245fa/R152a 混合工质对膨胀机设计的影响

不同工质筛选对膨胀机设计及膨胀效率有很大影响,轴流式膨胀机存在三个与工质相关的参数会对膨胀机设计产生重要影响,包括尺寸参数 V_{size}、入口体积流量 $\dot{V}_{in}$ 和体积膨胀比 VR。

定义膨胀机尺寸参数为 $V_{size} = \sqrt{\dot{V}_{out}} / \Delta h_{is}^{1/4}$,其中,$\dot{V}_{out}$ 为工质在膨胀机出口的体积流量(m³/s);Δh_{is} 为工质在膨胀机中理想等熵焓降(J/kg)。

图 5-10 显示,随 R152a 质量分数增大,膨胀机尺寸参数逐渐减小,体积也相应减小,因此应用混合工质可缩小膨胀机尺寸;此外,系统发电量也受到尺寸参数 V_{size} 的影响,发电量为 40kW 时膨胀机尺寸参数 V_{size} 比 20kW 时高约 41.42%。

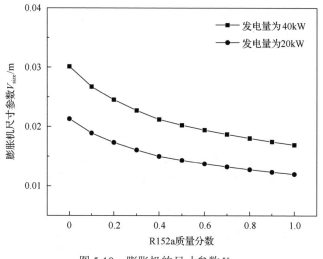

图 5-10   膨胀机的尺寸参数 V_{size}

定义膨胀机体积膨胀比为 $VR = \dot{V}_{out} / \dot{V}_{in}$,其中,$\dot{V}_{in}$ 为工质在膨胀机入口的体积流量(m³/s)。$\dot{V}_{in}$ 决定了叶片高度和允许转速,入口体积流量越小,则膨胀机叶片高度越小,从而减小喷嘴面积和流通面积,引起膨胀机部分进气,降低膨胀机效率。因此,较小的入口体积流量易引起工质在叶片顶部、密封以及边界的泄漏,从而使膨胀机效率降低。

由图 5-11 可得,在设定工况下,膨胀机入口体积流量随 R152a 质量分数的增加出现先增后减的趋势,当 R152a 质量分数为 0.1 时,入口体积流量为最大(1.15×10⁻²m³/s),纯工质 R245fa 的入口体积流量接近 R152a 质量分数为 0.14 时的混合工质的入口体积流量,但 R152a 质量分数大于 0.14 的非共沸有机工质的入口体积流量较小。相对地,体积膨胀比呈现出逐渐减小的变化趋势,纯工质 R245fa 体积膨胀比最大；当 R152a 质量分数介于 0~0.2 时，体积膨胀比减小明显(从 7.71 降至 5.10)。由于体积膨胀比决定了膨胀效率，较小的体积膨胀比具有较高的膨胀效率，混合工质的体积膨胀比均比纯工质的体积膨胀比小。

由此可得，将非共沸有机工质应用于太阳能 ORC 时，可减小膨胀机的外形尺寸，并通过组分配比的调节得到入口体积流量大、体积膨胀比小的工质，从而便于设计高效率、低转速的膨胀机。

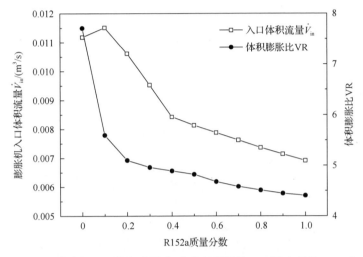

图 5-11　膨胀机入口体积流量 $\dot{V}_{in}$ 和体积膨胀比 VR(发电量为 20kW)

5.2.2　非共沸有机工质 ORC

1. 非共沸有机工质应用于太阳能 ORC 系统的实验研究

基于 5.2.1 节的理论分析，本节对不同组分配比的非共沸有机工质 R245fa/R152a 在太阳能 ORC 中的应用进行了实验测试。为对比混合干工质与纯干工质 R245fa 的循环性能，分别组成混合干工质 R245fa/R152a(0.9/0.1) 和近等熵工质 R245fa/R152a(0.7/0.3)，两种工质压力均较低，便于实验操作。此处，命名纯干工质 R245fa 为 M_1，混合干工质 R245fa/R152a(0.9/0.1) 为 M_2，近等熵工质 R245fa/R152a(0.7/0.3) 为 M_3。

在此测试中所采用的系统无回热器，系统示意图如图 5-12 所示，实验图如图 5-13 所示。需指出，两种非共沸有机工质在充注时的顺序为先 R245fa，后 R152a。原因在于常温常压下 R245fa 压力较低，R152a 压力较高，按此顺序充注，以防止充入 R152a 后系统压力升高，影响 R245fa 的充注。通过 R152a 的不断充注，实现不同组分工质的配比。完成充注后启动工质泵和冷凝器，以确保两种工质均匀混合。

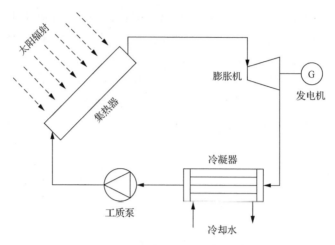

图 5-12　太阳能 ORC 系统示意图

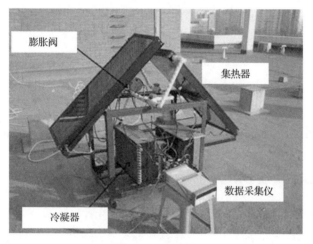

图 5-13　实验图

由于无回热器，结合循环的温熵图(图 5-2)，系统性能计算如下。

系统循环输出功见式(5-1)，工质泵耗功见式(5-2)，工质吸热量见式(5-3)，ORC 效率见式(5-5)。可计算集热器瞬时效率为

$$\eta_{\text{collector}} = \frac{Q_{\text{E}}}{IA} \tag{5-7}$$

其中，I 为瞬时太阳辐射(W/m^2)；A 为集热器采光面积，取 0.6m^2。

系统总效率为

$$\eta_{\text{sys}} = \eta_{\text{collector}}\eta_{\text{ORC}} \tag{5-8}$$

测试过程中工质流量相同，均等于 1.3L/h，并保持膨胀阀开度在同一状态。

图 5-14 为实验期间所测量的太阳辐射变化。由图可得，2009 年 4 月 1 日和 6 日的太阳辐射变化基本相同，最大值均为 1055W/m², 分别出现在 11:48 和 12:02；受空气质量影响，4 月 16 日太阳辐射整体偏低，其最大值为 1001W/m², 出现在 12:02。

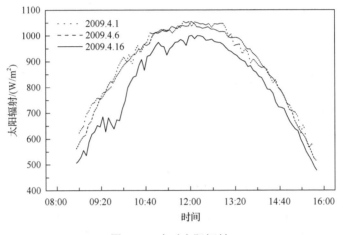

图 5-14　实时太阳辐射

由图 5-15 可以看出，由于工质的蒸发过程在集热器内完成，集热器出口温度明显受太阳辐射和环境温度影响而波动，并且在恒定流量下，M_1、M_2、M_3 三种工质的集热器出口温度与太阳辐射的变化规律相同，分别在 12:56、12:55、13:03 出现最大值 105.91℃、99.86℃、101.56℃。与太阳辐射最大值出现的时刻相比，集热器出口温度最大值对应的时刻滞后约 1h。此现象产生的原因在于系统的热惯性，即当太阳辐射分别从最大值开始下降时，集热器出口温度继续维持较高温度，

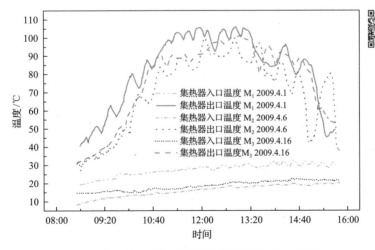

图 5-15　集热器进出口温度(彩图扫二维码)

此时集热器排管和保温材料相当于蓄热器，工质可得到完成相变及过热所需热量；当蓄热量和太阳辐射小于集热器热损时，集热器出口温度下降，过热度降低。由于受到此热惯性的影响，在不断变化的太阳辐射下，系统运行相对稳定。

由于测试过程中，M_1 的集热器入口温度较高，因此相同太阳辐射下 M_1 的集热器出口温度高于 M_2；虽然太阳辐射在 4 月 16 日较低，但是由于整体偏差不大，工质仍能升至较高温度。

图 5-16 表明，随 R152a 质量分数增大，系统整体压力升高，最高压力为工质 M_3，最低压力则为工质 M_1。在集热器出口温度波动的影响下，三种工质在集热器出口的压力也表现出类似变化。由于非共沸有机工质在实际运行中存在组分迁移，工质的实际配比在相变过程中可能产生变化，因此，工质 M_2、M_3 在集热器出口的压力也表现出较大波动。此外，膨胀阀后压力也受冷凝温度影响。由于系统采用风冷式冷凝器，阀后压力随环境温度升高而缓慢增大，其中工质 M_3 的阀后压力接近于工质 M_1 的集热器出口压力，例如，工质 M_3 在 15:46 时的阀后压力为 0.350MPa，略低于工质 M_1 的集热器最大出口压力 0.372MPa。因此，对于混合工质而言，随着 R152a 质量分数的增加，对系统和设备的耐压能力、系统经济性都提出了更高的要求。

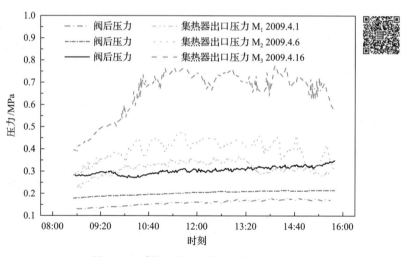

图 5-16　系统测点压力变化(彩图扫二维码)

图 5-17 表明，由于工质流经膨胀阀的过程为节流过程，冷凝器入口温度(膨胀阀后温度)随集热器出口温度变化。此外，由于环境温度的影响，冷凝器出口温度随环境温度升高而升高，且三种工质的冷凝温度均比环境温度高 2～3℃，其中图 5-17(a) 的环境温度要高于图 5-17(b) 和 (c)，因此工质 M_1 的集热器入口温度较高。

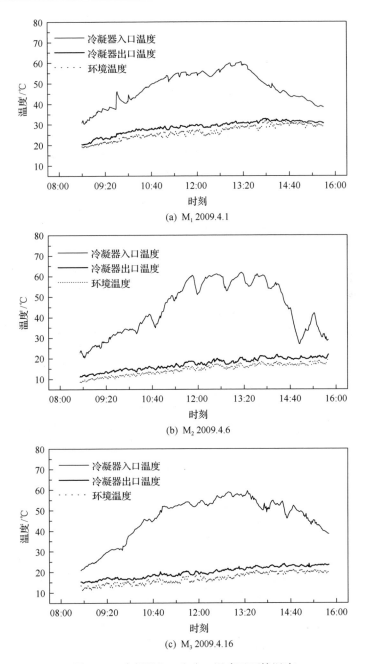

(a) M_1 2009.4.1

(b) M_2 2009.4.6

(c) M_3 2009.4.16

图 5-17　冷凝器入口和出口温度及环境温度

图 5-18 表明，纯工质 M_1 在环境温度影响下，整个实验过程中在集热器出口均为过热态。工质 M_2、M_3 的出口状态分为三个阶段，即实验开始阶段的气液两相态、实验稳定后的过热态和实验结束时的气液两相态，如图 5-18(b)和(c)所示。

由于工质存在完全相变的过程，处于气液两相区的工质吸热量和做功能力下降，对系统运行造成不利影响。

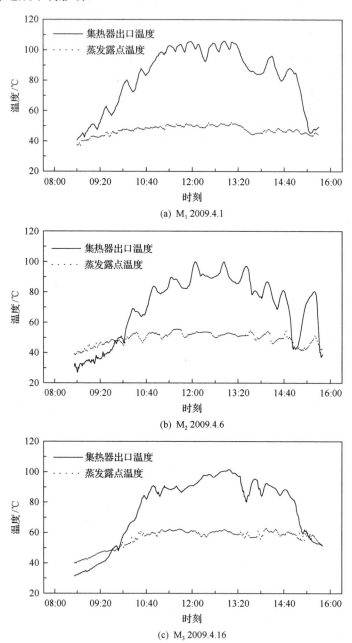

图 5-18　集热器出口温度和蒸发露点温度

表 5-2 给出了相同流量下不同工质出口的过热度。其中纯工质 M_1 的最大过热

度(54.89℃)比干工质 M_2 和等熵工质 M_3 分别高 7.06℃和 13.87℃，且 M_1 的平均过热度也高于其他两种工质。由此导致工质 M_1 集热器热损失增大、集热器效率降低，并且较大的过热度不能提高系统的循环效率，因此工质 M_1 的循环效率会受到影响。需通过工质流量的进一步优化，以降低系统过热度，并使系统在额定输出功率下工质流量最小。

表 5-2　不同工质出口过热度对比

参数	M_1	M_2	M_3
热状态时间	8:39~15:22	9:50~15:40	9:40~15:19
最大过热度/℃	54.89	47.83	41.02
平均过热度/℃	35.19	27.86	26.37

图 5-19 显示，在实验开始阶段，工质 M_2、M_3 在集热器出口为气液两相区，吸热量较小；完成相变进入过热状态后，吸热量随着集热器出口温度缓慢增加。

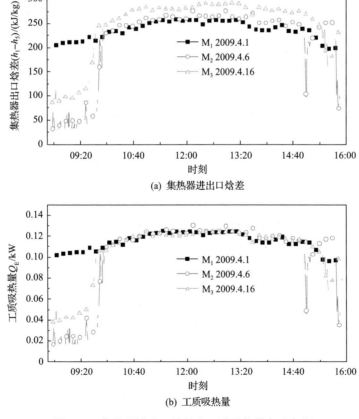

(a) 集热器进出口焓差

(b) 工质吸热量

图 5-19　集热器进出口焓差和工质吸热量实时变化

由图 5-19(a)可得出，在过热时段(9:50～15:19)，M_3 的集热器进出口焓差最大，平均值为 281.1kJ/kg，其次为 M_2，平均值为 258.31kJ/kg；纯工质 M_1 最小，平均值为 248.97kJ/kg。结果显示，相同太阳辐射下，单位质量的混合工质的吸热量较大，因此，混合工质具有提高集热器效率的潜力。由图 5-19(b)可得，相同体积流量(1.3L/h)下，尽管三种工质在集热器出口温度波动较大，但是工质吸热量均相对较稳定，且基本相同，造成此现象的原因在于：随 R152a 质量分数增大，混合工质临界密度减小。因此，相同体积流量下，三种工质的质量流量不同，其中 M_1 的质量流量最大，为 1.73kg/h；M_2 的质量流量居中，为 1.69kg/h；M_3 的质量流量最小，为 1.51kg/h。

图 5-20 表明，在集热器效率方面，实验开始阶段由于工质 M_2、M_3 为气液两相区，在各工质对应时段 8:34～9:24(2009.4.6)和 8:34～9:41(2009.4.16)，集热器效率较低，分别为 5.19% 和 12.27%。在工质过热阶段(9:50～15:19)，三种工质的集热器效率曲线均呈现下凹趋势，并且下凹的极值点接近太阳辐射的最大值。原因在于随太阳辐射逐渐增大到可满足工质在集热器内完成相变后，太阳辐射进一步增加会使工质进入过热状态，此时工质吸热量增幅慢于太阳辐射增幅，因此集热器的瞬时效率减小；当太阳辐射开始减小时，由于系统的蓄热作用，集热器出口温度衰减幅度滞后于太阳辐射，导致集热器瞬时效率呈现增大趋势；当太阳辐射减小至不足以维持工质发生相变时，集热器效率急剧减小，如图 5-20 中工质 M_3 在实验结束时的变化趋势。

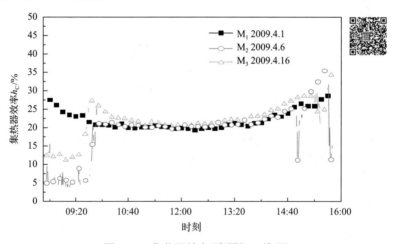

图 5-20　集热器效率(彩图扫二维码)

此外，相同太阳辐射下，由于工质 M_1 的集热器出口过热度最大，集热器效率最低；近似吸热量下的三种工质，M_3 的太阳辐射量小于 M_2，因此 M_3 的集热器效率最高，其平均值分别比 M_1 和 M_2 提高了 7.91% 和 6.45%，如表 5-3 所示。

表 5-3　系统循环特性对比

参数	M₁ (2009.4.1)	M₂ (2009.4.6)	M₃ (2009.4.16)
时间段	9:50~15:19	9:50~15:19	9:50~15:19
工质在集热器内平均吸热量 Q_E / kW	118.87	120.17	118.86
工质泵平均耗功 W_P / W	1.04	0.88	1.07
平均输出功 W_T/W	5.98	6.03	7.72
平均集热器效率 η_C /%	21.25	21.54	22.93
平均循环效率 η_R /%	4.16	4.29	5.59
平均总效率 η_{sys} /%	0.88	0.92	1.28

　　工质在集热器内相变的完成对系统的循环性能有极大的影响。由于工质 M_2、M_3 存在气液两相区，为了进一步研究不同工质在集热器出口为过热状态下的输出功、循环效率以及总效率，此处对时间段 9:50~15:19 内的循环性能进行进一步分析。图 5-21 显示，混合工质 M_3 输出功较大，最大值出现在 12:57，为 9.06W，原因在于其过热度较小且环境温度较低。工质 M_2 在 10:02~11:31 时由于温度和压力波动，其输出功在 4.69~7.69W 波动。相比 M_2 和 M_3，工质 M_1 的输出功最小，其最大值出现在 11:40，为 7.17W。工质 M_1 在实验过程中的环境温度较高，并且集热器出口压力较低，因此过热度较大，与前述理论计算值有所差异。如表 5-3 所示，过热阶段工质 M_3 的平均输出功比 M_1、M_2 分别提高了 29.10%和 28.03%，因此体现出混合工质做功能力较高的特征，也体现了混合工质在不同配比下做功能力的差异，对系统的变负荷运行具有重要意义。与输出功变化规律相同，工质 M_3 具有较高的循环效率，最大值出现在 11:21，为 6.74%；M_2 循环效率的最大值出

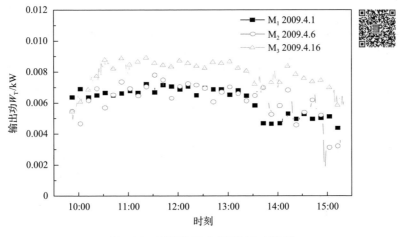

图 5-21　系统输出功(彩图扫二维码)

现在 11:36，为 5.67%；M_1 的循环效率最低，最大值出现在 11:32，为 5.21%。相应地，可计算出系统总效率，其中 M_3 的平均总效率为 1.28%，比工质 M_1、M_2 分别提高了 45.45% 和 39.13%。

由此可见，非共沸有机工质在太阳能 ORC 的应用中具有较好的循环性能、较高的集热器效率和循环效率，但是也对系统材料的耐压能力以及经济成本提出了更高的要求。

2. 非共沸有机工质充注对循环的影响

非共沸有机工质在循环的实际应用中，不同组分工质的充注需考虑各组分工质压力对顺利充注的影响，此外，充注量直接决定了工质组分配比。充注组分与循环组分不一致则会导致非共沸有机工质 ORC 的组分迁移现象。本节通过实验，针对非共沸有机工质充注问题对系统性能的影响展开讨论。

实验系统设计条件如表 5-4 所示，所筛选工质为 R600a/R601（质量分数比为 0.3156/0.6844）。相应换热器尺寸和工质充注量设计计算结果如表 5-5 所示，工质充注量为 0.35kg。

表 5-4 非共沸有机工质循环的充注特性实验系统设计条件

参数	数值	参数	数值
地热水入口温度	90℃	膨胀机效率	80%
地热水流量	0.025kg/s	工质泵效率	70%
冷却水入口温度	20℃	换热器窄点温差	5K
蒸发压力	418.9900kPa	冷凝压力	174.2227kPa
过热度	5K	过冷度	0K
工质流量	0.0082kg/s	冷却水流量	0.0443kg/s
膨胀功	220.3753W	工质泵耗功	4.7724W
净输出功	215.6029W	热效率	0.0604

表 5-5 换热器尺寸及工质充注量设计

参数		数值
内管	内径	8mm
	外径	10mm
	流体	工质
外管	内径	20mm
	外径	24mm
	流体	水
工质充注量		0.35kg
蒸发器面积		0.1864m²
冷凝器面积		0.4722m²

为分析充注组分对系统循环特性的影响，采用 Chen 和 Kruse[7]方法，工质循环浓度计算为

$$Z_{\text{cir}} = \frac{Z_j M_{\text{charge}} - \sum M_{j,\text{hold-up}}}{M_{\text{charge}} - \sum M_{\text{hold-up}}} \tag{5-9}$$

其中，Z_j 为低沸点工质的充注浓度；M_{charge} 为初始总充注量；$\sum M_{\text{hold-up}}$ 为蒸发器和冷凝器内相变区的相积存量总和；$\sum M_{j,\text{hold-up}}$ 为蒸发器和冷凝器内相变区的低沸点工质相积存量总和。

进一步推导可得工质循环浓度与充注量呈反比关系：

$$
\begin{aligned}
Z_{\text{cir}} &= \frac{Z_j M_{\text{charge}} - \sum M_{j,\text{hold-up}}}{M_{\text{charge}} - \sum M_{\text{hold-up}}} \\
&= \frac{Z_j (M_{\text{charge}} - \sum M_{\text{hold-up}}) + Z_j \sum M_{\text{hold-up}} - \sum M_{j,\text{hold-up}}}{M_{\text{charge}} - \sum M_{\text{hold-up}}} \\
&= Z_j + \frac{\sum (Z_j - C_{j,i}) M_{\text{hold-up}}}{M_{\text{charge}} - \sum M_{\text{hold-up}}}
\end{aligned} \tag{5-10}
$$

结合表 5-4 与表 5-5 的设计条件，计算出额定组分工况与循环组分工况如表 5-6 所示。

表 5-6　额定组分工况与循环组分工况

参数	额定组分工况	循环组分工况
R600a/R601 组分(质量分数)	0.3156/0.6844	0.3530/0.6470
蒸发压力/kPa	418.9900	461.2422
冷凝压力/kPa	174.2227	199.0102
工质流量/(kg/s)	0.0082	0.0083
膨胀功/W	220.3753	205.5511
工质泵耗功/W	4.7724	5.2451
净输出功/W	215.6029	200.3060
热效率	0.0604	0.0563

图 5-22 为充注量与工质循环浓度间变化结果，随充注量增大，组分迁移程度降低，但同时 ORC 系统初投资增大。因此，无限增加充注量并不能作为降低组分迁移程度的有效措施。以图 5-22 中 O 点为例，其左侧循环浓度降幅随充注量增加变化较快；而其右侧循环浓度降幅随充注量增加变化则较慢。由此可分析，随充注量增加，循环净输出功与热效率均增加，并且增长率减缓，如图 5-23 所示。

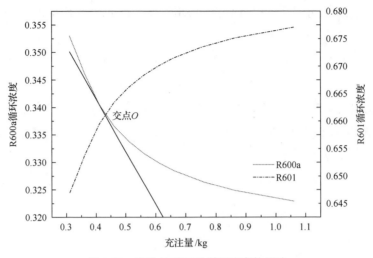

图 5-22　充注量对工质循环浓度的影响

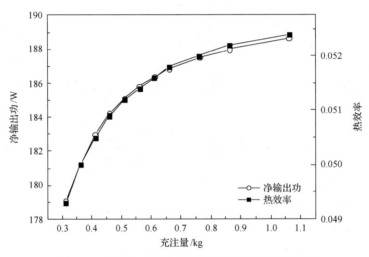

图 5-23　净输出功与热效率随着充注量的变化情况

当充注量为 0.4113kg 时,图 5-24 显示了工质循环浓度随充注浓度呈线性变化。此时,为了达到理论优化的最佳组分配比,即 R600a/R601(0.3156/0.6844,质量分数比),充注组分应当选取 R600a/R601(0.2915/0.7085,质量分数比)。由式(5-11)同样可推导出循环浓度与充注浓度呈线性关系:

$$Z_{cir} = \frac{Z_j M_{charge} - \sum M_{j,hold-up}}{M_{charge} - \sum M_{hold-up}}$$

$$= \frac{Z_j M_{charge}}{M_{charge} - \sum M_{hold-up}} - \frac{\sum M_{j,hold-up}}{M_{charge} - \sum M_{hold-up}}$$

(5-11)

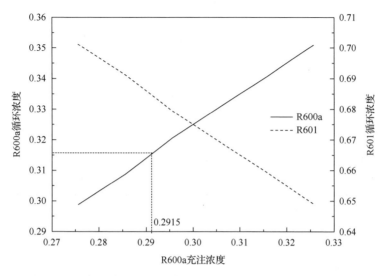

图 5-24　充注浓度对工质循环浓度的影响

图 5-25 为净输出功与热效率随充注浓度的变化规律。结果显示，随着充注浓度的增加，净输出功与热效率均先增加后减小。当充注组分为 R600a/R601（0.2915/0.7085，质量分数比）时，净输出功和热效率存在最大值。

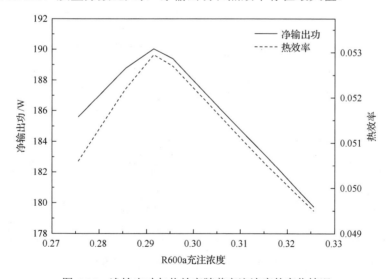

图 5-25　净输出功与热效率随着充注浓度的变化情况

基于上述理论分析结果，开展了充注量及充注浓度对循环浓度影响的实验研究，实验工况如表 5-7 所示。图 5-26 显示了充注组分为 R600a/R601（0.5/0.5，质量分数比)时循环浓度随充注量的变化。结果显示，随着充注量的增加，循环浓度越来越接近充注浓度，并呈现负相关的趋势。将其表征为 $y = a + \dfrac{b}{x-c}$ 形式的函数关系，拟合得到 a、b、c 值，如表 5-8 所示。

表 5-7　工质充注量对循环浓度的影响实验工况

工况	热源入口温度/℃	热水泵等级	工质泵频率/Hz	冷却水温度/℃	蒸发器长度/m
WC1	55	2	40	30	3
WC2	60	2	40	30	3
WC3	65	2	40	30	3
WC4	70	2	40	30	3

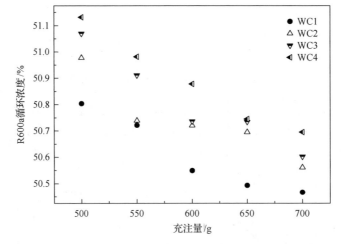

图 5-26　充注组分为 R600a/R601(0.5/0.5，质量分数比)时充注量对循环浓度的影响

表 5-8　循环浓度与充注量函数关系常数

工况	a	b	c
WC1	50	201.48203	−253.23122
WC2	50	298.48891	−183.37609
WC3	50	290.07666	−228.34057
WC4	50	352.93431	−189.36091

　　保持充注量分别为 500g 和 600g，展开不同充注浓度对循环浓度的影响研究。测试工况如下：热源入口温度为 50～70℃，热水泵等级为 2 级，工质泵频率为 40Hz，冷却水温度为 30℃，循环浓度在不同充注浓度下的结果如图 5-27 所示。从图中可得，相同充注量下，充注浓度与循环浓度间呈线性关系，拟合得出该线性关系的斜率与截距。由此实验验证了充注量固定时充注浓度与循环浓度呈线性关系。

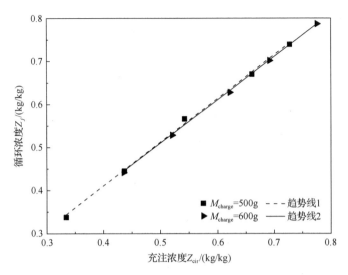

图 5-27　充注量为 500g 和 600g 时充注浓度对循环浓度的影响

5.2.3　基于非共沸有机工质的柔性 DES

在能源危机与节能减排的双重压力下，基于太阳能等可再生能源的 DES 快速发展。凭借良好的经济、环境与社会效益，2009～2016 年，DES 发电装机量增长 183%[8]。此外，为实现能源产品的多样化，多联供技术在 DES 中逐渐涌现，包括两联供(冷/热电联供，combined cooling/heating and power，CCP/CHP)、三联供 (combined cooling, heating and power，CCHP)，以及三者以上的联供(除冷/热电外，还可进行海水淡化以及碳捕集等)[9]。由此也为 DES 带来了新的机遇与挑战。如图 5-28 所示，传统 DES 通常分为两种，容量可调的单供系统以及容量固定的联供系统[1]。单供系统易于通过储能设备的集成而实现，因此其输出功率可调节(图 5-28 类型 I)。联供系统可在单一能源的驱动下实现不同能源产品输出。但是，它通常以无储能的形式运行，以实现经济效益[10]，同时减少储能占地需求[11](图 5-28 类型 II)。此外，以化石能源及可再生能源共同组成的混合能源驱动的多联供系统也成为 DES 发展的新形式，而此处主要提出一种新形式——柔性 DES(图 5-28)。

当前，多联供系统仅占全球发电量的 10%，与预期发展相去甚远，主要原因在于系统运行缺乏灵活性技术[12]。多联供系统通常以定热电比的形式运行，以实现控制的简易性，在此种刻板机制下所预留的功率输出的调节空间较小。此外，大多数国家的激励政策主要关注发电量，导致电力供需间的时空不匹配以及热能供应不足的问题。因此，DES 能源供应侧容量调节和需求侧供能都需要柔性机制的突破。实际上，针对此类问题已提出类似的柔性技术概念，只是其技术框架未曾如图 5-28 所示被清晰地界定。除储能技术外，DES 的前沿技术发展包括不同策略下的主动控制方案，如可再生能源削减[13]、可持续多联供系统规划的高效决策工具[12]、可变热电比的改装型膨胀机[14, 15]，以及关键部件的主动控制[16]等。

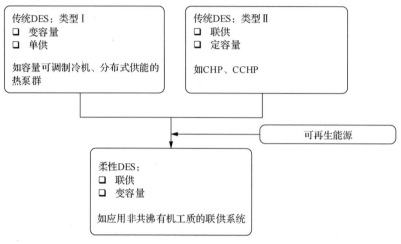

图 5-28   传统 DES 和柔性 DES 的特征[1]

为了解决上述技术挑战,本节结合非共沸有机工质的应用,提出一种新的 DES 形式,即柔性 DES,建立可再生能源与不同需求间的柔性连接。同时,从柔性 DES 的定义和技术框架,以及可再生能源大规模渗透的层面出发,探讨非共沸有机工质在其中的应用及实现柔性机制的关键技术,并通过两个案例介绍非共沸有机工质应用于柔性 DES 领域的技术瓶颈及可行性。

1. 柔性 DES 的特征、定义及应用

1) 特征

相比传统 DES,柔性 DES 在能源侧和需求侧之间可以构建更加灵活的能源供给结构,故具备一些新的特征。

(1) 对高可再生能源渗透率有更好的适应性[17]。在面向太阳能、风能等间歇性和不稳定特征强的能源供给时,柔性 DES 对于气候条件等外扰的抵抗能力更健壮,可进行不同程度的自调节,相对于传统 DES 具备更好的鲁棒性。

(2) 具备更加多样化的供给能力[18]。柔性 DES 可以通过自调节,对不同广义能源产品的生产能力进行适当调节,从而在不同季节、用户需求等条件下实现对需求侧的多样化供给。

(3) 较好的能源网交互能力。相对于传统 DES 孤岛运行或从电网单向用电的模式,柔性 DES 具备更加灵活的双向交互能力,使 DES 与集中式能源系统的衔接更加顺畅。

此外,与能源网[19]、智能家居[20]等快速发展的相关领域研究类似,柔性 DES

也在与信息通信技术的集成中呈现很多近似的新特征，这些共性新特征此处不再赘述。

2) 定义

提炼以上特征，可以得出柔性 DES 在现有技术水平下的基本概念：柔性 DES，相对于传统 DES，是一种具备更加灵活的调节能力、可以更好地在可再生能源侧、多样化需求侧之间实现高鲁棒、高效率能量转换的中小型能源系统。柔性 DES 的核心要素是系统在面向外扰时具备较好的柔性调节能力，具体技术层面则需要系统在被动和主动调节能力方面具备适当的创新，如图 5-29 所示。

主动调节技术往往与设备的控制、系统内的调度技术密切相关，如负荷预测技术。具备该技术的 DES 通过对需求侧历史数据和监测气象数据展开分析，可以对需求侧长、中和短时负荷展开预测，从而提前进行常规能源和可再生能源的分配调度，在满足建筑峰值负荷的时候，达到优化供能结构的目标，实现节能与环保[21]。被动调节技术近年来紧密围绕蓄能技术展开，通过在 DES 内增设电、热、冷等蓄能装置，提升系统内能源载体的容量，提高系统在外扰下的抗冲击能力，从而在可再生能源不稳定输入的条件下，仍然可以实现高效稳定的能源产品输出[22]。事实上，以上两种技术经常同时出现在柔性 DES 内，实现能源系统的优化运行。

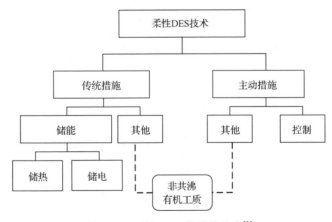

图 5-29　柔性 DES 的措施分类[1]

3) 非共沸有机工质的应用

近年来，也有一些学者尝试另一种思路。

首先，将被动调节技术中的关注点转向热力循环工质，以混合工质内的组分差、浓度差，甚至相变作为蓄能路径，这一方面避免系统内增设蓄能装置，降低成本，另一方面将介质功能从能源转化、能量传递扩展到能量负载。这种调节思路并不是新概念，其实已见诸于吸收式制冷等具有工质对的微容量调节设备的设计以及热泵系统中[23]。例如，陈光明等[24]通过理论和实验研究分析了空气源热泵在非共沸有机工质 R32/R134a 下的循环性能。结果显示，非共沸有机工质在较低的环境温度下具有较好的容量调节特性。此外，通过非共沸有机工质组分的调节，可获得最优的系统 COP[25]。

其次，非共沸有机工质可通过分离装置进行不同程度的组分分离，形成不同组分的两路或多路工质，可以分别工作在各自擅长的环路，实现不同的热力学功能，如做功(正循环)或热量搬运(逆循环)[26]。这种对工质进行分离研究的思路也已见诸于非共沸有机工质 ORC 研究，有学者尝试从干、湿工质配对角度构建适宜的等熵工质。在此系统中，膨胀机出口维持工质饱和气状态，可免除回热器的增设[27]，实现热力系统的性能优化[28]。

再次，分离与混合形成一个完整的非共沸有机工质回路，如图 5-30 所示，其中，混合可以自发完成，而分离需要能量输入才能完成，这意味着该理想循环的连续运行需要外部能源持续输入。而柔性 DES 内的高可再生能源比例可以实现上述需求。通过热/电驱动的分离装置，当可再生能源充盈时，通过分离完成中低品位能源向非共沸有机工质势能(组分差、浓度差)的转化。

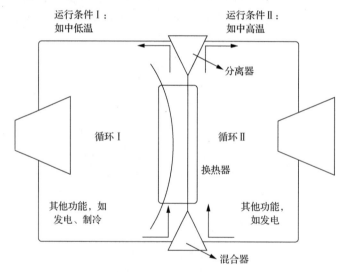

图 5-30　基于非共沸有机工质"分离-混合"的柔性 DES 基础结构[1]

最后，常规分离方法，如重力、折流、离心、丝网、超滤和填料等[29]，较多以被动形式嵌入系统，可以满足一定相分离、组分分离的功能，但无法使以"分离-混合"为特征的热力循环具备灵活的调节能力，也无法在多变外扰条件下实现柔性调节。因此，受控分离代替被动分离，成为此类柔性 DES 的核心技术，也迫使常规分离技术的研究更加深入。

综合以上应用特点可以看出，以"分离-混合"为特色的非共沸有机工质热力循环可以成为一类有代表性的柔性 DES 的基础构架。在此类系统中，非共沸有机工质被分离成不同相、不同组分比例的两路或多路工质，分别实现制冷、供暖、做功，甚至碳捕捉等功能，工作在各自擅长的物性区间内。由于实现受控分离与混合，在可再生能源多余时，可以进行分离，通过组分差、浓度差进行蓄能，分离成不同功能的工质，进而实现冷热电输出产品的配比调节；而在可再生能源不稳定时，完成混合，集中保证基本能源产品的供应，实现柔性调节。这种调节策略的核心是受控分离技术，是常规被动分离向主动调节的一种技术进步，亟待突破。

2．应用非共沸有机工质的柔性 DES 的关键技术

此处介绍典型的分离与混合技术(这些技术均具有结构简单、紧凑、成本低的优势)，对各潜在技术在柔性 DES 中的应用潜力进行评估，同时从热力循环的角度考虑其分离与混合原理，以及控制机制。

1) T 形管

T 形管通常由一个主管和一个或多个支管组成，如图 5-31 所示，根据流向，通常将其分为竖直撞击式 T 形管和水平顺流式 T 形管。气体和液体在 T 形管中改变流向，然后由于密度差、质量流量(惯性力)进行气液相分流。T 形管已广泛作为分离器应用于流体传输系统，如核电站内的管路、水及石油处理中的复杂管道系统[30]。

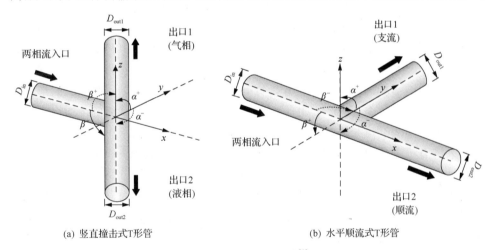

(a) 竖直撞击式T形管　　　　　　　　　　　(b) 水平顺流式T形管

图 5-31　典型 T 形管[1]

随着采用非共沸有机工质的新型热力循环的出现，T 形管作为相分离器，其出口的不均匀特性可发挥其优势。Zhao 等[31]采用相分离器和回热器作为关键部件，设计了一种新型自复叠热泵循环。在相分离器的作用下，工质中进入蒸发器的轻组分变多，使蒸发压力增大，并降低了压缩比。不同于纯工质和共沸有机工质，非共沸有机工质中气液相组分不同。因此，T 形管内的相分离和组分分离都

可能不均匀，系统设计主要取决于组分分离情况。较广的混合组分可能实现系统容量在变工况下的动态调节[32]。Tan 等[33]通过气液分离器，采用混合工质 R32/R236fa 探究了一种自复叠喷射式制冷系统。研究结果显示，混合工质在气液分离器内自动分离，在气液分离器底部沸点较高的 R236fa 组分占比较高，在气液分离器顶部沸点低的 R32 组分占比较高。因此，低沸点 R32 占比大的混合工质可被高沸点 R236fa 占比大的混合工质冷凝。由此实现了系统内混合工质仅依靠内部功完成低沸点工质 R32 冷凝的自复叠效果。最终，可使系统获得较低的制冷温度。

考虑到系统容量和 T 形管出口工质分布不均匀的关系，相分离机制具有重要研究意义，并且对更先进的几何结构提出了新的要求。入口条件(如气体质量、流量和组分)都影响组分的分离性能[32]。另外，几何参数则决定了出口条件，同样对两相流的分离特性产生重要影响。已有的几何参数的研究包括入口直径 D_{in}、两个出口直径 D_{out1} 和 D_{out2}、进出口流量比以及相对于三个轴(x、y、z 轴)的倾斜角，如图 5-31 所示。Zheng 等[32]进行了竖直撞击式 T 形管的实验研究，所采用的工质为二元非共沸有机工质 R134a/R245fa。结果显示，当进出口直径比为 0.457 时，R134a 组分占比为 0.7075 时具有最佳分离特性。其他相应的测试条件如下：工质干度为 0.49，质量流速为 200kg/$(m^2 \cdot s)$，进出口质量流量比为 0.5。

T 形管紧凑而固定的几何结构限制了其在波动的可再生能源或动态负荷需求下的变容量调节。基于撞击式 T 形管的一种有效强化机制是闪蒸气体旁通系统，该系统于 1999 年在 Beaver 等[34]的启发下由 Milosevic 首次提出[35]。其特征为将换热器由于膨胀过程产生的蒸气利用撞击式 T 形管旁通。Tuo 和 Hrnjak[36]在空调系统中进行了一系列闪蒸气体系统的研究，包括直膨模式下的实验对比、几何参数对分离效率的影响，提出了增加分离负荷(入口质量流量)会导致团状流的形成，从而造成相分离效率衰减[36]；并提出了集中设计方案阻止团状流的形成[37]。

除了以闪蒸气体旁通系统作为控制机制提升热力循环性能外，Li 等[38,39]首次将非共沸有机工质用于一种新型冷热电系统，该系统由 ORC 和热泵构成，如图 5-32 所示。此系统中采用分离器进行两相非共沸有机工质的分离，该两相非共沸有机工质由高温冷凝器出口的部分冷凝所导致。就分离机制而言，此分离器相当于竖直撞击式 T 形管。其研究指出此分离器可使工质浓度在随后的蒸发过程中变化，从而分别满足两个循环的热物性需求，以提升系统的整体效率。Yang 等[40]采用气液分离器实现了一种采用非共沸有机工质 R600a/R601、基于 ORC 的新型喷射式制冷和发电耦合循环，其中气液分离器的本质即 T 形管。通过 T 形管将非共沸有机工质分离为不同配比的两种工质，分别进入发电循环和喷射式制冷循环。可推测在考虑运行条件的情况下，系统效率以及容量可与各循环相匹配。此外，Wang 等[41]提出了一种新型分布式 CCP 系统，实现了兰金循环和喷射-吸收式制冷循环的耦合，如图 5-33 所示。其中所采用的工质为氨水混合物，其两相流由一个整流器进行分流。整流器顶部氨水占比大的高压气体被用作制冷循环的喷射器中的引射流体，而整流器底部弱浓度的低压工质则进入锅炉进行兰金循环。这意味着整流器相当于一个竖直撞击式结构的两相分离器，即 T 形管。

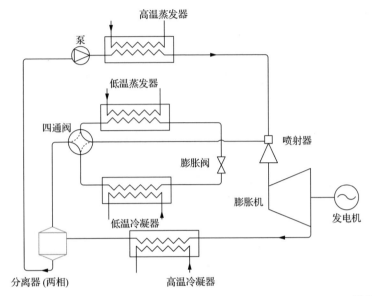

图 5-32　装有热泵的 CCHP-ORC 系统中非共沸有机工质的两相分离器[38, 39]

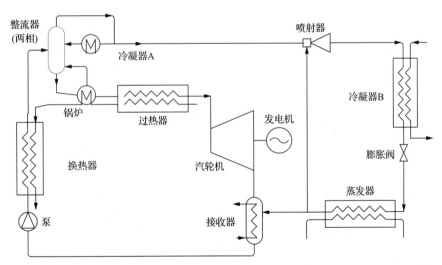

图 5-33　采用氨水混合物的兰金循环及喷射-吸收式制冷循环耦合的两相分离器[41]

2) 喷射器

喷射器通常由喷嘴、吸收室、混合室和扩散室组成，于 1910 年首次应用于制冷领域[42]。如图 5-34 (a) 所示，高压引射流体进入喷嘴，发生绝热膨胀，增速减压

（状态 1→3）。第二流体由于压力差被引射流体吸入吸收室（状态 2→3）。两流体在混合室混合并进行能量交换（状态 3→4）。最后，混合流体在扩散室内减速并被压缩，在喷射器出口克服背压，并以高于第二流体入口压力但低于引射流体压力的压力值流出喷射器（状态 4→5）。喷射器的主要特征是利用压力差提升第二流体的压力，而不直接消耗机械能，实现工质循环。

传统的喷射器几何结构固定为定压混合或定截面混合配置。因为不能对循环进行恰当的控制，这导致喷射系统在偏离设计工况（如容量变化或环境温度变化）时 COP 下降。因此，一些研究者研究了几何参数对喷射系统性能的研究。图 5-34(b) 为已有研究中提出的几何尺寸可控型喷射器，其部件效率可适配于一个较广的运行条件[43,44]。该喷射器的动力喷嘴喉面积和吸收喷嘴喉面积分别通过两个独立的针阀螺纹机制进行调节。对比压缩机频率 50Hz 的传统循环，喷射器可控的 CO_2 空调系统的 COP 提升了 147%[45]。Lin 等[42]评估了喷嘴张角以及混合区定压长度对喷射式多级蒸发器制冷系统的节能特性的影响，采用针阀调节动力喷嘴在变化的制冷

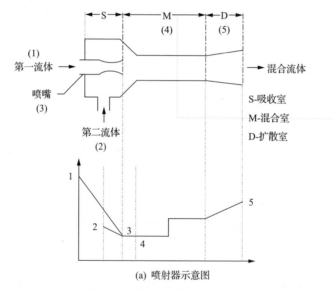

(a) 喷射器示意图

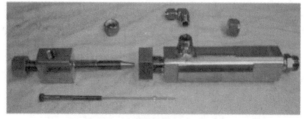

(b) 可控喷射器膨胀设备实物图

图 5-34　喷射器[43,44]

负荷下的喉管直径。结果表明控制第一流体的运行压力稳定，则有助于系统稳定。现有研究表明喷射器性能可通过几何结构的调节得以提升，成为喷射式制冷循环的一种控制策略。

除了控制喷射器的几何结构，通过操纵第二流体流速来控制喷射器引射的方式对于循环性能和蒸发器出口状态也有重要影响。具体实施方案则通过一个计量阀实现对流经蒸发器的流体流速进行控制，从而避免蒸发器出口过热，并有利于在制冷剂压力较低的情况下降低蒸发器出口的质量流量。

喷射器目前已用于可再生能源驱动的、以 ORC 为原动机的多联供系统中。ORC 与喷射式制冷循环系统的耦合通常有三种模式：模式 1[21,26,38,40,46,47]，喷射器直接与汽轮机抽气点相连，汽轮机中提取的气体驱动喷射式制冷循环；模式 2[41,48-51]，喷射器直接与汽轮机出口相连，汽轮机出口乏气驱动喷射式制冷循环；模式 3[52]，汽轮机抽取的气体耦合一个单独的喷射式制冷循环，这意味着抽取的气体作为热源加热制冷循环中的第一流体。三种模式中，模式 2 属于能源的综合梯级利用，充分利用了发电循环中的废热。尽管现有系统配置形式多种多样，但是除了循环设计和参数分析，非共沸有机工质的组分配比对系统容量的影响、性能提升等已受到广泛关注。

Wang 等[41]提出了地热能驱动的、以氨水作为混合工质的 CCP 系统，并理论分析了热力学参数对系统性能的影响。结果显示，随着氨浓度的提升，净发电量减小而制冷量增大。Yang 等[26]在所提出的 ORC 与制冷循环耦合的 CCP 系统中采用 R600a/R601 作为工质,理论研究了 R600a 质量分数在 0%～100%变化时对循环性能的影响。结果显示，随 R600a 质量分数增大，净发电量先增大后减小，而制冷量则呈现相反的变化趋势，主要原因在于喷射器中引射比的变化。随着 R600a 质量分数增大，循环的质量流量先增大后减小，但是引射比先减小后增大，并且引射比具有较大权重，对制冷量输出的变化趋势起决定性作用。

3) 旋分器

旋分器为旋风分离器的简称，通常用于不同密度的相分离。在制冷循环中，其通常用于从制冷剂中分离润滑油，降低压降并减小换热系数，进而避免压缩机由于润滑油不足而损坏。旋分器通过离心力将油分离。其几何结构是影响性能的关键因素，通常采用压降和截止直径作为指标[53]。Elsayed 和 Lacor[54]发明了一种包含 7 个几何设计变量的改进型旋分器，如图 5-35 所示。研究结果表明此设计可降低能耗并具有较好的收集效率。Tan 等[55]提出一种以涡流止动器代替锥形部件的旋分器。相对于传统的几何尺寸固定的旋分器，工质在高流速下可增加涡流长度，从而减小压降并提升性能。这意味着可通过此几何控制机制实现旋分器出口分离压力的调节。

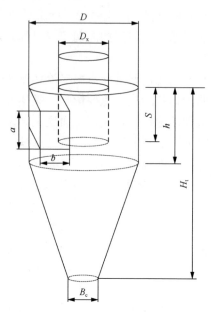

图 5-35　气体旋分器示意图[54]

a 为旋分器入口高度；b 为入口宽度；h 为圆柱体高度；S 为涡旋探测器长度；D 为旋分器直径；
D_x 为涡旋探测器直径；H_t 为旋分器总高度；B_c 为锥体出口直径

除了用作制冷系统中的油分，旋分器也广泛用于地热发电系统中。在此领域，旋分器通常安装于井口位置，以分离两相地热流体中的气体和水。图 5-36 为具体的分离过程。由于焓值为 h_1 的地热流体从井口到旋分器时压力下降，发生等焓闪蒸。在旋分器出口，分别产生饱和水 h_3 和饱和蒸气 h_4。高焓值的蒸气进入汽轮机，

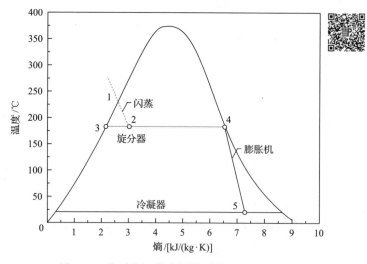

图 5-36　典型单闪蒸系统的温熵图(彩图扫二维码)

而饱和水作为卤水回灌入井内。汽轮机输出功为 h_4 和 h_5 间的焓差。分离压力会影响 h_4。因此，在额定工况下，分离压力决定了最大汽轮机输出功。图 5-37 为 Zhao 等[47]提出的采用旋分器实现的联供系统，该系统由 ORC 与喷射式制冷循环耦合，同样将旋分器用作两相分离器，原理与图 5-36 类似。但是，此系统中卤水进入蒸气发生器驱动底层的冷电联供子系统，而非直接流回回灌井。如图 5-37 所示，状态 1→2→4 代表两相流体到气相流体的分离过程，而状态 1→2→3 代表两相流到液相流体的分离过程。

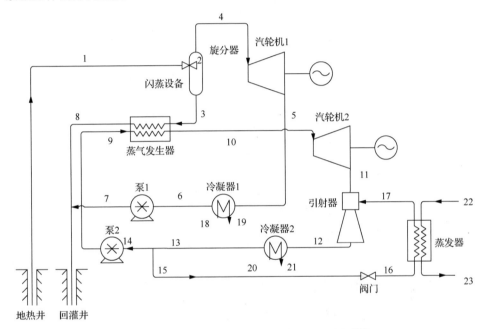

图 5-37　地热源驱动的 CCP 系统中的旋分器[47]

但是也需承认，在应用非共沸有机工质的柔性 DES 中，旋分器的可行性与控制机制还未开展有关研究。

4) 精馏塔

精馏塔进行液体混合物的分离机制基于不同组分的沸点或相对挥发度。但是，其在工业过程中能耗占比高达 40%，是一种能耗密度高的分离过程[56]。为提升热效率，近年来也有基于过程强化的新型精馏系统被提出并应用于热力系统领域。精馏塔与热泵系统集成的系统称为内部集热型精馏塔(heat-integrated distillation column，HIDiC)，是一种充分利用内部热集成热泵设计[57,58]。此外，另一种集成方式采用发电循环进行余热回收。其中，余热主要来源于冷凝潜热，相应的发电循环技术主要为 ORC 或卡琳娜循环。目前，精馏塔还没有用于中低温 DES，主要原因在于：一方面，精馏塔往往使用大型设备，成本高昂并且能效低；另一方面，当前基于热力循环的发电系统主要采用纯工质，解决能源供应侧与需求侧间不平衡的灵活机制还未突破。

结合非共沸有机工质在柔性 DES 中的应用，精馏塔是一种潜在的组分调节技术。Collings 等[59]在 ORC 系统中采用二元非共沸有机工质 R134a/R245fa，并利用精馏塔作为组分调节系统，以动态调节冷源工况变化下的混合工质组分(图 5-38)。后续案例分析中将进行详细描述。

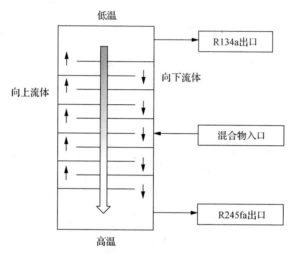

图 5-38   ORC 中非共沸有机工质组分分离的精馏过程[59]

3. 应用非共沸有机工质的柔性 DES 的案例分析

【案例 1】一种新型发电与喷射式制冷耦合循环。

由于非共沸有机工质在相变过程中具有温度滑移特性，可以较好地匹配冷热源温度。此外，对比标准的蒸气压缩制冷循环，喷射式制冷系统利用非共沸有机工质可以更好地运行在冷热源温差较大的工况下。对于图 5-39 所示的冷电联供系统，其在实际工程应用中会存在喷射器㶲损过大而不可行的问题，从而出现引射比下降、制冷输出和热力学效率低的问题。

针对此问题，图 5-40 进行了相应的技术改进，采用 T 形管和喷射器分别进行非共沸有机工质的分离与混合。具体热力过程如下：液体工质(状态 1)泵入蒸气发生器中被加热，过热气(状态 2)进入汽轮机，乏气(状态 3)进入喷射器作为第一流体，将第二流体从蒸发器(状态 10)中吸入喷射器，混合后的流体被压缩为高压流体并进入冷凝器 a，在冷凝器 a 出口竖直连接一个 T 形管，将来自冷凝器的两相流不均匀地分离为两种组分(分别对应状态 8 和状态 6)；饱和液(状态 8)在冷凝器 b 中冷凝并通过工质泵继续下一循环，而饱和气在节流阀中膨胀以进入蒸发器蒸发。

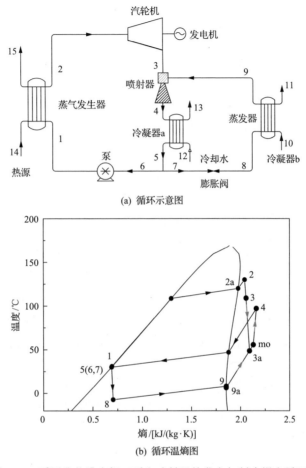

(b) 循环温熵图

图 5-39　采用非共沸有机工质和喷射器的发电与制冷耦合循环[26]

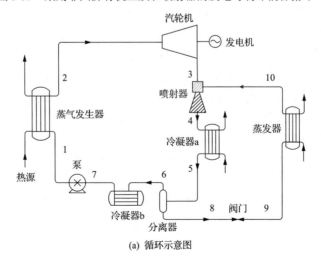

(a) 循环示意图

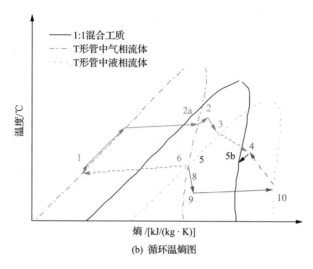

图 5-40　采用非共沸有机工质、喷射器和 T 形管的发电与制冷耦合循环[40]

　　在此系统(图 5-40)中，随着混合组分变化，引射比恒定。循环的最大㶲效率(10.29%)出现在 R601a 质量分数为 0.4 时，最大热效率(10.77%)则出现在 R601a 质量分数为 0.7 时；蒸发器中最大温度滑移(15.09K)出现在 R601a 质量分数为 0.8 时。此外，当 R601a 质量分数为 0.1~0.6 时，图 5-40 所对应的优化系统相比图 5-39 所对应的系统净发电功率较大但是制冷功率较小。当 R601a 质量分数为 0.1~0.4 时，优化系统(图 5-40)具有较大的㶲效率，而当 R601a 质量分数为 0.5~0.9 时，图 5-39 对应的系统性能较好。

　　【案例 2】采用非共沸有机工质和精馏塔的动态 ORC 系统。

　　Collings 等[59]提出了一种采用二元非共沸有机工质 R245fa/R134a 的动态 ORC 系统，其动态调节由精馏塔实现。采用精馏塔在变冷源工况下实现非共沸有机工质组分的动态调节(图 5-41)。在精馏塔内，开启中间位置的阀门，非共沸有机工质注入精馏塔中部。蒸气由于浮力向上流动，液体则由于重力向下流。因为越接近塔底温度越低，所以液体中 R245fa 的质量分数变大。最后，可在塔底获得几乎纯 R245fa 的流体，近乎纯 R134a 的气体则从塔顶离开。因此，R245fa 以冷凝压力直接储存在储液罐 2 中[图 5-41(b)]，而蒸气 R134a 则以液体形式储存在储液罐 1 中[图 5-41(b)]，其温度为压缩和冷凝后的环境温度。根据运行条件，所需要的组分可通过阀门的开启泵入 ORC 系统中。与传统 ORC 系统相比，当热源温度为 100℃时，此系统的全年热效率在成本提升仅 7%的情况下可提升至 23%。

　　通过非共沸有机工质在柔性 DES 中的应用介绍，可以看出非共沸有机工质可通过 T 形管以及喷射器等几何结构简单的部件，基于组分的"分离-混合"机制，实现不同循环间的耦合，提升 DES 的能源综合利用率。同时，在分离和混合部件几何结构可控的前提下,还可进一步开发基于非共沸有机工质的 DES 的柔性控制机制,解决系统供需不平衡的技术问题。

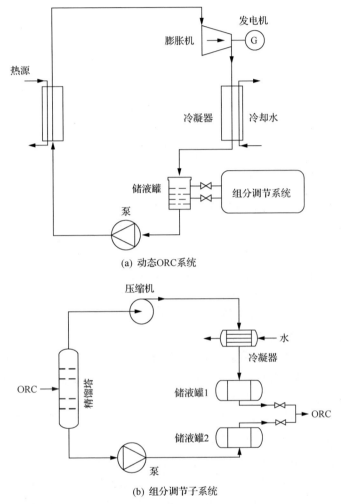

(a) 动态ORC系统

(b) 组分调节子系统

图 5-41　采用非共沸有机工质和精馏塔的动态 ORC 系统示意图[59]

5.3　高　温　热　泵

　　热泵是一种高效节能装置,根据热泵系统冷凝温度,可将热泵系统分为常温热泵和中高温热泵。其中,中高温热泵系统可利用大量的工业余热作为其低温热源,从而使热泵既能充分利用其他方法较难利用的工业余热,又能以远高于其他供热方式的效率(热泵系统的 COP 一般为 3 以上)提供热能[60];工业余热经热泵利用后，能以较低的温度排放，减少了对环境的热污染。此外，应用热泵供热对降低温室效应也具有积极作用，与燃煤锅炉相比，通过节约燃料，其 CO_2 排放量可降低 30%～50%[61]。

热泵效率提升的关键在于循环工质的选择，以及其正常运行的保障。相对于纯工质，非共沸有机工质在相变时存在温度滑移，拓展了其应用范围。同时，温度滑移使循环有望逼近 Lorenz 循环，与换热流体温度变化匹配，减少可用能损失，提高空调、热泵系统的运行效率。此外，不同特点的纯工质按照特定的比例混合，可相互弥补各自的缺陷，表现出优良的循环特性。

然而，由于运行工况的变化，结合非共沸有机工质温度滑移的特性，也会引出非完全相变等特殊问题，影响实际循环效率。因此，揭示高温热泵系统中非共沸有机工质的非完全相变规律，是确定系统调控方式、避免循环恶化的关键。

5.3.1 非共沸有机工质在高温热泵中的循环特性

应用于高温热泵系统中的非共沸有机工质筛选原则如下。

(1)冷凝压力低于 2.4MPa。

(2)蒸发压力高于 0.1MPa，以避免系统中形成负压。

(3)容积制热量大于 $2500J/m^3$，以避免系统体积过大，造成设备费用提高。

(4)环境危害小，化学性质稳定，热物性优良。

(5)循环性能系数(COP)越高越好。

在上述原则下，以两种筛选的制冷剂为例，第一种为混合工质 R22/R236ea(质量分数比为 0.48/0.52，记为工质 A)，第二种为 R22/R236ea/R141b(质量分数比为 0.46/0.5/0.04，记为工质 B)。根据工质热物性，R22 容积制热量较大；R236ea 在高温状态下饱和压力较小(80℃时约 1MPa)，而 R141b 在高温状态下饱和压力更小(80℃时约 0.41MPa)，因此 R141b 的使用量很小，主要用来调节系统压力，保障系统压力不过高，并获得较大容积制热量。同时，三种工质对环境危害小，如表 5-9 所示，可保障混合工质的环境效益。在循环性能系数方面，设定蒸发温度为 25℃，过冷度和过热度均为 5℃，压缩机指示效率为 0.6，可计算出不同冷凝温度下两种工质的循环性能参数，如表 5-10 所示。计算结果表明，工质 B 最高 COP 可达 6，优于工质 A 的 COP 最高值 5.92，并且其蒸发压力和冷凝压力均较小，但相应的容积制热量也较小。

表 5-9 所选工质对环境的影响参数

工质	ODP	GWP
R22	0.034	1700
R236ea	0	1200
R141b	0.086	700

表 5-10　工质 A 和工质 B 理论循环计算结果

冷凝温度/℃	蒸发压力/MPa		冷凝压力/MPa		容积制热量/(kJ/m³)		COP	
	工质 A	工质 B	工质 A	工质 B	工质 A	工质 B	工质 A	工质 B
60	0.55	0.51	1.36	1.26	4128.2	3914.9	5.92	6.00
65	0.55	0.51	1.52	1.41	3958.8	3761.6	5.20	5.28
70	0.55	0.51	1.69	1.57	3787.5	3607.1	4.64	4.71
75	0.55	0.51	1.87	1.75	3614.2	3450.3	4.18	4.25
80	0.55	0.51	2.08	1.94	3438.6	3291.7	3.80	3.85

采用单级蒸气压缩式热泵系统样机对理论计算结果进行实验验证。系统示意图如图 5-42 所示，由工质循环系统和水系统两部分组成。其中，工质循环系统主要包括全封闭双螺杆压缩机(排量为 411m³/h)、均采用管壳式换热器的冷凝器(换热面积为 58m²)和蒸发器(换热面积为 31.5m²)、膨胀阀、干燥过滤器、视液镜等；水系统由分别模拟蒸发器侧低温热源及冷凝器侧高温热源的循环水系统组成，水箱 1 对应低温热源，由电加热水箱、泵、阀门和调压器等组成，水箱 2 对应高温热源，由电加热水箱、冷却塔、泵和阀门等组成。通过数据采集系统将运行数据输入计算机，同时计算机监控和调节系统运行。温度采集精度为 0.1℃，压力精度为 0.1kPa。

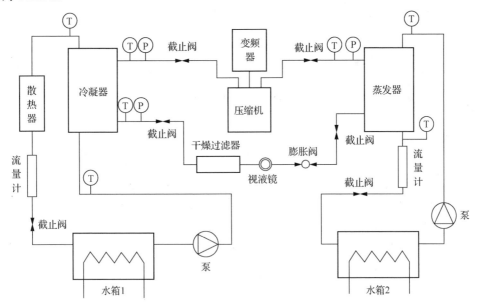

图 5-42　中高温热泵实验台系统示意图

实验设定蒸发器入口水温为 30℃，出口水温约 25℃。表 5-11 为冷凝器出口水温为 70℃ 和 75℃，并保持冷却水入口和出口温差为 5℃ 时的测试结果。结果表明，混合工质 A 加入 R141b 后，系统 COP 和制热量均明显提高，并且冷凝器出口水温较低时 COP 提升幅度更大。表 5-12 为冷凝器出口水温为 60℃、65℃和 75℃，冷却水入口和出口温差为 10℃时的测试结果。结果同样可验证在工质 A 中加入 R141b 提高了系统 COP，但是随冷却水温度提升增幅减小；系统制热量则在冷却水温度较低（60℃和 65℃）时随工质组分变化增幅明显，在冷却水温度为 75℃时随工质组分变化基本不变。

表 5-11　冷却水入口和出口温差为 5℃下工质 A 和工质 B 测量结果

参数	冷凝器出口水温			
	70℃		75℃	
	工质 A	工质 B	工质 A	工质 B
冷水流量/(m³/h)	35.41	43.80	36.47	38.71
冷却水流量/(m³/h)	58.43	64.49	55.06	58.06
主侧制热量/kW	312.5	362.3	314.4	337.0
容积制热量/(kJ/m³)	2732.8	3173.4	2753.9	2951.8
压缩机功率/kW	115.1	113.5	125.2	124.4
蒸发压力/MPa	0.38	0.43	0.39	0.46
冷凝压力/MPa	2.02	1.98	2.21	2.15
蒸发器工质温度滑移/℃	11.4	14.4	10.4	13.8
冷凝器工质温度滑移/℃	11.5	14.9	10.9	14.3
COP	2.716	3.192	2.511	2.710

表 5-12　冷却水入口和出口温差为 10℃下工质 A 和工质 B 测量结果

参数	冷凝器出口水温					
	60℃		65℃		75℃	
	工质 A	工质 B	工质 A	工质 B	工质 A	工质 B
冷水流量/(m³/h)	46.71	51.94	39.11	49.21	40.05	38.37
冷却水流量/(m³/h)	32.71	33.16	28.66	32.37	32.28	28.87
主侧制热量/kW	372.7	390.7	335.0	369.6	347.4	345.5
容积制热量/(kJ/m³)	3264.5	3422.2	2934.4	3237.4	3042.9	3028.9
压缩机功率/kW	98.4	95.1	104.5	104.5	124.8	120.6
蒸发压力/MPa	0.38	0.43	0.39	0.44	0.41	0.45
冷凝压力/MPa	1.60	1.59	1.80	1.78	2.22	2.09
蒸发器工质温度滑移/℃	12.4	15.9	11.8	15.2	10.4	14.0
冷凝器工质温度滑移/℃	12.7	16.2	12.1	15.6	10.9	14.5
COP	3.786	4.109	3.205	3.537	2.784	2.865

　　对比冷却水入口和出口温差为 10℃与 5℃的实验结果，可得出相同出口水温下，前者的 COP 较高，即增大冷却水入口和出口温差可提高系统循环效率。需指出系统循环效率还受出口水温、水流量、压缩机功率等因素影响。在最适宜系统参数的工况下，系统运行效率较高，60℃出口水温时，COP 可达 4.1，并满足供热需求。

　　对比实验与理论计算结果，同工况下工质 B 的冷凝压力低于工质 A，与理论计算结果相同。但实验中蒸发压力与理论计算结果相反，前者要高于后者，可能与制冷剂的充注量有关。冷凝压力和蒸发压力的实验与理论计算结果有差异的原因在于：实验中所控制的是冷凝器与蒸发器的入口和出水温，而非理论计算中给定的冷凝温度与蒸发温度。工质容积制热量的实验值低于理论计算值，原因同样在于：蒸发温度、过热度的实际工况与理论计算给定值不同，使得压缩机出口工质比体积不同。系统 COP 的实验值远低于理论计算值，原因在于：实际热泵系统的压缩机耗功量远大于理论计算值，压缩机指示效率低于理论计算值(0.6)。同时，实际系统换热器与管路向外界环境散热所造成的热量损失也导致 COP 下降。

　　综合上述理论及系统样机测试结果，在高温热泵系统中加入 R141b 后，系统运行效率明显提升，由此说明采用合适的非共沸有机工质，对热泵系统性能提升至关重要。在相同工质的情况下，运行工况影响系统性能，当冷凝器出口水温超过 75℃时，系统冷凝压力较高，使压缩机耗功增加，导致系统 COP 下降。因此，系统实际工质选型需根据系统工作温度范围进行，以充分发挥工质特性，提高系统运行效率。

5.3.2　变工况对非共沸有机工质高温热泵系统的影响

　　系统运行工况(如温度范围)是热泵系统工质选型的依据。然而，工质最优性能的发挥也取决于系统运行工况。对于高温热泵中应用的非共沸有机工质，由于相变时存在不同程度的温度滑移，尽管这一特性可能实现与换热流体的温度变化匹配，从而减小传热温差导致的可用能损失，但是也引出了非完全相变等特殊问题。

　　关于此问题的分析如图 5-43 所示，当冷凝器中与非共沸有机工质换热的流体(水)的流量低于极限流量时，二者冷凝换热正常，工质在冷凝过程中的温度从冷凝器入口处的 T_{fin} 降到出口处的 T_{fout}，同时水由入口处的 T_{win} 被加热到出口处的 T_{wout}，换热温差基本维持不变。当水流量高于极限流量时，相同入口水温 T_{win} 下，出口水温被加热到 T'_{wout}，明显低于 T_{wout}，导致工质入口温度由 T_{fin} 降为 T'_{fin}。此时，工质的完全冷凝应从 T'_{fout} 降至 T''_{fout}。然而在此温度滑移过程中，工质与水温度于 T_{mid} 处几乎相等，传热温差急剧变小。因此，此工况下工质的冷凝温度曲线变为 $T'_{fin} - T_{mid} - T'_{fout}$，从而造成工质未被完全冷凝，浪费冷凝器的一部分换热面积，导致尽管冷凝温度有所下降，但实际制热量大幅减少，系统 COP 明显下降。而纯工质由于冷凝过程等温，不会出现此类影响系统运行效率的现象，如图 5-43 所示。

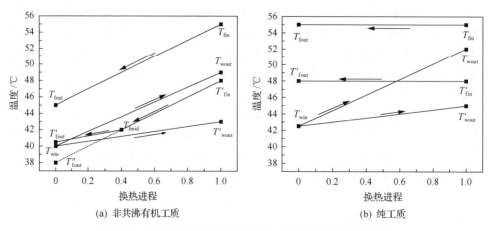

图 5-43　非共沸有机工质与纯工质在冷凝器中的换热分析

　　由此可见，高温热泵系统运行工况对于工质最优性能的发挥至关重要。尽管高温热泵系统工况参数较多，但是以系统输出与用户需求之间的能量匹配为原则，主要工况参数包括冷凝器侧的水流量、入口水温和压缩机的输入电流频率(简称压缩机频率)。现有建筑中，供热系统的末端散热装置通常采用自然对流散热器，供热水流量可由用户根据舒适度和经济性进行调整，即冷凝器侧水流量反映用户的热需求；入口水温则反映用户当前的实际温度，通过控制压缩机转速的变频器进行压缩机频率的调控。因此，以能量匹配为控制目标，冷凝器侧水流量(供热流量)是干扰量，变频器的输出电流频率是操纵变量，入口水温为被控变量。此三个工况参数对非完全冷凝现象具有重要影响。

　　通过图 5-42 的高温热泵系统样机对上述三个工况参数变化下的非完全冷凝现象进行测试，其中工质循环系统的全封闭压缩机额定功率为 2kW，冷凝器和蒸发器为换热面积为 $0.79m^2$ 的钎焊板式换热器，变频器额定功率为 4kW。系统温度和压力信号的采集由工控机完成(温度测量精度为 0.1℃，压力测量精度为 0.1kPa)，流量人工采集(采集精度为 0.01kg/s)。系统设定工况如下：冷凝器侧流量为 0.174kg/s，水温约 30℃；蒸发器侧流量为 0.153kg/s，水温约 40℃；计算机数据采集频率为 20 次/min，人工数据采集频率为 10 次/min。

　　采用控制变量法，对三个主要工况参数的调节设定如下：变频器调节一次的持续运行时间为 30min，范围为 30～55Hz，步长为 5Hz，共计 5 组频率。各组变频器频率下，冷凝器侧水流量分别设置为 0.174kg/s、0.144kg/s、0.114kg/s、0.084kg/s和 0.054kg/s。改变冷凝器侧水温为 50℃，重复上述测试。

　　图 5-44 表示冷凝器入口水温为 30℃、水流量分别为 0.084kg/s 和 0.114kg/s 时，压缩机频率由 30Hz 变化到 55Hz 的工况下，冷凝器工质入口和出口温度与入口和出口水温变化情况。结果显示，图 5-44(a) 中，当水流量为 0.084kg/s 时，冷凝器

入口水温维持在 32℃左右，工质入口温度在 76℃左右波动，无明显变化规律；但是，工质出口温度和出口水温随频率增加呈阶梯状上升。此外，冷凝器出口视液镜中未发现气泡，说明工质在压缩机频率不同的五种工况下均完成了冷凝过程，系统运行正常。图 5-44(b)中，当水流量为 0.114kg/s 时，冷凝器入口水温维持在 32℃左右，工质入口温度波动大，为 68～78℃，但低于图 5-44(a)，原因是水流量增大，冷凝温度有所下降；出口水温同样呈现随压缩机频率增大而升高的阶梯现象。但是，工质出口温度在频率为 30Hz 和 35Hz 时低于入口水温，与理论情况相悖。此现象主要是由于工质出口温度接近入口水温，热电偶测量误差造成的。同时冷凝

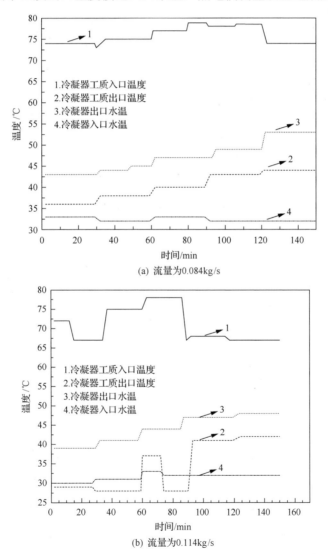

(a) 流量为0.084kg/s

(b) 流量为0.114kg/s

图 5-44　入口水温为 30℃时冷凝器侧水流量和压缩机频率对冷凝器入口和出口的温度影响

器视液镜中发现大量气泡，说明工质处于两相状态，即发生了非完全冷凝现象。随频率增加，非完全冷凝现象缓解，当频率为 50Hz 和 55Hz 时，工质的非完全冷凝现象消失，系统运行恢复正常。

此外，进行当入口水温为 50℃、水流量分别为 0.054kg/s 和 0.084kg/s 下的测试，结果如图 5-45 所示。当水流量为 0.084kg/s[图 5-45(b)]时，工质入口温度随频率增加而升高，为 86~95℃，但低于图 5-45(a)。原因是水流量增大导致冷凝温度降低。出口水温同样表现出随频率增加而升高的阶梯状现象。工质出口温度在频率为 30Hz 时和入口水温基本相等，同时在视液镜中发现明显气泡，说明工质处于非完全冷凝状态，且随着频率增加，非完全冷凝现象缓解。

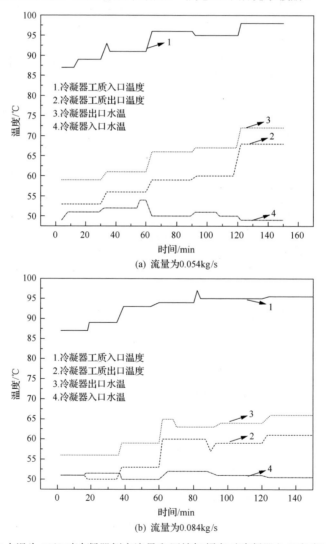

(a) 流量为0.054kg/s

(b) 流量为0.084kg/s

图 5-45　入口水温为 50℃时冷凝器侧水流量和压缩机频率对冷凝器入口和出口的温度影响

　　由此可见，非完全冷凝现象发生的概率随水流量的增加和压缩机频率的降低而呈现增加的趋势，同时，此发生概率随入口水温的升高而增加。

　　至此显示了高温热泵系统中变工况下，由非共沸有机工质的温度滑移特性引出了非完全相变这一特殊现象。其对系统性能造成不利影响，具体由图 5-46 中水流量和压缩机频率对系统 COP 的影响进行说明。图 5-46(a) 中，系统在入口水温为 30℃下，COP 随频率升高而降低，原因在于频率升高导致冷凝温度升高，说明此温度下频率变化对非完全冷凝现象影响小。另外，COP 随水流量增大出现了降低的变化趋势，与理论上水流量增大会导致冷凝温度下降从而使 COP 升高的变化相反，原因即非完全冷凝现象的出现改变了此规律。如图 5-46(a) 所示，当频率为 30Hz 时，水流量从 0.054kg/s 增大到 0.114kg/s 时，COP 逐渐升高，但是水流量进一步增大时，COP 却突然下降，说明非共沸有机工质冷凝过程中存在某一极限流量，当超过此流量后，发生非完全冷凝现象，系统 COP 迅速下降；随频率升高，此现象减弱，如当频率为 55Hz 时，COP 在水流量增大到 0.174kg/s 时才略有下降。然而，当系统入口水温为 50℃时[图 5-46(b)]，COP 的变化规律较图 5-46(a) 有明显区别，基本随频率升高而升高，而且 COP 值相比图 5-46(a) 明显下降，这是由于入口水温升高导致冷凝温度升高。一方面，这说明入口水温升高对 COP 影响很大，非完全冷凝在此入口水温下发生的概率明显增加，频率升高仍有助于工质的完全冷凝，当频率为 55Hz 时，COP 随频率升高的趋势基本消失，由此可推测，若频率进一步升高，会出现和图 5-46(a) 类似的现象，COP 斜率由正变负。当频率为 30Hz 时，水流量较小的两种工况 COP 最高，与理论规律相悖，因此系统处于非完全冷凝阶段；但是图 5-46(b) 中的 COP 最高值也不是流量最小的工况，说明系统的 COP 值是非完全冷凝、冷凝温度及压缩机自身效率的综合反映，当频率较小时，非完全冷凝对 COP 影响较大；当频率较大时，冷凝温度对 COP 影响较大。

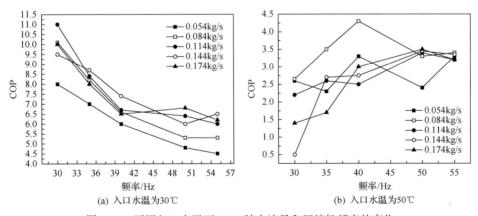

(a) 入口水温为30℃　　　　　　　　　　(b) 入口水温为50℃

图 5-46　不同入口水温下 COP 随水流量和压缩机频率的变化

　　综上所述，为充分发挥非共沸有机工质在高温热泵系统中温度滑移的优势，需要确保高温热泵系统正常工作，即非共沸有机工质处于完全相变状态。通过上述实际应用实验，可明确有可能引发非共沸有机工质在换热器内非完全相变的工作条件如下。

(1) 保持蒸发器或冷凝器入口的换热介质温度，提高换热介质流量。

(2) 保持蒸发器或冷凝器入口的换热介质温度和流量，以及工质的蒸气压力，降低压缩机频率。

因此在实际系统设计和运行中需避免上述工作条件，以避免导致循环恶化。

5.3.3　高温热泵中二元非共沸有机工质的应用特性

5.3.2 节讨论了非共沸有机工质在高温热泵的逆流式换热器中，采用合适的运行工况即可发挥其相变时温度滑移的特性，实现与换热流体的匹配，减小不可逆损失。但是，非共沸有机工质选型可由多种自然工质构成，并且组分配比范围广。由此造成使用的非共沸有机工质由于组元及配比不同而存在的一个主要特点：相变时非共沸有机工质的温度变化与焓差普遍呈非线性关系。因此，实现完美滑移匹配，即工质和换热流体在沿程对应状态点的温焓变化率之比为常数，这一理想过程难以实现。此外，非共沸有机工质多重可选的配比方式必然影响蒸发器或冷凝器中相变传热窄点(相变传热窄点温差)或最大传热温差的发生情况。此处，针对非共沸有机工质配比变化对相变传热窄点和最大传热温差的影响进行介绍，为实现非共沸有机工质的优选奠定理论基础。

以二元非共沸有机工质 R290/R600 和 R290/R601 为例，其计算工况分别如表 5-13 和表 5-14 所示。

表 5-13　R290/R600 混合工质的计算工况

序号	R290/R600 质量分数	蒸发压力/MPa	泡点/K	露点/K
1	0.15/0.85	1	339.04	345.90
2	0.50/0.50	1	317.38	329.54
3	0.85/0.15	1	304.25	310.35

表 5-14　R290/R601 混合工质的计算工况

序号	R290/R601 质量分数	蒸发压力/MPa	泡点/K	露点/K
1	0.15/0.85	1	358.19	385.73
2	0.50/0.50	1	319.46	357.57
3	0.85/0.15	1	304.41	322.79

对二元非共沸有机工质 R290/R600 和 R290/R601 的计算分析得出，工质的温焓关系几乎由工质相变过程中的气相质量分数 z 随温度 T 的变化率所决定。因此，从工质相变过程中的气相质量分数随温度的变化率出发，找出影响温焓关系的决定性因素，进而找到影响相变传热窄点或最大传热温差的决定性因素。其中，

工质相变过程中气相质量分数对温度的二阶导数如式(5-12)所示，式(5-13)～式(5-15)是其定义式。

$$\frac{d^2 e}{dT^2} = \frac{z\left[2\left(\frac{dy}{dT}-\frac{dx}{dT}\right)^2 - (y-x)\left(\frac{d^2y}{dT^2}-\frac{d^2x}{dT^2}\right)\right] + (y-x)\left(x\frac{d^2y}{dT^2}-y\frac{d^2x}{dT^2}\right) - 2\left(\frac{dy}{dT}-\frac{dx}{dT}\right)\left(x\frac{dy}{dT}-y\frac{dx}{dT}\right)}{(y-x)^3}$$

(5-12)

$$\zeta(T) = \frac{f(T)}{g(T)}$$

(5-13)

$$f(T) = 2\left(\frac{dy}{dT}-\frac{dx}{dT}\right)\left(x\frac{dy}{dT}-y\frac{dx}{dT}\right) - (y-x)\left(x\frac{d^2y}{dT^2}-y\frac{d^2x}{dT^2}\right)$$

(5-14)

$$g(T) = 2\left(\frac{dy}{dT}-\frac{dx}{dT}\right)^2 - (y-x)\left(x\frac{d^2y}{dT^2}-y\frac{d^2x}{dT^2}\right)$$

(5-15)

对于二元非共沸有机工质，在工质两相区中，气相中轻组分的质量分数要高于液相中轻组分的质量分数。因此，$y>x$ 恒成立。从而，工质相变过程中气相质量分数对温度的二阶导数与零的大小关系就由分子决定。比较 z 和 $g(T)$ 的相对大小，就可以得出工质相变过程中气相质量分数随温度的变化关系，也就得出了工质焓随温度的变化关系。利用式(5-13)可以结合 REFPROP[6]做出二元混合工质在整个二元比例下的对应图表。图 5-47 和图 5-48 分别是 R290/R600 混合工质和 R290/R601 混合工质在 1MPa 压力下的气液两相的特性图表。

可以得出 R290/R600 混合工质和 R290/R601 混合工质在整个二元全组分情形下的温焓对应关系，进而得出二元混合工质在整个二元配比情形下的相变传热窄点或最大传热温差的存在情况。其中，表 5-15 和表 5-16 分别是 R290/R600 混合工质和 R290/R601 混合工质的分析结果。

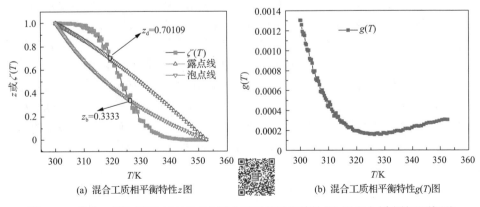

(a) 混合工质相平衡特性z图　　　　(b) 混合工质相平衡特性$g(T)$图

图 5-47　整个二元比例下 R290/R600 混合工质相平衡特性(P=1MPa)(彩图扫二维码)

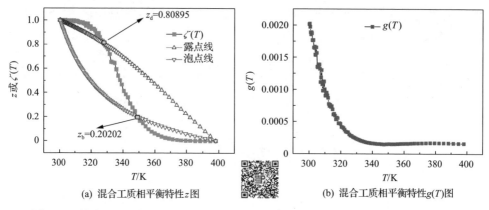

(a) 混合工质相平衡特性z图　　　　　　　　(b) 混合工质相平衡特性g(T)图

图 5-48　整个二元比例下 R290/R601 混合工质相平衡特性(P=1MPa)(彩图扫二维码)

表 5-15　R290/R600 混合工质在蒸发器和冷凝器中相变传热窄点或最大传热温差的存在形式

轻组分的质量分数	冷凝器	蒸发器
(0,0.3333)	最大传热温差	相变传热窄点
(0.3333,0.70109)	线性工质可能存在	线性工质可能存在
(0.70109,1)	相变传热窄点	最大传热温差

表 5-16　R290/R601 混合工质在蒸发器和冷凝器中相变传热窄点或最大传热温差的存在形式

轻组分的质量分数	冷凝器	蒸发器
(0,0.20202)	最大传热温差	相变传热窄点
(0.20202,0.80895)	线性工质可能存在	线性工质可能存在
(0.80895,1)	相变传热窄点	最大传热温差

　　上述方法讨论了非共沸有机工质在蒸发器和冷凝器中，不同组分配比会影响工质的温焓变化的非线性，从而使蒸发器、冷凝器中的传热温差(相变传热窄点和最大传热温差)存在变化的条件和可能性，本书将此归为第一类相变传热窄点问题。对于非共沸有机工质在热泵系统中的实际应用，为避免系统传热状况趋于恶化，需要确定相变传热窄点或最大传热温差在换热器中出现的位置。为进一步确定系统控制策略，还需对相变传热窄点特性(相变传热窄点对系统性能的影响)进行揭示。

　　以非共沸有机工质 R290/R600(质量分数比 0.17/0.83)为例，图 5-49 为其相变时的温度滑移和温焓非线性特性。由图中看出，该工质存在较适中的温度滑移，并且有较明显的呈上凸趋势的温焓非线性关系。因此，此工质在热泵系统的换热器中会产生相变传热窄点，并且可分析出蒸发器内出现相变传热窄点，冷凝器内出现最大传热温差。

　　采用单级蒸气压缩式水-水式热泵系统，测试此工质在热泵系统换热器中的最大传热温差和相变传热窄点。

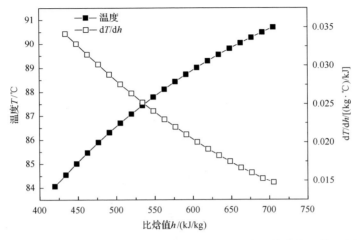

图 5-49　1.6MPa 时 R290/R600(质量分数比 0.17/0.83)相变温焓曲线及其一次导数曲线

　　测试结果显示，蒸发器入水温度为 50℃、水流量恒定、冷凝器入水温度为 85℃时，改变冷凝器水流量，并计算出各流量下工质侧的沿程温度，结果如图 5-50 所示。图 5-50(a)是冷凝器内处于两相区的工质和水的温差，可以发现，随着流量的减小，先是处于换热器热端的最大传热温差减小，当流量继续减小时，最大传热温差出现的位置向换热器冷端移动；图 5-50(b)从理论上描述了当水侧温度呈线性分布时，处于两相区段的工质与水的温差，可以发现，最大传热温差及其位置随流量减小的变化趋势与图 5-50(a)基本相同。

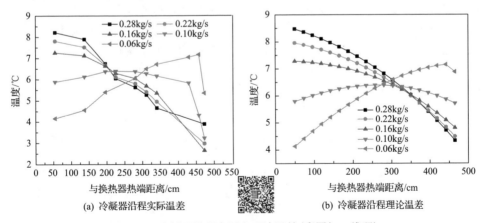

图 5-50　冷凝器沿程实际和理论温差(彩图扫二维码)

　　图 5-51 是最大传热温差的数值和位置随水流量的变化情况。可见，对于工质 R290/R600(质量分数比 0.17/0.83)，随着冷凝器水流量的变化，冷凝器中会出现最大传热温差并且其数值和位置会随着水流量的变化而变化。最大传热温差位置移动规律的理论分析如下：当冷凝水流量减小时，由于入口水温不变，出口水温

势必要增大，水的沿程温度曲线斜率也将增大，同时冷凝器中工质的压力增大，温度升高，而在两相区内工质在不同的压力下温焓关系类似（表现为不同压力下温焓曲线基本相互平行），因此，当冷凝水流量减小时，最大传热温差的位置将向冷凝器冷端移动。

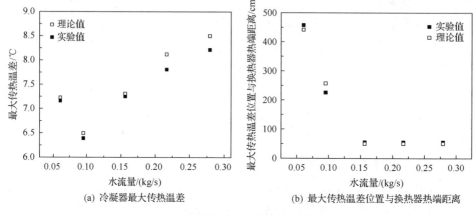

(a) 冷凝器最大传热温差

(b) 最大传热温差位置与换热器热端距离

图 5-51　冷凝器最大传热温差的数值及位置

此外，针对相变传热窄点温差的测试中，当冷凝器入水温度为 90℃、水流量恒定、蒸发器入水温度为 45℃ 时，改变蒸发器水流量，并计算出各流量下工质侧的沿程温度，结果如图 5-52 所示。图 5-52(a) 为蒸发器有效换热面积内处于两相区的工质与水的温差，可以发现，当流量为 0.24kg/s 时，相变传热窄点温差处于换热器热端，随着流量的减小，相变传热窄点温差向换热器冷端移动，直到流量减小至 0.06kg/s 时，相变传热窄点温差处于换热器冷端。图 5-52(b) 从理论上描述了当水侧温度呈线性分布时，在蒸发器有效换热面积内处于两相区的工质与水的温差。可以发现，相变传热窄点温差的位置随水流量减小的变化趋势与图 5-52(a) 相似，实验值和理论值基本相符。

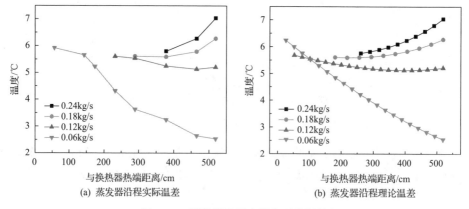

(a) 蒸发器沿程实际温差

(b) 蒸发器沿程理论温差

图 5-52　蒸发器沿程实际和理论温差

　　图 5-53 定量地描述了工质 R290/R600(质量分数比 0.17/0.83)在蒸发器中相变传热窄点温差的数值及位置的移动情况。由于在蒸发器内截取了有效换热面积，图 5-53(b)的纵坐标并非蒸发器长度，而是以百分数为单位的蒸发器无因次长度。由图 5-53(b)可以说明，工质在实际系统中运行时，在蒸发器内会出现相变传热窄点温差，且随着水流量的减小，会产生向蒸发器冷端移动的现象。此外，相变传热窄点温差位置移动规律可解释为：当水流量减小时，由于入口水温不变，出口水温势必要减小，水的沿程温度曲线斜率也将减小，同时蒸发器中工质的压力减小，温度减小，而在两相区内工质在不同的压力下温焓关系类似(表现为不同压力下温焓曲线基本相互平行)，因此，当水流量减小时，相变传热窄点温差的位置会向蒸发器冷端移动。

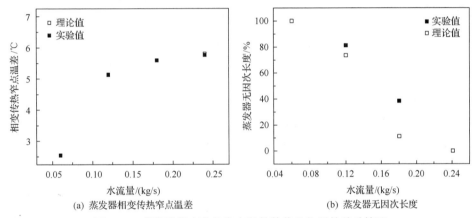

(a) 蒸发器相变传热窄点温差　　　　　　　(b) 蒸发器无因次长度

图 5-53　蒸发器相变传热窄点温差数值及位置的移动情况

5.3.4　非共沸有机工质窄点对系统循环性能的影响及其控制策略

　　通过非共沸有机工质在热泵应用中呈现出的传热窄点特性，可看出传热窄点受工况条件影响，因此必然对系统整体能效产生不同效果的影响。本节从换热器温差匹配和循环平均蒸发温度、平均冷凝温度的角度来分析传热窄点对实际系统循环效率和可用能损失的影响。

　　依旧采用单级蒸气压缩式水-水式热泵系统，根据上述冷凝器最大传热温差测试的工况(工况一)，即蒸发器入水温度为 50℃、水流量恒定、冷凝器入水温度为 85℃时，改变冷凝器水流量；以及蒸发器相变传热窄点温差测试的工况(工况二)，即冷凝器入水温度为 90℃、水流量恒定、蒸发器入水温度为 45℃，改变蒸发器水流量，计算出不同流量的工质侧温度下的系统理论循环效率。通过温焓线性对应时与非线性对应时的循环特性对比，分析最大传热温差和相变传热窄点温差对系统性能的影响。其中，工质 R290/R600(质量分数比 0.17/0.83)的泡点和露点温度连接的直线为温焓线性，此理想状态下的工质不会在冷凝器或蒸发器中出现最大传热温差或相变传热窄点温差。

　　对于工况一，蒸发器入水温度和水流量保持不变，因此蒸发器工质侧入口和出口温度变化不大，即相变传热窄点温差对循环的影响效果几乎一致。对于工况二，冷凝器入水温度和水流量保持不变，因此冷凝器工质侧入口和出口温度变化不大，即最大传热温差对循环的影响效果几乎一致。在不同水流量下通过式(5-16)计算系统的理想 COP：

$$COP = \frac{T_{Hm}}{T_{Hm} - T_{Lm}} \tag{5-16}$$

其中，T_{Hm} 为工质的平均放热温度；T_{Lm} 为工质的平均吸热温度。

由图 5-54(a)的计算结果可得，对于温焓非线性对应的工质 R290/R600(质量分数比 0.17/0.83)，其理想 COP 低于相变区内温焓线性对应的工质，并且冷凝器中最大传热温差的出现使此差距增大。因此，最大传热温差的出现也将降低实际COP。图 5-54(b)显示出温焓非线性对应的工质的理想 COP 要高于相变区内温焓线性对应的工质，并且蒸发器中相变传热窄点温差出现在相变区内时，这种差距也有加大的趋势。可见，相变传热窄点温差的出现可以提高实际 COP。

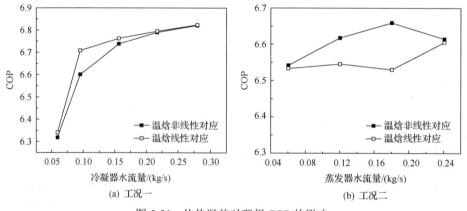

图 5-54　传热温差对理想 COP 的影响

图 5-55 是在换热器工质入口和出口温度相同的情况下，换热器中非线性工质相对于线性工质可用能损失增量的百分数。如图 5-55(a)所示，在水流量为0.06kg/s 时，相对于线性工质，冷凝器中非线性工质的可用能损失增加了 19.9%，在其他水流量下，非线性工质的可用能损失也有所增加，也就是说，冷凝器中最大传热温差导致可用能损失增大。而从图 5-55(b)中可以看出，除了在水流量为0.06kg/s 时蒸发器中非线性工质的可用能损失和线性工质的基本相同外，其他水流量下其可用能损失都要小于线性工质的，可见蒸发器中相变传热窄点温差在一定程度上可以减小可用能损失。

总结上述现象，热泵系统中相变传热窄点温差现象出现在蒸发器内，而最大传热温差出现在冷凝器内，前一现象提升系统性能和效率，后一现象则降低系统性能和效率。同时，工况影响此现象的发生与否以及具体位置，因此掌握传热窄

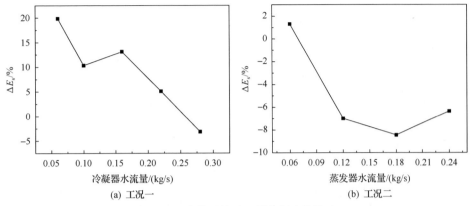

(a) 工况一　　　　　　　　　　　　　　　　　(b) 工况二

图 5-55　传热温差对可用能损失的影响

点的发生位置，可优化系统中换热温度的匹配，实现 Lorenz 循环的逼近。基于此，传热窄点可用于制定相应的热泵系统控制策略，指导实际工况。

此处从理论模型和实验研究层面介绍传热窄点的控制策略制定与验证。

1. 理论模型

二流体换热几何模型表现出来的几何效果是，某一个工质比焓对应的工质温度和换热流体温度处于换热器同一位置，图上可以清晰地表现出换热流体和工质在换热过程中的温度匹配。

图 5-56 是建立的蒸发过程和冷凝过程的几何模型。

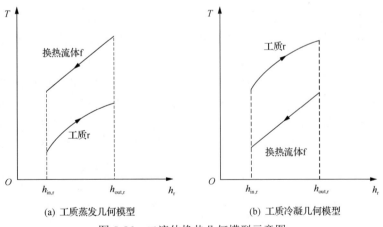

(a) 工质蒸发几何模型　　　　　　　　　　　　(b) 工质冷凝几何模型

图 5-56　二流体换热几何模型示意图

几何图形上换热流体的温焓函数关系 $T_f(h_r)$ 如下。

蒸发管段：

$$T_f(h_r) = T_f(k(h_r - h_{out,r}) + h_{in,f}), \quad h_{in,r} \leqslant h_r \leqslant h_{out,r} \qquad (5\text{-}17)$$

冷凝管段：

$$T_f(h_r) = T_f(k(h_r - h_{out,r}) + h_{in,f}), \quad h_{out,r} \leqslant h_r \leqslant h_{in,r} \tag{5-18}$$

式(5-17)和式(5-18)中，k 为流量比，$k = \dot{m}_r / \dot{m}_f$；$h_{out,r}$ 为工质出口焓值；$h_{in,r}$ 为工质入口焓值；$h_{in,f}$ 为换热流体入口焓值；h_r 为工质在管中任意位置的焓值。

几何模型上换热流体和工质的温度匹配是由换热流体的原几何图形经拉伸平移变换后所确立的。通过几何图形上换热流体的温焓函数关系可以看到，影响换热流体和工质温度匹配的决定性变量为流量比 k 和水的入口焓值。然而，在大气压一定的情况下，水的入口焓值又与入口水温一一对应，因此控制换热流体和工质温度匹配的决定性变量为流量比 k 和入口水温。对几何模型上换热流体的温焓函数求一阶导数得 kk_0 ($k_0 = 1/c_p$)，因为水的比热容可以看作恒定(恒定大气压下)，所以流量比 k 控制着几何模型上换热流体温焓图形的斜率。同样地，入口水温控制着几何模型上换热流体温焓图形的上下平移。

知道了几何模型上换热流体的温焓函数关系，就可以分析蒸发管段和冷凝管段的温度匹配和传热窄点问题。

蒸发管段两流体任意位置的温差为

$$\Delta T = T_f(k(h_r - h_{out,r}) + h_{in,f}) - T_r(h_r)), \quad \Delta T' = kk_0 - T_r'(h_r) \tag{5-19}$$

式中，$T_r(h_r)$ 为工质温度对比焓的函数；$T_r'(h_r)$ 为工质温度对比焓的一阶导数。

冷凝管段两流体任意位置的温差为

$$\Delta T = T_r(h_r) - T_f(k(h_r - h_{out,r}) + h_{in,f}), \quad \Delta T' = T_r'(h_r) - kk_0 \tag{5-20}$$

式(5-19)和式(5-20)可以直接判断蒸发管段和冷凝管段的相变传热窄点或最大传热温差的问题。分析式(5-19)和式(5-20)可以看出，换热流体为水时 k_0 为定值。相变传热窄点或最大传热温差的出现情况完全取决于流量比 k 和工质温焓一阶导数的相对大小。对于温焓关系呈单调变化的工质，在两相区换热区域中只可能产生相变传热窄点或者最大传热温差；而对于温焓关系呈非单调变化的工质，在两相区换热区域中相变传热窄点与最大传热温差的出现有多种情况。设 $A = (T_r'(h_r))_{min}$，$B = (T_r'(h_r))_{max}$。图 5-57 为不同温焓函数关系的混合工质，将图 5-57(a)和(b)的分

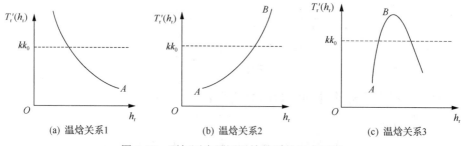

(a) 温焓关系1　　　　　　(b) 温焓关系2　　　　　　(c) 温焓关系3

图 5-57　两相区内不同温焓关系的混合工质

析结果列于表 5-17 和表 5-18。由于图 5-57(c)所示的混合工质在换热器中既有可能只出现相变传热窄点，也有可能只出现最大传热温差，还有可能相变传热窄点和最大传热温差同时出现。这取决于流量比 k 和工质温熔一阶导数关系的相对大小，以及工质在两相区中的温熔对应函数关系。具体的分析与图 5-57(a)和(b)所示工质相类似，在此没有给出分析结果。

表 5-17　非线性工质(温熔关系 1)在换热器中相变传热窄点或最大传热温差出现的情况

管段	$kk_0 \leq A$	$A < kk_0 < B$	$kk_0 \geq B$
蒸发管段	在工质两相区的入口端和出口端，分别会有最大传热温差和相变传热窄点发生	相变传热窄点将在两相区中间发生	在工质两相区的入口端和出口端，分别会有相变传热窄点和最大传热温差发生
冷凝管段	在工质两相区的入口端和出口端，分别会有最大传热温差和相变传热窄点发生	最大传热温差将在两相区中间发生	在工质两相区的入口端和出口端，分别会有相变传热窄点和最大传热温差发生

表 5-18　非线性工质(温熔关系 2)在换热器中相变传热窄点或最大传热温差出现的情况

管段	$kk_0 \leq A$	$A < kk_0 < B$	$kk_0 \geq B$
蒸发管段	在工质两相区的入口端和出口端，分别会有最大传热温差和相变传热窄点发生	最大传热温差将在两相区中间发生	在工质两相区的入口端和出口端，分别会有相变传热窄点和最大传热温差发生
冷凝管段	在工质两相区的入口端和出口端，分别会有最大传热温差和相变传热窄点发生	相变传热窄点将在两相区中间发生	在工质两相区的入口端和出口端，分别会有相变传热窄点和最大传热温差发生

2. 实验研究

实验选择非共沸有机工质 R290/R600(质量分数比 0.15/0.85)进行蒸发管段内最大传热温差的位置调控测试。图 5-58 为传热温差的旋转特性与平移特性。结果显示，在入口水温不变的情况下，整个两相区的传热温差会随着流量比的增加而呈现逆向旋转的趋势；在流量比一定的情况下，整个两相区的传热温差会随着入

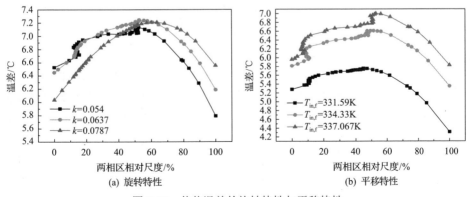

图 5-58　传热温差的旋转特性与平移特性

口水温的增大或减小而呈现上下平移的趋势。通过对几何模型的分析已经得出，流量比 k 控制着几何模型上换热流体温焓图形的斜率；入口水温控制着几何模型上换热流体温焓图形的上下平移。因此，传热温差的旋转特性很容易从模型中理解，也就是锁定入口水温的情况下，经过拉伸平移变换后的温焓图形会随着流量比而呈现旋转的特性，从而影响着传热温差跟随流量比而呈现一定的旋转特性；同样的，在锁定流量比的情况下，经过拉伸平移变换后的温焓图形会随着入口水温的变化而呈现上下平移的特性，从而影响着传热温差跟随入口水温而呈现一定的上下平移特性。

图 5-59 显示了最大传热温差发生相对位置的迁移规律，以两相区相对尺度为参照，定义两相区相对尺度为 $(h-h_b)/(h_d-h_b)$，其中，h 为工质焓值，h_b 为工质入口焓值，h_d 为工质出口焓值；定义蒸发管段沿程相对尺度为 L_x/L。对于 R290/R600（质量分数比 0.85/0.15）的非共沸制冷剂，随着流量比 k 的增大，最大传热温差在两相区相对尺度的发生位置逐渐向露点位置移动；并且 k 不变，改变入口水温，几乎不影响相变传热窄点在两相区发生的相对位置。这与前述理论模型相吻合。

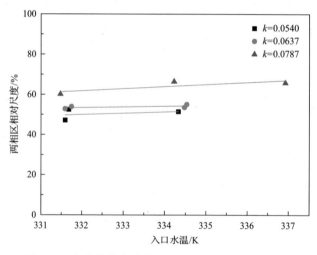

图 5-59　相变传热窄点在两相区相对尺度的发生位置

因为流量比 k 控制着相变传热窄点或最大传热温差发生在某一个工质的比焓位置。所以对于本实验，为了确定最大传热温差在蒸发管段发生的确切位置，实验还测试了以蒸发管段沿程相对尺度为参照下，工质两相区相变长度以及比焓沿管段分布随各实验参数的变化规律。图 5-60 为各实验变量对两相区相变长度的影响。图 5-60(a)显示，随着入口水温的增加，工质两相区相变长度呈现逐渐减小的趋势；图 5-60(b)显示，随着工质流量的增加，工质两相区相变长度呈现先减小后增大的趋势；图 5-60(c)显示，随着水流量的增加，工质两相区相变长度呈现先增大后减小的趋势。

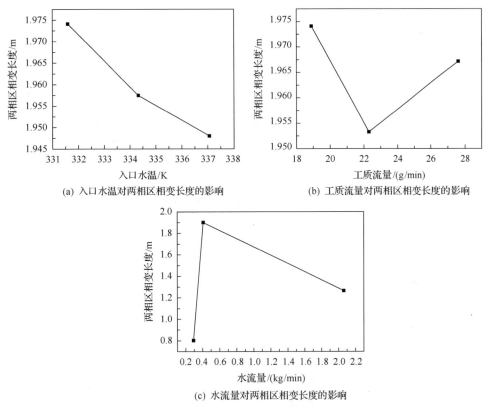

(a) 入口水温对两相区相变长度的影响　　　　　(b) 工质流量对两相区相变长度的影响

(c) 水流量对两相区相变长度的影响

图 5-60　不同实验变量对工质两相区相变长度的影响

　　图 5-61 为各实验变量对两相区比焓在换热器沿程分布的影响。图 5-61(a)显示，随着入口水温的增加，入口段工质比焓所处位置向工质的出口方向移动，中间部位的工质比焓所处位置向工质的入口方向移动。图 5-61(b)显示，随着工质流量的增加，工质比焓所处位置将整体向工质的入口方向移动。图 5-61(c)显示，随

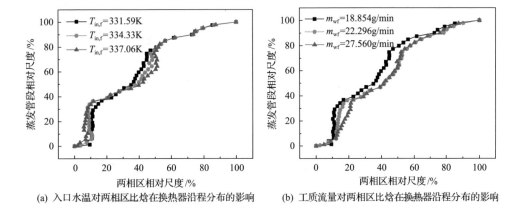

(a) 入口水温对两相区比焓在换热器沿程分布的影响　　(b) 工质流量对两相区比焓在换热器沿程分布的影响

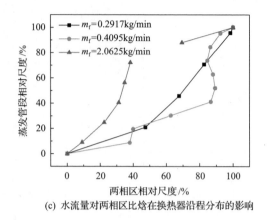

(c) 水流量对两相区比焓在换热器沿程分布的影响

图 5-61　不同实验变量对两相区比焓在换热器沿程分布的影响

着水流量的增加,工质绝大部分比焓所处位置将先向工质的入口方向移动,水流量增大到一定程度再增大,工质比焓所处位置将整体向工质出口方向移动。

5.4　本 章 小 结

本章介绍了非共沸有机工质在太阳能 ORC 热发电、柔性 DES 及热泵系统中的实际应用。在太阳能 ORC 热发电领域,相对于纯工质,非共沸有机工质可发挥其相变温度滑移的特性,从而减小系统不可逆损失;同时非共沸有机工质具有使系统变负荷运行的潜力。但是,此应用增大了系统的压力水平以及冷凝过程中的传热窄点问题,对系统部件的耐压能力以及冷凝换热面积提出了更高的要求,造成了系统整体经济性的折损。

在柔性 DES 领域,则开创性地提出了基于非共沸有机工质组分“分离-混合”机制,以及分离与混合部件几何结构可调下的柔性系统。一方面实现系统内部多循环形式的高效集成;另一方面通过组分调节实现各子系统内的最优组分,以解决不稳定、不连续的可再生能源及波动的负荷间的供需不平衡问题。

在热泵系统应用领域,介绍了非共沸有机工质在中高温热泵中的应用及能效提升;剖析了系统换热过程中非共沸有机工质的温焓非线性,以及其所导致的冷凝器内非完全冷凝现象、最大传热温差及相变传热窄点温差问题。从系统运行工况以及工质选型内外两个层面揭示了热泵系统循环效率提升的有效控制措施。

参 考 文 献

[1] Zhang Y, Deng S, Ni J, et al. A literature research on feasible application of mixed working fluid in flexible distributed energy system [J]. Energy, 2017, 137: 377-390.

[2] Wang J L, Zhao L, Wang X D. A comparative study of pure and zeotropic mixtures in low-temperature solar Rankine cycle [J]. Applied Energy, 2010, 87: 3366-3373.

[3] Bao J J, Zhao L. A review of working fluid and expander selections for organic Rankine cycle [J]. Renewable and Sustainable Energy Reviews, 2013, 24: 325-342.

[4] Bao J J, Zhao L. Experimental research on the influence of system parameters on the composition shift for zeotropic mixture (isobutane/pentane) in a system occurring phase change [J]. Energy Conversion and Management, 2016, 113: 1-15.

[5] Stine W B, Harrigan R W. Solar Energy Fundamentals and Design, with Computer Applications [M]. New York: Wiley, 1985.

[6] Lemmon E W, Huber M L, McLinden M O. NIST standard reference database 23 [J]. NIST Reference Fluid Thermodynamic and Transport Properties—REFPROP, Version, 2010, 9: 55.

[7] Chen J, Kruse H. Calculating circulation concentration of zeotropic refrigerant mixtures[J]. HVAC&R Research, 1995, 1(3): 219-231.

[8] Colmenar-Santos A, Reino-Rio C, Borge-Diez D, et al. Distributed generation: A review of factors that can contribute most to achieve a scenario of DG units embedded in the new distribution networks [J]. Renewable and Sustainable Energy Reviews, 2016, 59: 1130-1148.

[9] Murugan S, Horák B. Tri and polygeneration systems—A review [J]. Renewable and Sustainable Energy Reviews, 2016, 60: 1032-1051.

[10] Wang L, Li Q, Sun M, et al. Robust optimisation scheduling of CCHP systems with multi-energy based on minimax regret criterion [J]. IET Generation, Transmission and Distribution, 2016, 10: 2194-2201.

[11] Dinçer İ, Rosen M A. Thermal Energy Storage (TES) Methods [M]. Hoboken: John Wiley & Sons, Ltd., 2010: 83-190.

[12] Rong A, Lahdelma R. Role of polygeneration in sustainable energy system development challenges and opportunities from optimization viewpoints [J]. Renewable and Sustainable Energy Reviews, 2016, 53: 363-372.

[13] Spisto A, Möbius T, Quoilin S. Demand for flexibility in the power system under different shares of renewable generation[C]//12th International Conference on the European Energy Market. Lisbon: IEEE Computer Society, 2015.

[14] Stathopoulos P, Paschereit C O. Retrofitting micro gas turbines for wet operation. A way to increase operational flexibility in distributed CHP plants [J]. Applied Energy, 2015, 154: 438-446.

[15] Wolff C, Schulz P, Knirr M, et al. Flexible and controllable ORC turbine for smart energy systems[C]//2016 IEEE International Energy Conference. Leuven: IEEE, 2016.

[16] Quoilin S, Aumann R, Grill A, et al. Dynamic modeling and optimal control strategy of waste heat recovery organic Rankine cycles [J]. Applied Energy, 2011, 88: 2183-2190.

[17] Alizadeh M I, Parsa Moghaddam M, Amjady N, et al. Flexibility in future power systems with high renewable penetration: A review [J]. Renewable and Sustainable Energy Reviews, 2016, 57: 1186-1193.

[18] Mancarella P. MES (multi-energy systems): An overview of concepts and evaluation models[J]. Energy, 2014, 65: 1-17.

[19] Cao J, Yang M. Energy internet—Towards smart grid 2.0[C]//Proceedings of the International Conference on Networking and Distributed Computing. Hong Kong: ICNDC, 2014: 105-110.

[20] Zhou B, Li W, Chan K W, et al. Smart home energy management systems: Concept, configurations, and scheduling strategies [J]. Renewable and Sustainable Energy Reviews, 2016, 61: 30-40.

[21] Ebrahimi M, Ahookhosh K. Integrated energy-exergy optimization of a novel micro-CCHP cycle based on MGT-ORC and steam ejector refrigerator [J]. Applied Thermal Engineering, 2016, 102: 1206-1218.

[22] Rahman H A, Majid M S, Rezaee J A, et al. Operation and control strategies of integrated distributed energy resources: A review [J]. Renewable and Sustainable Energy Reviews, 2015, 51: 1412-1420.

[23] 陈斌, 陈光明, 刘利华, 等. 混合工质变容量调节技术及其应用[J]. 流体机械, 2004, 32(12): 64-68.

[24] 陈光明, 张丽娜, 陈斌. 变浓度混合工质空气源热泵系统的研究[C]//第十二届全国冷(热)水机组与热泵技术研讨会. 烟台: 流体机械, 2005, 33: 168-171.

[25] Wang Q, Li D H, Wang J P, et al. Numerical investigations on the performance of a single-stage auto-cascade refrigerator operating with two vapor-liquid separators and environmentally benign binary refrigerants [J]. Applied Energy, 2013, 112: 949-955.

[26] Yang X Y, Zhao L, Li H, et al. Theoretical analysis of a combined power and ejector refrigeration cycle using zeotropic mixture [J]. Applied Energy, 2015, 160: 912-919.

[27] Quoilin S. Sustainable Energy Conversion Through the Use of Organic Rankine Cycles for Waste Heat Recovery and Solar Applications [D]. Liège: University of Liège, 2011.

[28] Wang X D, Zhao L. Analysis of zeotropic mixtures used in low-temperature solar Rankine cycles for power generation [J]. Solar Energy, 2009, 83: 605-613.

[29] Li M, Mu H, Li N, et al. Optimal design and operation strategy for integrated evaluation of CCHP (combined cooling heating and power) system [J]. Energy, 2016, 99: 202-220.

[30] Meng Z, Wang L, Tian W, et al. Entrainment at T-junction: A review work [J]. Progress in Nuclear Energy, 2014, 70: 221-241.

[31] Zhao L, Zheng N, Deng S. A thermodynamic analysis of an auto-cascade heat pump cycle for heating application in cold regions [J]. Energy and Buildings, 2014, 82: 621-631.

[32] Zheng N, Hwang Y, Zhao L, et al. Experimental study on the distribution of constituents of binary zeotropic mixtures in vertical impacting T-junction [J]. International Journal of Heat and Mass Transfer, 2016, 97: 242-252.

[33] Tan Y, Wang L, Liang K. Thermodynamic performance of an auto-cascade ejector refrigeration cycle with mixed refrigerant R32/R236fa [J]. Applied Thermal Engineering, 2015, 84: 268-275.

[34] Beaver A C, Yin J, Bullard C W, et al. An experimental investigation of transcritical carbon dioxide systems for residential air conditioning [J]. Proceedings of SPIE-The International Society for Optical Engineering, 1999, 7672(1): 92-96.

[35] Milosevic A S. Flash Gas Bypass Concept Utilizing Low Pressure Refrigerants [D]. Urbana-Champaign: University of Illinois at Urbana-Champaign, 2010.

[36] Tuo H, Hrnjak P. Vapor-liquid separation in a vertical impact T-junction for vapor compression systems with flash gas bypass [J]. International Journal of Refrigeration, 2014, 40: 189-200.

[37] Tuo H, Hrnjak P. Enhancement of vapor-liquid separation in vertical impact T-junctions for vapor compression systems with flash gas bypass [J]. International Journal of Refrigeration, 2014, 40: 43-50.

[38] Li Z, Li W, Xu B. Optimization of mixed working fluids for a novel trigeneration system based on organic Rankine cycle installed with heat pumps [J]. Applied Thermal Engineering, 2016, 94: 754-762.

[39] 李子申, 李惟毅, 徐博睿, 等. 混合工质内置热泵有机朗肯循环冷热电联供系统性能研究[J]. 中国电机工程学报, 2015, 35(19): 4972-4980.

[40] Yang X, Zheng N, Zhao L, et al. Analysis of a novel combined power and ejector-refrigeration cycle [J]. Energy Conversion and Management, 2016, 108: 266-274.

[41] Wang J, Dai Y, Zhang T, et al. Parametric analysis for a new combined power and ejector-absorption refrigeration cycle [J]. Energy, 2009, 34: 1587-1593.

[42] Lin C, Cai W, Li Y, et al. Numerical investigation of geometry parameters for pressure recovery of an adjustable ejector in multi-evaporator refrigeration system [J]. Applied Thermal Engineering, 2013, 61: 649-656.

[43] Liu F, Groll E A. Recovery of throttling losses by a two-phase ejector in a vapor compression cycle [C]//International Refrigeration and Air Conditioning Conference. Arlington: Air-conditioning and Refrigeration Technology Institute, 2008: 924.

[44] Liu F, Groll E A, Li D. Investigation on performance of variable geometry ejectors for CO_2 refrigeration cycles [J]. Energy, 2012, 45: 829-839.

[45] Liu F, Li Y, Groll E A. Performance enhancement of CO_2 air conditioner with a controllable ejector [J]. International Journal of Refrigeration, 2012, 35: 1604-1616.

[46] Agrawal B K, Karimi M N. Thermodynamic performance assessment of a novel waste heat based triple effect refrigeration cycle [J]. International Journal of Refrigeration, 2012, 35: 1647-1656.

[47] Zhao Y, Wang J, Cao L, et al. Comprehensive analysis and parametric optimization of a CCP (combined cooling and power) system driven by geothermal source [J]. Energy, 2016, 97: 470-487.

[48] Wang J, Dai Y, Sun Z. A theoretical study on a novel combined power and ejector refrigeration cycle [J]. International Journal of Refrigeration, 2009, 32: 1186-1194.

[49] Habibzadeh A, Rashidi M M, Galanis N. Analysis of a combined power and ejector-refrigeration cycle using low temperature heat [J]. Energy Conversion and Management, 2013, 65: 381-391.

[50] Ahmadi P, Dincer I, Rosen M A. Performance assessment and optimization of a novel integrated multigeneration system for residential buildings [J]. Energy and Buildings, 2013, 67: 568-578.

[51] Javan S, Mohamadi V, Ahmadi P, et al. Fluid selection optimization of a combined cooling, heating and power (CCHP) system for residential applications [J]. Applied Thermal Engineering, 2016, 96: 26-38.

[52] Alexis G K. Performance parameters for the design of a combined refrigeration and electrical power cogeneration system [J]. International Journal of Refrigeration, 2007, 30: 1097-1103.

[53] Singh P, Couckuyt I, Elsayed K, et al. Shape optimization of a cyclone separator using multi-objective surrogate-based optimization [J]. Applied Mathematical Modelling, 2016, 40: 4248-4259.

[54] Elsayed K, Lacor C. Analysis and Optimisation of Cyclone Separators Geometry Using RANS and LES Methodologies [M]. Berlin: Springer, 2014: 65-74.

[55] Tan F, Karagoz I, Avci A. Effects of geometrical parameters on the pressure drop for a modified cyclone separator [J]. Chemical Engineering and Technology, 2016, 39: 576-581.

[56] Kwak D H, Binns M, Kim J K. Integrated design and optimization of technologies for utilizing low grade heat in process industries [J]. Applied Energy, 2014, 131: 307-322.

[57] Kiss A A. Distillation technology-still young and full of breakthrough opportunities [J]. Journal of Chemical Technology and Biotechnology, 2014, 89: 479-498.

[58] Kiss A A, Olujić T. A review on process intensification in internally heat-integrated distillation columns [J]. Chemical Engineering and Processing: Process Intensification, 2014, 86: 125-144.

[59] Collings P, Yu Z, Wang E. A dynamic organic Rankine cycle using a zeotropic mixture as the working fluid with composition tuning to match changing ambient conditions [J]. Applied Energy, 2016, 171: 581-591.

[60] Cane R L. Heat-recovery heat pump operating experiences [J]. Fuel & Energy Abstracts, 1994 (4): 289.

[61] 卓存真. 国际热泵技术发展动态 [J]. 制冷学报, 1994 (1): 52-58.

附录　第一届非共沸工质研究高端论坛总结

1. 背景

自然界中的物质多数以混合物的形式存在，但是人类的认知主要依托于纯净物。随着科技的进步和社会的发展，混合物在能源研究领域的地位日益突出，能源的转换、利用、传递都涉及混合物的研究，甚至能源本身也是一种混合物。因此，需要将现有知识体系拓展到混合物的研究，探究混合物内部组元的影响机理及协同机制。

具体到能源转换的研究，热力循环是能源转换的主要工具，而工质是热力循环的载体，因此，工质的研究是提高能源转换效率的核心。相比纯工质，非共沸有机工质由于具有相变过程中温度滑移的特性，可以大幅减少换热过程中的不可逆损失，提高热力循环效率；另外，利用非共沸有机工质相变过程中的组分迁移特性，可以实现循环工质的调节，增加系统的变工况特性。因此，非共沸有机工质的研究对促进能源高效转换具有关键推动作用。

2. 研究现状

近年来，国内外众多学者关注非共沸有机工质的研究。文章及专利方面，依托 Scopus 数据平台，以 zeotropic 为关键词进行检索，结果显示，1975～2018 年共有文献 565 篇，国际专利 869 项。2014～2017 年，平均每年发表文章数超过 40 篇，具体结果见图 1。非共沸有机工质的研究不局限于能源学科，还涉及化学工程、化学科学、物理与航天、环境科学、材料科学等学科，如图 2 所示。按照国家和地区分类，中国共发表文章 158 篇，位列世界第一，美国、德国、俄罗斯和印度分列第二到第五位，如图 3 所示。按照归属机构进行划分，排名前五位的分别是天津大学、西安交通大学、莫斯科科技大学(Moscow Technological University, MIREA)、帕多瓦大学(Universita degli Studi di Padova)和查尔姆斯理工大学(Chalmers University of Technology)，如图 4 所示。按照作者进行划分，如图 5 所示，天津大学的赵力(Zhao L)发表论文 28 篇，位列第一，莫斯科科技大学的 Serafimov L A、帕多瓦大学的 Del Col D、帕多瓦大学的 Cavallini A 和西安交通大学的晏刚(Yan G)分列第二到第五位。

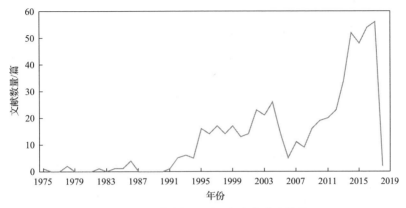

图 1　非共沸有机工质研究文章发表数量

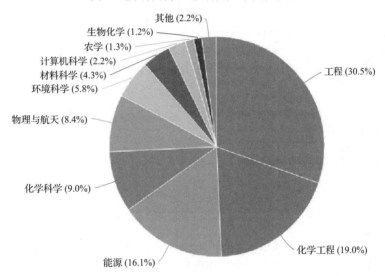

图 2　各学科非共沸有机工质研究文章发表数量

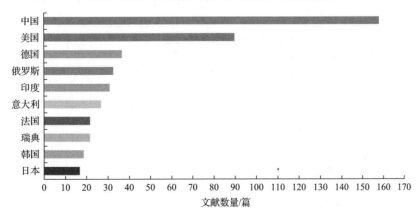

图 3　各国家非共沸有机工质研究文章发表数量

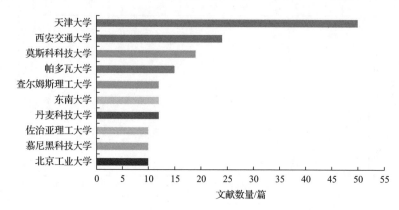

图 4　各研究机构非共沸有机工质研究文章发表数量

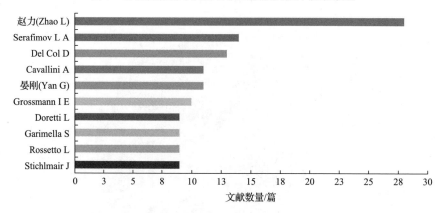

图 5　各研究人员非共沸有机工质研究文章发表数量

以"zeotropic" AND "ORC" OR "organic Rankine cycle"为关键词进行检索，截至 2017 年 11 月，共计文献 108 篇和国际专利 28 项。天津大学、北京工业大学和拜罗伊特大学位列前三，分别发表论文 16 篇、10 篇和 8 篇，如图 6 所示。以

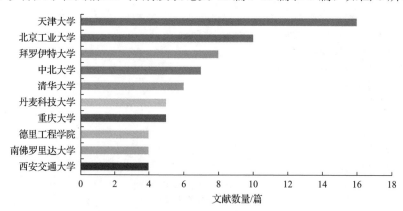

图 6　非共沸有机工质 ORC 文章发表数量

"zeotropic" AND "refrigeration" 为关键词进行检索，截至 2017 年 11 月，共有 112 篇文献和 579 项国际专利被检索到，西安交通大学、天津大学和帕多瓦大学分列前三位，如图 7 所示。

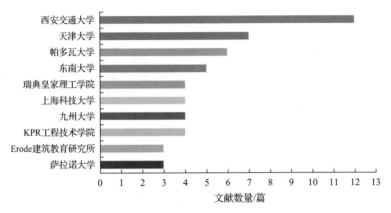

图 7 非共沸有机工质制冷循环文章发表数量

除相关论文及专利数量，获批自然科学基金项目数量同样能反映研究现状。以"非共沸"和"混合工质"为关键词，利用科学基金共享服务网进行检索，2000～2017 年，国家自然科学基金共资助各类项目 63 项，总经费达 4614 万元；其中面上项目 37 项，青年科学基金项目 14 项，重大项目 2 项，重点项目 2 项，地区科学基金项目 4 项，国家杰出青年科学基金项目 2 项，联合基金项目 2 项，如图 8 所示。按照依托单位进行分类，如图 9 所示，中国科学院理化技术研究所共承担各类项目 11 项，位列第一，西安交通大学、天津大学、清华大学和浙江大学分列二到四位。

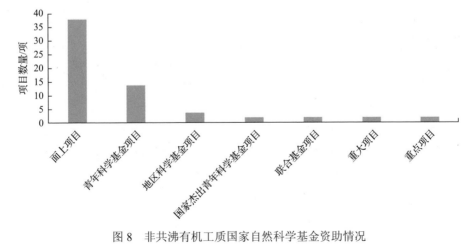

图 8 非共沸有机工质国家自然科学基金资助情况

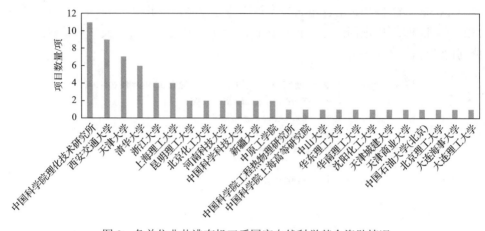

图 9　各单位非共沸有机工质国家自然科学基金资助情况

　　为促进中低品位能源的高效回收和利用，推进非共沸有机工质的基础研究与先进热力循环关键技术的融合创新发展，加强该领域同行之间最新研究进展的学术交流，增进学术界与产业界的协同合作，第一届非共沸工质研究高端论坛于2017 年 11 月 18～19 日在天津举行，由天津大学中低温热能高效利用教育部重点实验室主办，论坛的目的是凝练非共沸有机工质研究中的热点、难点问题，明确未来的发展方向。共有来自 37 家单位的超过 130 位专家学者参与了本次论坛，囊括了国内非共沸有机工质研究的主要单位，包括清华大学、上海交通大学、西安交通大学、中国科学院理化技术研究所、中国科学院海西研究院、天津大学、东南大学、华南理工大学、华北电力大学、广东工业大学等多家知名高校、研究所。论坛从非共沸有机工质的基础热物性、热力循环、传热传质、流动特性和应用研究方面共进行主题报告 14 场，包括清华大学段远源教授、华北电力大学徐进良教授、清华大学史琳教授、东南大学张小松教授、华南理工大学刘金平教授、中国科学院理化技术研究所公茂琼研究员、天津大学赵力教授、广东工业大学罗向龙教授、天津大学田华副教授、上海理工大学祁影霞副教授、西安交通大学席奂博士、中国科学院海西研究院陈龙祥博士、上海交通大学丁超博士和西安交通大学白涛博士所做的报告。

　　会议期间，分别针对非共沸有机工质研究方向和预期研究方向对参会人员进行了问卷调查，结果如图 10 所示。现有研究方面，44%的研究者集中在热力循环的研究，20%的研究者更加关注传热传质的研究，另有 17%、12%和 6%的研究者进行工质热物性、应用研究及流动特性研究。对于非共沸有机工质未来预期的研究方向，39%的研究者表示会进行热力循环方面的相关研究，关注工质热物性和应用研究的学者比例均为 19%，18%的研究者会关注传热传质的研究，只有 5%的研究者表示会进行非共沸有机工质流动特性的研究。进一步将各个研究方向的研究单位进行统计，结果如图 11 所示，在工质热物性研究方面，中国科学院理化技术研究所和清华大学均占有 22%，天津大学占有 13%；清华大学与华北电力大学在传热传质研究方面所占比例最高，均为 12%，上海交通大学与天津大学均为 8%；在流动特性研究方面，华北电力大学与天津大学均为 29%，同济大学、山东大学与上海电力大学均为 14%；热力循环研究方面，清华大学占有 12%，天津大学占有 10%，西安交通大学占有 9%；应用研究领域，东南大学与浙江大学均为 14%，另有 10 家单位均为 7%。

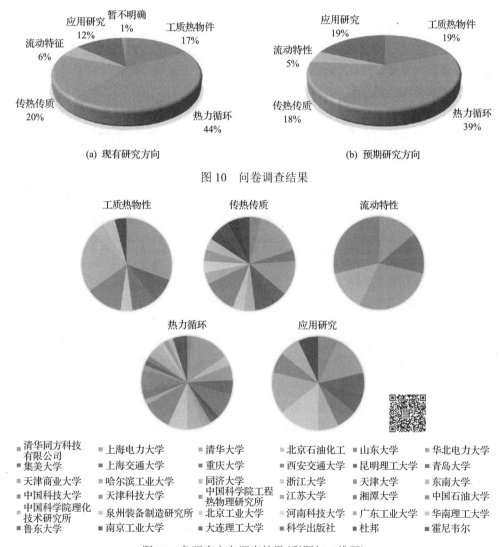

(a) 现有研究方向　　　　　　　　　　(b) 预期研究方向

图 10　问卷调查结果

图 11　各研究方向调查结果(彩图扫二维码)

从文献及专利的调研结果可以看出，非共沸有机工质的研究近年来在国际上受到了广泛的关注，成为能源转换领域的研究热点，中国的多家研究机构及多名专家学者在非共沸有机工质的研究中处于世界领跑位置，具有一定的研究基础。非共沸有机工质的研究涉及能源、化学工程、化学科学、物理与航天、环境科学、材料科学等学科，与社会中的多个行业领域都有密切的联系，具有广泛的应用前景。因此，深入研究非共沸有机工质具有重要的意义。

3. 研究内容

1) 工质热物性

所有实际循环依托工质建立，工质的热物性是循环的基础，其准确性会影响传热传质、流动特性、热力循环及应用研究。相比纯工质，非共沸有机工质的热物性除了受到温度、压力的影响，还与非共沸有机工质组分的配比密切相关，这也增加了非共沸有机工质热物性研究的难度。

清华大学的段远源教授在其报告中指出，对于非共沸有机工质热物性的研究日趋增加，但是仍然存在定量结果不准确、理论与实验偏差大等问题。在物理模型方面，现有的热物性模型(如混合法则、活度系数法、状态方程法)都存在精度低、适用范围窄等缺点。专用的物性计算商用软件 REFPROP 对于无实验数据支撑的非共沸有机工质热物性计算同样存在较大误差。在实验方面，纯工质的常规实验测量方法并不能完全移植于非共沸有机工质热物性的测量。针对以上问题，段远源教授针对多种环境友好型纯工质和非共沸有机工质的热物性进行了深入的研究，在实验方面，开展了比较系统全面的物性测试，包括蒸气压、导热系数、声速、表面张力等；在理论方面，开发了含 HFC 混合工质表面张力密度梯度理论模型、HFC/HC/HFE 混合工质通用基团贡献法相平衡模型和混合工质维里系数通用预估模型等。

中国科学院理化技术研究所的公茂琼研究员指出混合工质的物性是深冷研究领域的关键，相平衡研究是热物性研究中的基础。通过实验研究，测试了HCs+HFCs/HFOs/FCs 等体系约 40 余组混合物系相平衡数据，填补了非共沸有机工质相平衡数据的空白。依据实验数据，建立了非共沸有机工质的平衡压力极值的共沸理论预测模型；完善了以 PR 方程为热力模型的混合法则，获取了关键的二元相互作用系数。针对 HC+HFC 非共沸体系，发展了简洁的相平衡预测模型。

针对含 HFO-1234yf 的非共沸有机工质，中国科学院海西研究院的陈龙祥博士介绍了气液相平衡性质的研究。实验测试了含有 HFO-1234yf 的共沸有机工质、近共沸有机工质和非共沸有机工质的相平衡数据，验证了 PR 方程和 VDW 型混合法则能够较好地关联计算含有 HFO-1234yf 的非共沸有机工质的相平衡特性。除了传统实验研究与理论模型的发展，上海理工大学的祁影霞副教授从量子化学的角度介绍了非共沸有机工质相平衡计算的新思路，针对纯工质、二元非共沸有机工质和三元非共沸有机工质进行了理论计算，结果显示误差在10%以内。

2) 热力循环

提高现有能量转换系统的效率和大力开发可再生能源是缓解能源危机和环境污染的重要举措。热力循环是能量转换的核心，研究先进循环理论、提高现有热力循环的转换效率是实现上述举措的关键。依托于纯工质的动力循环和制冷供热循环理论相对成熟，但是针对非共沸有机工质的热力循环缺乏统一的理论指导。因此，建立基于非共沸有机工质的热力循环构建理论、系统集成方法和性能评价标准迫在眉睫。

除了有限热源、不可逆传热、部件损失等，工质也是造成实际循环和理想卡诺循环之间巨大差距的原因。天津大学的赵力教授借助经典温熵图，分析了工质对实际循环的限制，针对亚临界兰金循环、布雷顿循环和斯特林循环，分别提出了在工质局限下的实际循环极限效率。同时，为了打破单一工质对热力循环性能提升的限制，该团队通过将组分调节装置引入热力循环，提出了热力循环三维构建方法，该方法通过在不同热力过程中实现非共沸有机工质组分的调节，使不同的工质分别满足各个热力过程的要求，从而提高循环的整体性能。

非共沸有机工质在相变过程中具有温度滑移的特性，使热力循环相变过程中的不可逆损失减小，提高了循环性能，但是温度滑移也使换热过程中的平均温差减小，增大了换热面积，使循环经济性下降。为此，段远源教授介绍了基于非共沸有机工质的多压蒸发分液冷凝ORC，多压蒸发可以使换热过程的不可逆损失进一步减少，分液冷凝可以使冷凝过程的换热面积减小，提高循环的经济性。广东工业大学的罗向龙教授详细比较了不同形式的多压蒸发分液冷凝ORC的性能，并针对具体形式进行了非共沸有机工质的初选。

除了正循环，非共沸有机工质在逆循环中的应用也值得关注。公茂琼研究员基于非共沸有机工质构建了一种具有回热功能的分凝分离制冷循环，兼顾了系统的高效性与可靠性。西安交通大学的白涛博士通过实验研究，探讨了喷射器增效自复叠制冷系统的动态特性，以及关键部件喷射器在运行过程中的性能表现。

西安交通大学的席奂博士则更加注重系统热力学模型的建立及评价方法的研究，以多目标函数遗传算法为优化算法，在综合考虑年度经济收益和能量利用效率的基础上，提出了一种用于余热利用循环系统对比及工质筛选的定量化评估方法；针对非共沸有机工质，引入遗传算法，将最佳工质配比作为待优化变量之一，提出了确定非共沸有机工质ORC最佳工质配比的精确计算方法。

3) 传热传质

工质的传热传质特性是指导实际循环具体应用的关键，非共沸有机工质不同组元之间的交互作用、相变过程中的温度滑移及组分迁移增加了其传热过程的复杂性，对其传热性能产生重要影响。

　　针对低温非共沸有机工质的传热特性，华南理工大学的刘金平教授从机理层面展开研究。测量了五种常用制冷剂与三种换热表面的接触角，发现接触角普遍小于 5°，表明这些制冷剂对普通金属换热器表面具有超湿润能力。通过实验研究，探究了基于浓度涨落理论的非共沸有机工质沸腾气核数变化特性，发现非共沸有机工质比纯工质在沸腾换热过程中产生的气化核心密度小，得到了非共沸有机工质沸腾气化核心密度的衰减因子，随着高沸点组分质量分数的增加，衰减因子先减小后增加。以天然气液化为背景，公茂琼研究员进行了非共沸有机工质的池沸腾、流动沸腾换热和流动冷凝特性研究。研究结果发现，在流动沸腾换热中，非共沸有机工质从分层流向环状流的流型转变点比纯工质流型的转变点干度更高，初步揭示了非共沸有机工质传质特性对传热的影响规律。

　　4) 流动特性

　　工质的流动特性不仅影响着整个系统的实际运行，也对其换热特性产生重要影响。上海交通大学的丁超博士通过实验研究，探索了非共沸有机工质乙烷/丙烷在绕管式换热器壳侧两相流的压降特性，在其研究工况范围内，干度小于 0.4 的工况下，流型为降膜流，摩擦压降主要取决于液膜的黏性作用，随着乙烷摩尔分数的增加，液相动力黏度减小，摩擦压降减小；在干度大于 0.6 的工况下，流型为剪切流，摩擦压降主要取决于气相的流速，随着乙烷摩尔分数的增加，气相密度减小，摩擦压降增大。

　　5) 应用研究

　　在非共沸有机工质的具体应用方面，天津大学的田华副教授以内燃机余热回收为背景，针对 CO_2 基可燃性非共沸有机工质，介绍了基于系统安全性、传热匹配性、循环热性能依次推进并协同优化的研究。针对非共沸有机工质的可燃极限，在临界火焰温度理论基础上，基于化学动力学，提出了基于产物生成顺序的混合工质预测模型；借助产物生成顺序机理，结合临界火焰温度理论建立了可燃上限与温度的预测模型。

　　陈龙祥博士介绍了非共沸有机工质制冷用于压缩空气储能方面的研究，可以使系统循环效率提高 6% 以上。公茂琼研究员则介绍了非共沸有机工质在深冷冰箱、天然气液化方面的具体应用。东南大学的张小松教授将非共沸有机工质制冷应用到热湿独立处理空调中，利用相变过程中的低温段进行湿度调节，高温段实现温度调节。

　　4. 问题和难点

　　1) 工质热物性

　　热物性是非共沸有机工质研究的基础，现有的理论模型精度较低，通用性差；

实验研究开展不够充分，导致实验数据缺乏，影响通用性模型的开发。开发针对非共沸有机工质物性测量的专用设备是非共沸有机工质物性研究的关键，然后在大量实验数据的基础上进行通用性、高精度模型的开发。非共沸有机工质热物性的研究，一方面要深入到分子层面，从微观机理探究其物性本源；另一方面要加强宏观物性的专有测试仪器开发，尤其是针对其特有的组分特性，如气相色谱、拉曼光谱测试等。

2）热力循环

传统热力循环构建体系相对完善，针对非共沸有机工质，需要把现有理论体系进行拓展，探究冷热源、热力过程和工质之间的协同机制，形成基于非共沸有机工质的高效热力循环构建方法；将工质的热物性和热力过程的性能进行解耦，制定非共沸有机工质筛选的定量标准；综合考虑系统热力学性能和经济性，开发完整的系统评价体系。

3）传热传质

针对非共沸有机工质的传热特性，现有的研究大都基于表观现象，缺乏机理解释，特别是非共沸有机工质组分之间的交互作用对其传热特性的影响以及相变换热过程中的温度场、速度场及浓度场之间的协同机制尚待研究。另外，针对非共沸有机工质特有的温度滑移和组分迁移特性形成的机理有待探讨，两者的联系需要揭示。

4）流动特性

流动特性是非共沸有机工质研究中的关键环节，直接影响其换热特性及应用研究。针对非共沸有机工质的流动特性同样缺乏机理解释，组分之间的交互作用对流动特性的影响尚不明确。

5）应用研究

目前，非共沸有机工质的研究主要集中在理论研究和小型实验研究，针对天然气液化的制冷循环，非共沸有机工质有部分工程应用；针对动力输出的正循环，非共沸有机工质的工程应用相对匮乏。现阶段，需要研究针对非共沸有机工质的高效热力循环系统精确设计及集成方法，探究其动态响应特性，明确系统的变工况性能和全年运行特性，制定系统的运行控制策略。

5. 总结展望

能源危机与环境污染是当今我国面临的两大亟待解决的关键问题，提高清洁能源的利用率，以及有效治理以雾霾为首的环境污染问题，是当前国家的重大需求。能源学科必须肩负此责任，非共沸有机工质就像人体血液连通各个器官一样，可以有机地将热力学、传热学、多相流，甚至燃烧学关联在一起，系统解决我国在能源和环境领域的重大基础问题。通过前面的总结，可以发现我国在非共沸有机工质领域具有较强的基础，无论在论文发表、专利申请和技术应用领域都有丰富的成果，在此基础上，经过系统的分析、总结和归纳，可以研究核心基础问题，引领世界发展。

　　我国南海地区有丰富的可燃冰储量，如果能合理利用，将改变我国能源分布格局；如果能将可燃冰转化成的液化天然气运抵北方，结合中低温地热能的利用将有效解决京津冀地区清洁能源短缺和雾霾问题。可燃冰开采后必须要液化，常规制冷手段不能完成天然气的液化，且液化系统中的工质使用量巨大，如果能就地取材将大大节省费用，天然气本身就是一种非共沸有机工质，很适合作为液化系统的工作介质，而被液化的天然气也是混合物，液化过程有很大的温度滑移，这非常适合非共沸有机工质发挥其特长。华北地区蕴藏规模巨大的中低温地热能，地热能作为一种清洁能源具有可持续、稳定等特点，除低温供热替代燃煤外，还能用于发电，只是由于温度较低，发电效率不高，如果能结合液化天然气气化过程的冷能，将极大提高地热能的发电效率，这其中同样会用到非共沸有机工质作为 ORC 的工作介质。此水合物结合地热综合利用的产业链将很大程度上缓解我国目前的能源和环境问题，而此产业链中的关键点就是非共沸有机工质。有计划、有目的、持续地开展非共沸有机工质在热物性、热力循环、传热传质以及流动特性方面的基础研究，非常有助于满足当前国家的重大需求。

　　【注】可燃冰的使用可降低污染物及 CO_2 等气体的排放，与等热值煤炭相比，每 $1000m^3$ 气可分别减排 CO_2、SO_2 约 4.33t 和 0.0483t，且基本不含铅尘、硫化物以及可入肺颗粒物($PM_{2.5}$)等有害物质。根据国家能源局编制的《中国"十三五"地热产业发展规划》征求意见稿，到 2020 年，我国利用地热资源进行发电、供暖、制冷、种植等共可替代标准煤 7210t，减排 $CO_2$1.77 亿 t。

跋

戊寅仲秋，余栗观榜单于北洋，颤觅吾名于其上，喜极而未泣。

入门进士郎，得两先生教化，习非共沸之物，至今二十余载矣，不疾不弃，不懈不怠，终有小成，遂著此书，幸甚。

非共沸之物较之纯物，颇多几分市井之气，皆因金无足赤尔，故研其由愈切，探其法愈烈，得其果愈真，施其本愈泄。泱泱之大物，未敢言其全，乃拾一漏万，管中窥豹，权当后人谈资尔。

予观此物根本，唯物性尔，上承轮回、流转、状迁，下启能变、阻滞、势限；吾依其根本，置轮回于世间，以升能变之效；探流转于盈中，以明阻滞之规；究状迁于器内，以量势限之变。此则吾研之大概也。然则状态之预辨，唯象之无奈，迁客骚人，亦感于此，嗔物之情，应无异乎？

著成之际，余念文呈慧、知、畴、模、育、泰、明、理、笃之功，感武、汇、缘、粹、虹、思、聪、勤、勇、实、怀之力。与帅才相拥，忆往昔韶华岁月，叹如今鬓霜年华，人间世事，不过如此，与君同学，不枉此生。

文至将末，余嘱有三，其一，初心不行苟且之事；其二，今赏桃者众，公不见二桃三士之事乎？其三，己所欲，勿强施与人。

今当结语，临文涕零，不知所言。